In die „Sammlung von Monographien aus dem Gesamtgebiete der Neurologie und Psychiatrie“ sollen Arbeiten aufgenommen werden, die Einzelgegenstände aus dem Gesamtgebiete der Neurologie und Psychiatrie in monographischer Weise behandeln. Jede Arbeit bildet ein in sich abgeschlossenes Ganzes.

Das Bedürfnis ergab sich einerseits aus der Tatsache, daß die Redaktion der „Zeitschrift für die gesamte Neurologie und Psychiatrie“ wiederholt genötigt war, Arbeiten zurückzuweisen nur aus dem Grunde, weil sie nach Umfang oder Art der Darstellung nicht mehr in den Rahmen einer Zeitschrift paßten. Wenn diese Arbeiten der Zeitschrift überhaupt angeboten wurden, so beweist der Umstand andererseits, daß für viele Autoren ein Bedürfnis vorliegt, solche Monographien nicht ganz isoliert erscheinen zu lassen. Es stimmt das mit der buchhändlerischen Erfahrung, daß die Verbreitung von Monographien durch die Aufnahme in eine Sammlung eine größere wird.

Die Sammlung wird den Abonnenten der „Zeitschrift für die gesamte Neurologie und Psychiatrie“ und des „Zentralblatt für die gesamte Neurologie und Psychiatrie“ zu einem Vorzugspreise geliefert.

Angebote und Manuskriptsendungen sind an einen der Herausgeber, Prof. Dr. O. Foerster, Breslau, und Prof. Dr. R. Wilmanns, Heidelberg, erbeten.

MONOGRAPHIEN AUS DEM GESAMTGEBIETE DER NEUROLOGIE UND PSYCHIATRIE
HERAUSGEGEBEN VON
O. FOERSTER-BRESLAU UND **K. WILMANNS**-HEIDELBERG
HEFT 43

MYELOGENETISCH-ANATOMISCHE UNTERSUCHUNGEN ÜBER DEN ZENTRALEN ABSCHNITT DER SEHLEITUNG

VON

DR. PHIL. ET MED. **RICHARD ARWED PFEIFER**
OBERASSISTENT DER KLINIK UND A. O. PROFESSOR FÜR PSYCHIATRIE UND NEUROLOGIE AN DER UNIVERSITÄT LEIPZIG

MIT 119 ZUM TEIL FARBIGEN ABBILDUNGEN

BERLIN
VERLAG VON JULIUS SPRINGER
1925

AUS DEM HIRNANATOMISCHEN INSTITUT DER PSYCHIATRISCHEN UND NERVENKLINIK DER UNIVERSITÄT LEIPZIG UNTER TEILWEISER BENUTZUNG DER VON HERRN GEH.-RAT FLECHSIG ANGELEGTEN SAMMLUNG MYELOGENETISCHER PRÄPARATE

ISBN 978-3-642-98329-0 ISBN 978-3-642-99141-7 (eBook)
DOI 10.1007/978-3-642-99141-7

Inhalt.

Inhalt

A. Einleitung.

Der nachstehende Versuch einer anatomischen Darstellung der Sehstrahlung baut sich auf eine 40jährige Literatur auf. Die Problemstellung ist ganz natürlich entstanden während der Bearbeitung des zentralen Abschnittes der Hörleitung mit myelogenetisch-anatomischen Hilfsmitteln. Es läßt sich ein einzelnes Fasersystem nicht verfolgen ohne genaueste Kenntnis seiner Nachbarschaft. Die Hörleitung fand ich auf ihrem Wege durch die innere Kapsel eingepfercht zwischen Taststrahlung und Sehstrahlung, und es war unmöglich, die erstere anatomisch abzugrenzen ohne Berücksichtigung des Verlaufs der beiden letzteren. Die Erfahrungen am Präparat ließen mich über die betrachteten Systeme eigene Ansichten gewinnen, die von den in der Literatur bisher niedergelegten zum Teil abweichend sind. Ihre Mitteilung erschien mir wertvoll, sofern selbst gegensätzliche Meinungen anderer Autoren untereinander dem Verständnis dadurch nähergerückt werden und sich gemeinsamen Gesichtspunkten unterordnen lassen. Dabei wird manches, was anderweit aus der Vielheit der Literaturangaben zu abstrahieren versucht worden ist, hier seine anschauliche Darstellung finden, um zweckmäßig als Ausgangspunkt zur weiteren Diskussion des hier in Rede stehenden schwierigen Problems zu dienen.

B. Historische Vorbemerkungen.

Ohne die Wichtigkeit der historischen Entwicklung des Problems vom Verlauf der Sehstrahlung zu verkennen, schien es mir doch ratsam, mich in bezug auf die Literaturangaben auf das Notwendigste zu beschränken. Ganz abgesehen davon, daß ein Notstand auf diesem Gebiet nicht existiert, da gute Zusammenstellungen bei v. Monakow, Henschen, Wilbrand, Lenz, Best[1]) und anderen Autoren zu finden sind, würde ein solcher Ballast die Klarheit einer anatomischen Darstellung nur verwischen. Gleichwohl sind einige wichtige Angaben erforderlich. Das Versenken in ein wissenschaftliches Milieu läßt wohl in jedem neuartig erscheinende Einfälle entstehen, die sich bei der Nachprüfung dann als richtig oder falsch erweisen. Da auch die Anatomie ohne leitende Gesichtspunkte nicht auskommt, ist es nicht nur interessant, sondern für die Fortentwicklung des Problems äußerst wichtig, inwiefern historisch befestigte Richtlinien noch Geltung haben. Demgemäß wird der Vollständigkeit einer Übersicht bereits damit Genüge getan sein, daß diejenigen Forscher genannt werden, deren Auffassung vom Gesamtverlauf des zentralen Abschnittes der Sehleitung eine Selbständigkeit zukommt. Daß ich mich dabei im wesentlichen auf die letzten vier Jahrzehnte beschränken konnte, hat seinen Grund in dem allgemeinen Aufschwung der Naturwissenschaften in dieser Zeit, der auch der

[1]) Der letzte Autor berücksichtigt eingehend die Kriegsliteratur.

Erforschung des menschlichen Gehirns zugute kam. Was vorher liegt, kann schon wegen der unzulänglichen Methodik nur kritisch bewertet werden.

1. v. Monakows Lehre über die mehr oder weniger dezentralisierte Lokalisation der Sehfunktionen im Gehirn.

Unsere heutige Kenntnis von dem Verlauf der optischen Bahnen und ihrer Endigungsweise in der Großhirnrinde wird von Grundanschauungen getragen, deren eine durch v. Monakows Lehre von der mehr oder weniger dezentrali-

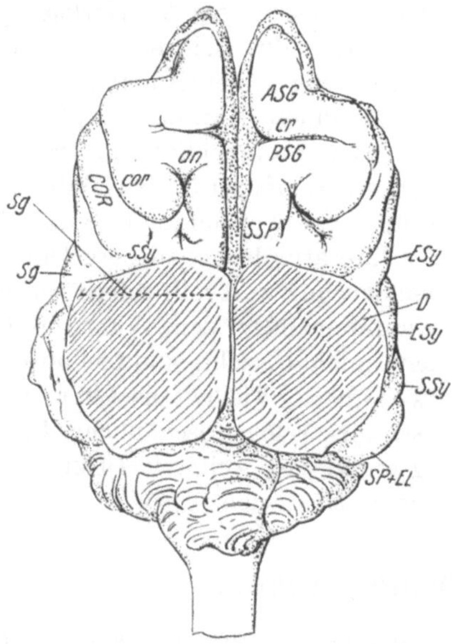

Abb. 1. Totalexstirpation der Sehsphäre beim Hund mit Verwüstung ausgedehnter Flächen der lateralen Occipitalrinde als ganz unnötiger Nebenverletzung. Oberfläche des Hundegehirns 08 von Munk. Eines der durch v. Monakow histologisch bearbeiteten Präparate. Der Hund war total blind. Es ist sehr zweifelhaft, ob er es lediglich durch Rindenexstirpation geworden war oder nicht vielmehr durch Totalunterbrechung der Sehstrahlung.

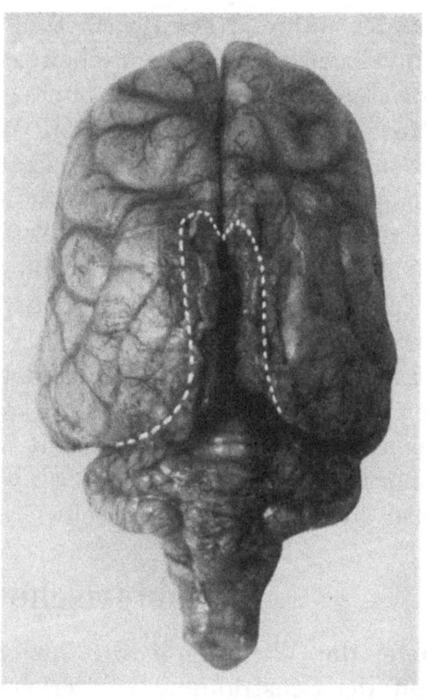

Abb. 2. Doppelseitige Exstirpation der Area striata beim Hund unter möglichster Vermeidung von Nebenverletzungen nach Minkowski. Optische Reflexe: an beiden Augen dauernd fehlend. Sehen: Beide Augen dauernd vollkommen blind.

sierten Lokalisation der Sehfunktionen im Gehirn gegeben ist. Die glänzende Literaturbeherrschung und die enzyklopädische Bearbeitung des Problems haben v. Monakows Ansichten von vornherein eine große Verbreitung gesichert. Gleichwohl haben sich zahlreiche Forscher und insbesondere die deutschen Ophthalmologen nicht für die Theorie v. Monakows erwärmen können, zumal die Kriegserfahrungen die Annahme einer strengen Lokalisation zu rechtfertigen scheinen. So stolz der Bau v. Monakows sich erheben mag, in seinen Fundamenten hat er zwei schwache Stellen, die in der Tragfähigkeit versagten und auf die hier ausdrücklich hingewiesen werden soll. Vertrauend auf die physiologischen Experimente von Munk nahm v. Monakow in seinen experimentell anatomischen Versuchen die Ausbreitung der corticalen Sehsphäre beim Tier über einen großen Teil der Konvexität des Hinterhauptlappens an und zog verallgemeinerte Schlüsse daraus auf den Menschen. Wir wissen heute, daß sich die corticale Sehsphäre mit größter Wahrscheinlichkeit an die Grenzen der Area striata der Großhirnrinde hält. Dieser Bezirk liegt aber vorwiegend an der Medianseite des Hinterhauptlappens, und zwar schon beim Hund. Munk und später v. Monakow befanden sich also mit ihrem Operationsgebiet an falscher Stelle, meist völlig außerhalb der corticalen Sehsphäre oder doch nur in deren Randgebiet. Die operativ ausgelösten Sehstörungen waren dementsprechend weniger cortical bedingt als subcortical durch Unterbrechung der Sehstrahlung hervorgerufen, die zum Teil dicht unter der Konvexität des Hinterhauptlappens hinzieht. Die Diskrepanz zwischen Lage des Operationsgebietes und Operationserfolg konnte nun zwar v. Monakow nicht verborgen bleiben, aber er fand sich mit Erklärungen ab, die damals befriedigend erschienen. Irrtümlich nahm er an, daß bei den Tieren die anatomische Sehsphäre über die Grenzen, die ihr Munk angewiesen hatte, hinausgehe, d. h. größer sein müsse als ursprüglich gefunden worden war. Da selbst Hunde, die über die von Munk angegebenen Grenzen der Sehsphäre hinaus entrindet waren, sich nicht als blind erwiesen bzw. es nicht dauernd blieben, kam v. Monakow zu einer Auffassung von den Restitutionsvorgängen im Gehirn, die eine eng umschriebene Lokalisation sehr fraglich machte. Er entwickelte ganz neu seine Diaschisistheorie, nach der allein durch die Schockwirkung von der Verletzungsstelle weit entfernt gelegene Rindenpartien außer Funktion gesetzt werden sollten. Im Grunde genommen war damit das Lokalisationsprinzip aufgegeben und die Auffassung von der Dezentralisation der Gehirnfunktion proklamiert. v. Monakow hat nun zwar später dagegen Einspruch erhoben, daß er jede Lokalisation in Abrede gestellt habe. Wir finden in seinen Schriften indes Stellen, die nach dieser Richtung hin gar nicht mißverstanden werden können. Er sagt 1902: „Heute wissen wir, daß eine so verwickelte Funktion wie der Sehakt, selbst in ihren gröberen Bestandteilen, keineswegs ausschließlich an einen Hirnteil gebunden sein kann und auch dann nicht, wenn diese Funktion nach Läsion dieses Hirnteiles stark beeinträchtigt oder aufgehoben wird.“ „Es scheint sicher zu sein, daß die Grenzen der Sehsphäre weder beim Menschen noch bei den Tieren irgendwie mit der Lage der Furchen zusammenfallen oder mit diesen überhaupt etwas zu tun haben. Die Grenzen sind jedenfalls relativ verschwommen, sie klingen gegen die Nachbarbezirke allmählich ab.“ Die Beschränkung der Sehsphäre auf eine Regio calcarina mit histologisch typischem Rindenbau (Sehrinde), wie es Henschen will, lehnt v. Monakow ab. Und 1905: „Es muß betont werden, daß, wenn auch die Sinnessphären zweifellos die Eintrittspforten für die Erregungswellen der betreffenden Sinnesorgane darstellen, die aus der Erregung der Sinnessphären sich ableitenden psychischen Vorgänge durchaus nicht ihre Schranken auch nur halbwegs in den Grenzlinien der Sinnessphären zu finden brauchen. Viel näher steht die Auffassung, daß die bei den psychischen Prozessen beteiligten Neuronenkomplexe und andere graue Massen (wenn auch in ungleichmäßiger Weise) über die ganze Rinde sich erstrecken, derart, daß z. B. eine gewisse Repräsentation der optischen Erregungswellen, wenn auch in transformierter Weise, selbst in den entlegensten Abschnitten des Cortex sich vorfindet.“ Es kann nicht strittig sein, daß, wenn eine gewisse Repräsentation der optischen Erregungswellen sich selbst in den entlegensten

Abschnitten des Cortex vorfindet[1]), dies nicht für eine zentralisierte Form der Lokalisation der Gehirnfunktionen spricht, sondern für eine völlige Dezentralisation. Heute wissen wir, daß die Exstirpation eines sehr viel kleineren Rindenbezirkes als selbst Munk annahm, eines Bezirkes, der allerdings ganz vorwiegend an der Medianseite des Hinterhauptlappens gelegen und in seinem histologischen Bau durch die Area striata ausgezeichnet ist, genügt, um Hunde völlig und dauernd blind zu machen. Gegenüber dieser heute feststehenden Tatsache hat v. Monakow 1902 noch behauptet: „Für eine Ausdehnung der Sehsphäre auch auf die laterale Partie des Occipitallappens bei den höheren Säugern überhaupt sprechen die experimentell anatomisch gewonnenen Resultate, daß zur Erzeugung einer vom Cortex aus maximal zu erreichenden sekundären Degeneration in den primären optischen Zentren (bei Hund und

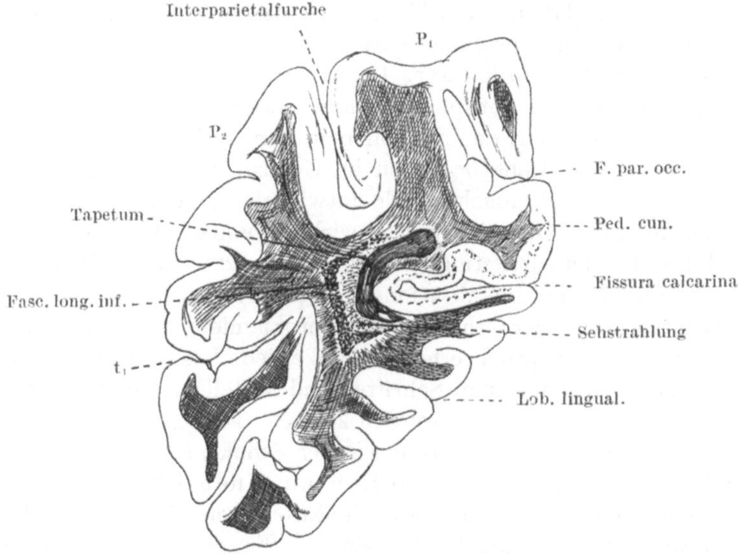

Abb. 3. Frontalschnitt durch den Parietooccipitallappen einer gesunden 35jährigen Frau nach v. Monakow. Das Stratum sagittale internum als eigentliche Sehstrahlung aufgefaßt.

Affen) die Mitentfernung der lateralen Occipitalrinde ebenso unerläßlich ist wie zur Erzeugung einer kompletten Rindenblindheit."

Ein zweiter Ausgangspunkt der v. Monakowschen Forschung, welcher späterer Kritik nicht Stand gehalten hat, ist die Verlegung der Sehstrahlung in das Stratum sagittale internum nach Sachs. Das sagittale Markblatt des Schläfenlappens (Gratiolets Strahlung) enthält nach Sachs von außen nach innen drei Schichten: Das Stratum sagittale externum, das Stratum sagittale internum und das Stratum sagittale mediale oder in der gleichen Reihenfolge nach Flechsig: Die primäre Sehstrahlung (sensorisch-optische Leitung), die sekundäre Sehstrahlung (motorisch-optische Leitung) und die Balkenschicht. Die Forschungen v. Monakows wiesen in die Richtung, daß die optischen Leitungen vorwiegend in der mittleren Schicht (Stratum sagittale internum nach Sachs, sekundäre Sehstrahlung nach Flechsig) enthalten sei, eine

[1]) Übrigens eine reine Hypothese.

Auffassung, die in der folgenden von v. Monakow bevorzugten Terminologie ihren Ausdruck fand: Tapetum (Stratum sagittale mediale nach Sachs, Balken schicht nach Flechsig), Radiatio optica (Stratum sagittale internum nach Sachs, sekundäre Sehstrahlung nach Flechsig) und Fasciculus longitudinalis inferior (Stratum sagittale externum nach Sachs, primäre Sehstrahlung nach Flechsig). „Hinsichtlich des Verlaufs der die Sehsphäre mit den primären optischen Zentren verknüpfenden Fasermassen läßt sich feststellen", sagt v. Monakow, „daß dieselben vor allem im ventralen Abschnitt des sagittalen Markes, medial von der sog. Tapete begrenzt, verlaufen"[1]. „Die Fasern der sog. Balkentapete halte auch ich schon mit Rücksicht auf meine Experimente an der Katze für Assoziationsfasern, die den Occipitallappen teils mit dem Parietal- und teils mit dem Frontallappen verbinden (Fasc. long. sup.). An normalen Gehirnen sieht man, daß diese Faserbündel schon in den Ebenen der hinteren Zentralwindung aufhören, ein geschlossener Faserzug zu sein, und daß sie sich von hier an zu zerstreuen beginnen. Das Querschnittsfeld der mittleren Schicht (Rad. optica) bildet das von mir mehrfach besprochene Areal der Sehstrahlungen[2]; der Stiel des Corp. gen. ext. ist, um es nochmals hervorzuheben, im ventralen Abschnitt zu suchen. — Der lateralste Querschnitt (Fasc. long. inf.) enthält zweifellos Fasern von sehr verschiedener Herkunft. Im ventralen Teil desselben liegt eine Zone, in welche die Verbindungsfasern zwischen Occipitalhirn und Temporalwindungen verlegt werden müssen; die bezüglichen Fasern zerstreuen sich bald. In den mehr frontal gelegenen Schnittebenen verläuft in dem entsprechenden Faserareal der Stiel des Corp. gen. int. wenigstens teilweise." Mit diesen hier zuerst inaugurierten Ansichten hat sich dann v. Monakow auf Jahre hinaus festgelegt, vor allem in derBehauptung, die corticopetal leitenden optischen Bahnen verliefen ganz vorwiegend in der mittleren Schicht der Gratioletschen Strahlung, mit anderen Worten, das Stratum sagittale internum nach Sachs sei die Radiatio optica im engeren Sinne.

Je mehr aber nun der zuerst von Burdach so benannte Fasciculus longitudinalis inferior seines Charakters als langes Assoziationssystem zwischen Hinterhauptpol und Schläfenlappen entkleidet wurde, desto mehr gewann dieses System theoretisch an Aufnahmefähigkeit für optische Projektionssysteme. Heute stimmen die meisten Autoren in der Annahme überein, daß die corticopetale Sehbahn zum allergrößten Teil, wenn nicht ausschließlich, im Stratum sagittale externum verläuft. Wenn nun v. Monakow in seinen letzten zusammenfassenden Arbeiten den neueren Anschauungen Rechnung getragen hat, so muß doch festgestellt werden, daß dieser Wandel weniger in Konsequenz der eigenen Forschung sich vollzog, als in Anlehnung an andere Autoren, deren Befunde v. Monakow bestätigen konnte. Es liegt auf der Hand, welche Mißverständnisse bei der Deutung pathologischer Befunde entstehen mußten, wenn man die Sehstrahlung, die vorwiegend im Stratum sagittale externum verläuft, im Stratum sagittale internum sucht und demzufolge im Stratum sagittale internum gefundene Degenerationen auf die Sehstrahlung bezieht. Rein zufällig kann es nur geschehen, daß dann die Beschreibung des Verlaufs der Sehstrahlung auch einiges Richtige enthält.

[1]) Von mir gesperrt. [2]) Von mir gesperrt.

Abgesehen von den Theorien, in die v. Monakow seine Befunde gekleidet hat, soll der Reichtum grundlegender anatomischer Einzelbeobachtungen in den Arbeiten v. Monakows unumwunden anerkannt werden. Ich gebe eine Zusammenstellung derselben, soweit sie mir wichtig erschienen, im nachstehenden wieder und bediene mich vorzugsweise wörtlicher Zitate.

1881. v. Monakow begann seine Forscherlaufbahn mit der wichtigen Entdeckung, „daß durch Exstirpation circumscripter Portionen der Hirnrinde des Kaninchens isolierte Atrophien von Kernen des Thalamus opticus zustande gebracht werden können". In einem speziellen Fall entsprach das Operationsfeld einer der Munkschen Sehsphäre beim Hunde analogen Stelle. „Der Operationserfolg bestand in ausgedehntem Schwund der Marksubstanz in der Umgebung der operierten Stelle, des hintersten Teiles der linken inneren Kapsel, ferner in hochgradiger Atrophie des linken Corp. gen. ext., des zugehörigen Tractus opticus-Anteils, des Tractus peduncul. trans. und in einer Atrophie des äußeren Stratums des lateralen linken Thalamuskerns. Endlich erschien auch der linke vordere Zweihügel etwas abgeflacht. Im übrigen zeigten sich alle Bahnen vollständig intakt." Nach seinem Ermessen sind die zum Schwunde gebrachten Bahnen „keine anderen als die beim Menschen und bei den höheren Säugetieren vom Pulvinar und vom Corp. genicul. ext. in die Occipitalgegend führenden, nämlich die Gratioletschen Fasern" (42).

„Die Corpora geniculata externa und interna sind analoge Gebilde wie die Kerne des Sehhügels und sollten zu letzteren gerechnet werden" (43)[1]).

1883. Nach morphologischen und histologischen Studien am äußeren Kniehöcker vergleicht v. Monakow die Operationserfolge nach einseitiger Enucleierung eines Auges beim Kaninchen mit denen nach Abtragung der Zone A (analog Munks Sehsphäre beim Hund) und findet nach beiderlei Eingriffen als gemeinsame graue Region den äußeren Kniehöcker von der Atrophie ergriffen. Dieses Verhalten war „der anatomische Beweis, daß die beiden Bahnen beim Kaninchen in einem gewissen Zusammenhang stehen, und daß die sogenannte Sehsphäre in indirekter Beziehung zur Retina steht". „Durchtrennt man innerhalb des Gratioletschen Faserzuges zufällig den Stiel des Corpus geniculatum externum und des vorderen Zweihügels, so atrophieren neben diesen infracorticalen Gesichtszentren Teile des zugehörigen Stückes Rinde der Zone A." In bezug auf das Kaninchen fand er, „daß der Nervus opticus unter Vermittelung der infracorticalen Zentren speziell mit der dritten und fünften Schicht der Occipitalhirnrinde in enge Beziehung tritt und daß somit diese Schichten vor allen anderen in der Sehsphäre beim Sehakt in Tätigkeit sein dürften" (44).

An der zugehörigen Tafel VII Abb. 7 sieht man indes, daß sich v. Monakow mit der untersuchten Stelle so weit lateralwärts von der Medianebene auf der Konvexität des Gehirns befand, daß ihre Zugehörigkeit zur Sehsphäre nach unserer heutigen Auffassung (Area striata als Kennzeichen) höchst zweifelhaft erscheinen muß. Das gleiche gilt natürlich von den für den Menschen daraus gezogenen Schlüssen.

1885. Experimentelle und pathologisch-anatomische Untersuchungen über Beziehungen der corticalen Sehsphäre zu den infracorticalen Opticuszentren führen bei der Katze zu den folgenden Ergebnissen.

„Es steht die mediale Partie der Sehsphäre beinahe ausschließlich mit den lateralen und die laterale mehr mit den medialen Partien der infracorticalen Opticuszentren in Verbindung, mit anderen Worten die Anordnung der Sehsphären-Projektionsbündel in der Haube ist gerade umgekehrt wie die der zugehörigen Rindenzonen. Daraus ergibt sich die auch mit den Resultaten direkter Beobachtung übereinstimmende Tatsache, daß in der inneren Kapsel die mit der medialen Sehsphäre in Verbindung tretenden Bündel mehr caudal-lateral, die aus der lateralen stammenden mehr frontal-medial verlaufen." „Um das Corpus geniculatum externum beim Menschen zu verstehen, muß man seine Form aus derjenigen bei den höheren Säugetieren ableiten. Beim Menschen hat dieses Ganglion gerade die umgekehrte Lage wie z. B. bei der Katze. Durch die mächtige Entwicklung

[1]) Von mir gesperrt.

und Einschiebung des Pulvinars wird der äußere Kniehöcker beim Menschen so verschoben, daß der ursprüngliche mediale Schenkel um die sagittale Achse halbkreisförmig sich drehend, zum lateralen wird, und der ganze Körper ventralwärts gedrängt wird. So erklärt es sich auch, daß das bei der Katze dorsal liegende erste graue Blatt mit den etwas derber geformten Ganglienzellen, das durch einen etwas breiteren Marksaum vom übrigen Körper getrennt ist, beim Menschen ventral zu liegen kommt und statt einer konvexen Form eine gerade bis leicht konkave hat. Die ursprüngliche Birnenform bei der Katze wird auf den Querschnitten durch die Drehung zu einer Hufeisenform beim Menschen. Daß auch die Lage der Einstrahlungsstelle der Projektionsbündel durch dieselbe Dislokation sich ändert, liegt auf der Hand, und es erklärt dies einzelne Verschiedenheiten in dieser Richtung bei Katze und Mensch" (45).

1889. Inzwischen hatte Munk eine Anzahl Gehirne von ihm operierter Hunde an v. Monakow weitergegeben, um durch histologische Untersuchungen die aus den Beobachtungen gezogenen Schlüsse zwingend zu gestalten (46).

1891. Dabei gerät nun v. Monakow in sichtlichen Widerspruch mit den Ergebnissen von Munk. Nach seiner Auffassung geht bei den Tieren die anatomische Sehsphäre über die Grenzen, die ihr Munk angewiesen hat, hinaus (47). Von besonderem Interesse ist ein um diese Zeit mitgeteilter Fall von Alexie.

„62 Jahre alter Landschaftsmaler, früher gesund. 1884 apoplektischer Insult mit vorübergehender rechtsseitiger Parese, mit dauernder inkompletter rechtsseitiger Hemianopsie, Alexie und Paragraphie. Schwächung der visuellen Einbildungskraft. Tod im Jahre 1889. Sektion: Erweichung im linken Gyr. angul. und Praecuneus, Freibleiben des linken Cuneus, sekundäre Degenerationen im dorsalen Abschnitt der linken Sehstrahlungen, im linken Corp. genic. ext., vorderen Zweihügel und im linken Thal. opt. Leichte Atrophie des linken Tract. opt."

Der Fall stützt die Annahme, daß im dorsalen Abschnitte des sagittalen Marks die makulären Bündel verlaufen, eine Erkenntnis, die unter Heranziehung auch dieses Falles später erst durch Nießl v. Mayendorf ventiliert worden ist.

1892. „Wenn die anatomische Sehsphäre oder „Zone der primären optischen Zentren" in demjenigen Rindenbezirk gesucht wird, dessen Läsion eine völlige Vernichtung des Corp. gen. ext., des Pulvinar und eine teilweise Schrumpfung in den oberflächlichen Schichten des vorderen Zweihügels auf der lädierten Seite zu erzeugen imstande ist, so liegt dieser Rindenbezirk vor allem in der Umgebung der Fissura calcarina, d. h. im Cuneus, Lob. lingual. und wahrscheinlich auch in O′ und O″ . . . .

Ich nenne diese ganze, allerdings nicht scharf begrenzte Region Gebiet der Fiss. calc. Der Cuneus, Lobul. lingual. und Gyr. desc. . . . entsprechen nicht ganz dem wirklichen Umfang der Sehsphäre . . . .; die Sehsphäre schließt noch in sich das Rindenareal, welches zu den hinteren Abschnitten von P′ und P″ gehört, jedenfalls aber O′, O″ und O‴. Mit ziemlicher Bestimmtheit ist im weiteren aber den Beobachtungen zu entnehmen, daß die Rindenzone speziell des Corp. gen. ext. größtenteils im Cuneus und Lobul. lingual. zu suchen ist, während der Zone des Pulvinars (und vorderen Zweihügels), namentlich in frontaler Richtung ein größeres Gebiet eingeräumt werden muß.

Hinsichtlich des Verlaufs der die Sehsphäre mit den primären optischen Zentren verknüpfenden Fasermassen läßt sich feststellen, daß dieselben vor allem im ventralen Abschnitt des sagittalen Markes, medial von der sogenannten Tapete begrenzt, verlaufen.

Verfolgen wir diesen für die Existenz des Corp. gen. ext. und des Pulvinars so wichtigen Faserzug in frontaler Richtung, unter Verwertung der sekundären Degeneration als Wegweiser, so entspricht das laterale Mark des Pulvinars und des Corp. gen. ext. der Austrittsstelle der Sehstrahlungen aus den primären Zentren . . . . Von dieser Stelle (dreieckiges Feld von Wernicke) zweigen sich drei Anteile medialwärts in der Richtung der primären Zentren ab. Ein Anteil dringt in den Arm des vorderen Zweihügels und vereinigt sich hier mit Tractusfasern; er legt sich dem Corp. gen. int. dorsal an; der zweite Anteil strahlt in mächtigen Zügen in das Pulvinar ein und der dritte zieht in frontal-medialer Richtung, um in bogenförmigem Verlauf die graue Substanz des Corp. gen. ext. zu durchsetzen; er nimmt an der Bildung der Laminae medull. teil und erschöpft sich in dem Körper vollständig.

Der dorsale Abschnitt des sagittalen Markes . . . stammt zweifellos aus den vorderen Abschnitten des Parieto-Occipitallappens, d. h. vor allem aus dem Lob. par. sup., dem Gyr. angular., vielleicht auch einzelnen Abschnitten von O′ und O″, jedenfalls aber unter Ausschluß der Rinde des Cuneus und des Lobul. lingual . . . .

Zwischen dem dorsalen und ventralen Abschnitt der Sehstrahlungen findet sich eine Übergangszone, in welcher der Stiel aus dem medial-frontalen Drittel des Corp. gen. ext. verläuft; derselbe setzt sich vor allem in Verbindung mit dem medialen Schenkel des äußeren Kniehöckers.

Die verschiedenen Abschnitte der caudal-lateralen Einstrahlung in das Zwischenhirn (hinterer Schenkel der inneren Kapsel) verhalten sich demnach zum Cortex aller Wahrscheinlichkeit nach wie folgt:

1. Die untere Etage enthält die Projektionsfasern aus dem caudal-lateralen Corp. gen. ext., dem caudalen Pulvinarabschnitt, und den oberflächlichen Teilen des vorderen Zweihügels, welche sämtlich in das Gebiet der Fissura calcarina ziehen. Die Projektionsfasern aus dem medial-frontalen Corp. gen. ext. und dem frontalen Pulvinar gelangen wahrscheinlich in die Übergangsstelle des Gebietes der Fiss. calc. und der Windungen P′ und P″, d. h. in die vordere Sehsphäre . . . .

2. Die mittlere Etage „beherbergt fast ausschließlich Projektionsfasern, welche dem frontal-medialen Pulvinarabschnitt, der hinteren Gitterschicht und dem lateralen Thalamuskern (caudal-dorsale Partie desselben) entstammen; die zuerst abzweigenden Fasern liegen mehr medial. Das Einstrahlungsgebiet dieses Feldes in der Großhirnoberfläche muß vor allem im Lobus par. super. und Gyr. angular. gesucht werden.“

3. Die obere Etage „umfaßt die Projektionsfasern aus etwas weniger caudal gelegenen Abschnitten des lateralen Thalamuskerns und der zugehörigen Gitterschicht. Die bezüglichen Fasern ziehen in mehr frontal liegende Abschnitte von P′ und P″.“

Hinsichtlich der Schichtung der Gratioletschen Sehstrahlung von innen nach außen hält v. Monakow in Anlehnung an Forel und Onufrowicz folgende Ansicht aufrecht. „Die Fasern der sogenannten Balkentapete“ (innere Schicht — Stratum sagittale mediale) „halte auch ich und schon mit Rücksicht auf meine Experimente an der Katze für Assoziationsfasern, die den Occipitallappen teils mit dem Parietal- und teils mit dem Frontallappen verbinden (Fasc. long. sup.). An normalen Gehirnen sieht man, daß diese Faserbündel schon in den Ebenen der hinteren Zentralwindung aufhören, ein geschlossener Faserzug zu sein, und daß sie sich von hier an zu zerstreuen beginnen; . . . .

Das Querschnittsfeld der mittleren Schicht (Rad. optica) bildet das von mir mehrfach besprochene Areal der Sehstrahlungen; der Stiel des Corp. gen. ext. ist, um es nochmals hervorzuheben, im ventralen Abschnitt zu suchen. — Der lateralste Querschnitt (Fasc. long. inf.) enthält zweifellos Fasern von sehr verschiedener Herkunft. Im ventralen Teil desselben liegt eine Zone, in welche die Verbindungsfasern zwischen Occipitalhirn und Temporalwindungen verlegt werden müssen; die bezüglichen Fasern zerstreuen sich bald. In den mehr frontal gelegenen Schnittebenen verläuft in dem entsprechenden Faserareal der Stiel des Corp. gen. int., wenigstens teilweise.“

Wilbrand gegenüber hebt er hervor, daß von einer direkten Projektion der Netzhaut zwar auf den äußeren Kniehöcker, nicht aber auf den Cortex im Sinne eines Abklatsches die Rede sein könne. Die Tractusfasern würden im äußeren Kniehöcker sämtlich unterbrochen. Die Bedeutung der Schaltzellen im äußeren Kniehöcker beruhe geradezu auf der Möglichkeit einer Umgruppierung der Reize und einer dadurch bedingten Aufhebung der peripheren Reizfigur. In dieser Einrichtung habe auch das Freibleiben der Macula bei den hemianopischen Sehstörungen seinen Grund, sofern dem makulären Bündel im äußeren Kniehöcker eine maximale Ausstrahlungszone zukäme (48).

1899. Inzwischen hatte nun die myelogenetische Untersuchungsmethode Flechsigs Schule gemacht und v. Monakow fühlte sich nunmehr bewogen, kritisch dazu Stellung zu nehmen. Aus der gegen Flechsig gerichteten Polemik heben wir folgendes hervor: „Flechsig wirft mir im weiteren vor, daß ich die sekundären Degenerationen unkritisch verwertet und daß ich vor allem die „ausgedehnten schlingenförmigen Umbiegungen zahlreicher Projektionsbündel“ im Stirn- und Scheitellappen (da wo der Balken mächtig sei) übersehen habe. Ich bemerke, daß ich nach solchen nachträglich noch gesucht habe, sie aber weder an den pathologischen Präparaten beim Menschen, noch an Präparaten von normalen Kindergehirnen (neugeborenen und drei und vier Monate alten) finden konnte. Nach meinen Beobachtungen schlagen die Bündel im Großhirn stets den kürzesten Weg ein.“ Diese Behauptung v. Monakows dürfte heute wohl überholt sein. Die Gehirnbahnen legen noch viel verschlungenere Wege zurück als Flechsig damals angenommen hat. Es bedarf dazu nur des Hinweises auf die Abbildungen in der vorliegenden Arbeit. v. Monakow untersucht nun Schnittserien myelogenetischer Präparate und kommt dabei zu einem recht wichtigen Resultat.

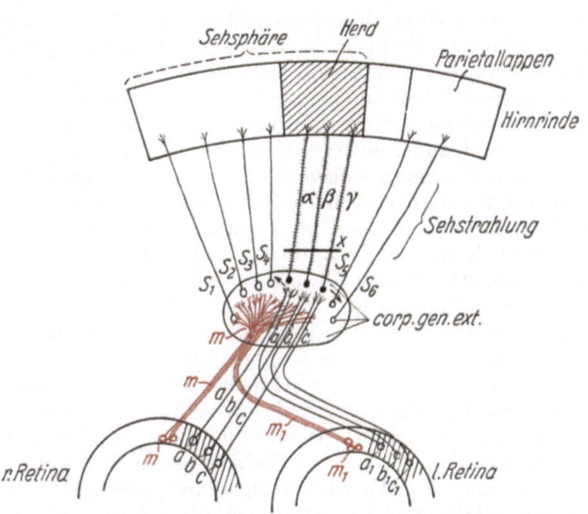

Abb. 4. Rohes Schema der zentralen optischen Verbindungen mit Rücksicht auf die Repräsentation der verschiedenen Netzhautsegmente auf das Corpus geniculatum externum und mit Rücksicht auf das Freibleiben der Macula bei der corticalen Hemianopsie nach v. Monakow. a, b, c Wurzelneurone des N. opt. aus der rechten Retina. a_1, b_1, c_1 Wurzelneurone aus der homonymen Partie der linken Retina. m Rechte Maculaneurone. m_1 Linke Maculaneurone. s_1, s_2, s_3, s_4 usw. Sehstrahlungen. α, β, γ Unterbrochene Sehstrahlungsneurone. Während die übrigen Netzhautpunkte in einfacher Reihenfolge im Corpus geniculatum externum ihre Vertretung finden, zerstreuen sich die Maculafasern im ganzen Körper. Eine gekreuzte optische Faser endigt je neben einer ungekreuzten.

„Rekapitulieren wir kurz den histologischen Befund beim $3^1/_2$monatigen Kindergehirn, so bestätigt derselbe im großen und ganzen das, was sich auch am Gehirn des Erwachsenen sehen ließ, nur sind hier alle Details wegen des Fehlens des Markes bei der Mehrzahl der Assoziationsfasern viel durchsichtiger als dort[1]). Was beim erwachsenen Gehirn nicht gelang, nämlich die isolierte Verfolgung einzelner markhaltiger Bündel auf weitere Strecken, das war hier zu beobachten möglich und so ließ sich z. B. der Nachweis, daß Nervenfortsätze aus dem Markkörper des Gyr. angular. und supramarginalis bis in das Stratum sagittale internum (dorsale Etage) sich erstrecken, mit Sicherheit erbringen. Immerhin war ein solcher direkter Übergang einzelner Nervenfäden in das sagittale Mark im ganzen nur selten festzustellen, wenn schon die Verlaufsrichtung ganzer Bündel in dem angedeuteten Sinne im allgemeinen nicht zu verkennen war.“

Wieder figuriert hier das Stratum sagittale internum als Radiatio optica propria und nur diesem Zustande ist es zu verdanken, daß v. Monakow Stabkranzfasern aus dem Gyrus angularis in die von ihm sogenannte „eigentliche Sehstrahlung“ zu verfolgen vermag.

---

[1]) Von mir gesperrt!

Über die ziemlich scharfe Abgrenzung des sagittalen Markes gegen den übrigen lateralen Markkörper beim erwachsenen menschlichen Gehirn teilt v. Monakow noch folgendes mit:

„Der Fasc. longitud. inf. ist von den drei vertikalen Segmenten der mächtigste, wenigstens in den vorderen (frontal gelegenen) Ebenen des Occipitallappens. Er besteht aus den dicksten Fasern (Sachs), die dicht aneinander geschlossen, sagittal, resp. von oben her schräg und dann sagittal (dorsale Etage) verlaufen. Die Gliaelemente sind hier im ganzen spärlich. In dieses Strat. sagittale ext. sieht man von allen Seiten der Konvexität (speziell auch von den ventralen Temporalwindungen) radiäre Bündel, die indessen in ziemlichen Abständen voneinander entfernt sind, einstrahlen. Ganz besonders deutlich ist die Einstrahlung in den Übergangsebenen des Gyr. angul. in den Gyr. supramarg. aus dem der zweiten Temporalfurche angehörenden Markkörper. Aber auch aus der Richtung des Markkegels des Gyr. angul. und des Gyr. supramarg. sieht man deutlich radiäre Fasern zunächst in die dorsale Etage des Fasc. longitud. inf. übergehen, worauf auch schon Sachs und Déjérine aufmerksam gemacht haben. Ob alle diese Fasern, resp. wie viele derselben später in die Sehstrahlungen und in die innere Kapsel gelangen, läßt sich selbstverständlich bei dem Faserwirrwarr in der Nähe der hinteren Kapsel nicht entscheiden.

Das mittlere sagittale Segment der Sehstrahlungen, das Strat. sagittale int., welches die eigentlichen Sehfasern zum großen Teil in sich birgt, verrät in seiner Architektonik ein vom Fasc. longitud. inf. völlig verschiedenes Bild. Es ist von diesem wie von der Balkentapete ziemlich scharf, und zwar dadurch abgegrenzt: a) daß die bezüglichen Nervenfasern ein viel zarteres Kaliber haben (Sachs), b) daß die Fasern gruppenförmig (in mehr zerstreuten Faszikeln) angeordnet sind und c) daß zwischen den einzelnen Fasergruppen auffallend viel Gliasubstanz, die netzartig mit dicken Maschen (Glia) angeordnet ist, sich vorfindet. Überdies enthält das Strat. sagittale int. ein weit verbreiteteres Capillarnetz als der Fasc. long. inf. In dieses Stratum ziehen Bündel teils direkt aus den medialen Occipitalwindungen, teils aus der lateralen unter Durchsetzung des Fasc. longitud. inf., welcher quer durch einzelne Fäden durchbrochen wird.

Die Balkentapete oder das mediale Stratum des sagittalen Markes enthält weniger Glia als das Strat. sagittale int.; es setzt sich aus etwas derberen Fasern zusammen als dieses und scheidet sich von diesem hauptsächlich auch dadurch anatomisch ab, daß seine Fasern in aufsteigender Richtung gegen den Seitenventrikel und das Balkensplenium zu verlaufen. Gegen den Ventrikel hin ist es durch eine ziemlich dicke Ependymschicht abgegrenzt. Die Beziehungen zwischen Balkentapete und dem Balkenforceps, welch letzterer den dorsalen Abschnitt, resp. die dorsale Fortsetzung der Balkentapete bildet, sind anatomisch nur schwer näher festzustellen.

Wie bereits hervorgehoben, wächst der Querdurchschnitt des sagittalen Markes von der occipitalen nach der frontalen Richtung hin sukzessive, und zwar jedes der drei Strata für sich. Schon dieser Umstand spricht dafür, daß die Rinde der vorderen Hälfte des Parieto-occipitallappens sich an dem Aufbau dieses Gebildes wesentlich mitbeteiligt. Dieses stetige Wachsen läßt sich doch nur erklären durch das fortwährende Einstrahlen neuer Faseranteile in sagittaler Richtung, und zwar namentlich aus der Gegend des Gyr. angul. und supramarg., ferner aus der Gegend des Gyr. Hippocampi, aus welch' letzterem ziemlich mächtige Ansätze nach vorn hin und ventralwärts erfolgen.

Schon in den Ebenen der longitudinalen Mitte des Unterhornes, also ein ziemliches Stück vor Beginn der hinteren inneren Kapsel, fällt es auf, daß die dorsale Etage des sagittalen Markes im Frontalschnitt nicht mehr aus reinen Quer-, sondern aus schräg und länglich getroffenen Faserbruchstücken zusammengesetzt ist. Je weiter frontalwärts, in um so höherem Grade zeigen sich die Bündel von oben nach unten hin und medialwärts getroffen. Es hängt dies wohl damit zusammen, daß der Stabkranzfächer in diese Partie schräg lateralwärts einstrahlt. Gegen die retrolentikuläre Partie der inneren Kapsel zu scheidet sich die dorsale Etage von der mittleren inneren mehr und mehr ab, um noch weiter vorn durch die hintersten Fortsätze des Linsenkerns vollends abgetrennt zu werden. Hier wird sie allmählich, unter stetigem Zufluß von Bündeln aus der äußersten Partie des Gyr. supramarg., zum dorsalen Schenkel der inneren Kapsel, allerdings nachdem ein bedeutender Bruchteil der die dorsale Etage in früheren Ebenen zusammensetzenden Fasern längst in das laterale Mark des Pulvinar und auch des Corp. gen. ext. übergegangen ist. Demgegenüber wendet sich das Gros des sagittalen Markes (mittlere und ventrale Etage) in direkter Richtung gegen die primären optischen Zentren, um in toto, teils in das laterale Mark des Corpus gen. ext. (ventrale Abschnitte), teils in entsprechende Faserabschnitte weiter nach vorn hin (Strahlung aus dem Gyr. Hippocampi) einzutreten." (49).

1902. In der Folgezeit entwickelt sich v. Monakow zu einem Dezentralisten strengster Observanz.

„Heute wissen wir, daß eine so verwickelte Funktion wie der Sehakt, selbst in ihren gröberen Bestandteilen, keineswegs ausschließlich an einen Hirnteil gebunden sein kann und auch dann nicht, wenn diese Funktion nach Läsion dieses Hirnteiles stark beeinträchtigt oder aufgehoben wird." „Es scheint sicher zu sein, daß die Grenzen der Sehsphäre weder beim Menschen noch bei den Tieren irgendwie mit der Lage der Furchen zusammenfallen oder mit diesen überhaupt etwas zu tun haben (ebensowenig wie die Grenzen der anderen „Zonen"). Die Grenzen sind jedenfalls relativ verschwommene, sie klingen gegen die Nachbarbezirke allmählich ab." Die Beschränkung der Sehsphäre auf eine Regio calcarina mit histologisch typischem Rindenbau (Sehrinde), wie es Henschen will, lehnt v. Monakow ab. „Zur Sehsphäre des Menschen rechne ich außer der Regio calcarina, welche den wesentlichsten Abschnitt der Sehsphäre darstellt, noch die 1. bis 3. Occipitalwindung, den ganzen Cuneus, Lobul. lingualis und Gyr. descendens." „Die Frage, ob die laterale Partie des Occipitallappens (O'—O''' beim Menschen) zur Sehsphäre noch gerechnet werden muß oder nicht", bleibt eine offene. Er vertritt die „Auffassung, daß der Repräsentationsbezirk der Stelle des deutlichsten Sehens schon im Corp. gen. ext. und dann vollends in der Sehsphäre (wo die Vertretung eine indirekte ist) nicht ein kleiner inselförmiger, sondern im Gegenteil ein besonders umfangreicher ist, evtl. sogar ein über die Grenzen der Sehsphäre hinausgehender ... Sogenannte makuläre Hemianopsien corticalen Ursprungs gibt es nicht". Wilbrand sei für die von ihm mitgeteilten Fälle den Beweis schuldig geblieben, daß dieser Effekt durch eine corticale Erkrankung hervorgebracht wurde. Wahrscheinlich handele es sich um Läsionen im Tractus opticus. „Die Occipitalrinde enthält (wenn man die Umschaltung im Corp. gen. ext. berücksichtigt) eine ganze Reihe von durch schmale projektionsfaserlose Zonen geschiedene Eingangspforten für die unter Benutzung der Radiatio optica dem Cortex zuzuführenden Lichtwellen (nach Transformation letzterer in den primären optischen Zentren)" (50).

1905. „Es muß betont werden, daß, wenn auch die Sinnessphären zweifellos die Eintrittspforten für die Erregungswellen der betreffenden Sinnesorgane darstellen, die aus der Erregung der Sinnessphären sich ableitenden psychischen Vorgänge durchaus nicht ihre Schranken auch nur halbwegs in den Grenzlinien der Sinnessphären zu finden brauchen. Viel näher steht die Auffassung, daß die bei den psychischen Prozessen beteiligten Neuronenkomplexe und andere graue Massen (wenn auch in ungleichmäßiger Weise) über die ganze Rinde sich erstrecken, derart, daß z. B. eine gewisse Repräsentation der optischen Erregungswellen, wenn auch in transformierter Weise, selbst in den entlegensten Abschnitten des Cortex sich vorfindet."

Das ist die letzte klipp und klare Äußerung des Dezentralisten v. Monakow. In der gleichen Arbeit, wo dieser Satz steht, vollzieht sich ganz allmählich und ohne das Zugeständnis früherer Irrtümer eine von Jahr zu Jahr zunehmend wachsende Annäherung an eine Auffassung über die anatomisch faßbare Lokalisation, die er früher bekämpft hat.

„Der Sehsphärenanteil des Corp. gen. ext. mit den Sehstrahlungen bildet die anatomische Grundlage für die zum Bewußtsein dringenden Lichtreize." Was für Fasern v. Monakow mit diesen „Sehstrahlungen" meint, ist nicht zweifelhaft. „Schon grob makroskopisch sieht man bekanntlich um das Hinterhorn drei Schichten quer und schräg getroffener Fasern: a) die Tapete oder das Stratum sag. mediale, b) die eigentlichen Sehstrahlungen oder das Stratum sag. internum, c) den Fasc. long. inf. oder das Stratum sag. externum." Diesen Sachverhalt bildet v. Monakow auch wiederholt ab (Abb. 3). Gleichzeitig muß er aber der Auffassung anderer Autoren Zugeständnisse machen. „Wenn die Annahme zulässig ist, daß die innerhalb der sagittalen Strahlungen zuerst mit Mark sich umhüllenden Fasern dem Corp. gen. ext. entstammen, dann müßten die eigentlichen Sehstrahlungen (Rad. optica) in den Fasc. long. inf. (primäre Sehstrahlung von Flechsig) und vor allem in die Übergangszone zwischen letzteren und das Stratum sagittale int. (auf sämtlichen drei Etagen) verlegt werden. Die Erfahrungen mittels der Methode der sekundären Degeneration lassen sich mit diesen entwicklungsgeschichtlichen Tatsachen ziemlich gut in Einklang bringen, indem die sekundäre Degeneration bei primärer Läsion im Gebiete des lateralen Kniehöckers sich nicht nur auf das Stratum sag. internum (Rad. opt.), sondern auch auf die benachbarten Abschnitte des Fasc. long. inf. beziehen. Die lateralen Abschnitte des letzteren und zahlreiche andere zerstreut liegende Faszikel, sowohl in diesem als im Stratum sag. int., gehören sicher zu den Assoziationsfasern. Mit anderen Worten, die Projektions-, die Assoziations- und die Balkenfasern mischen sich in den sagittalen Strahlungen in bedeutendem Umfange."

Wir beobachten dabei jene, auch von anderer Seite beanstandete Unbestimmtheit des Ausdruckes, indem v. Monakow mit Radiatio optica bald dasselbe bezeichnet wie Gratiolet, nämlich die Gesamtheit der Sagittalstraten, bald die Faserverbindungen aller drei optischen primären Zentren (äußerer Kniehöcker, Sehhügel, oberer Vierhügel) mit der Rinde, bald nur die Strahlung aus dem Corpus geniculatum externum, bald das Stratum sagittale internum nach Sachs.

Wichtig sind aus jener Zeit noch v. Monakows Ansichten über das Vikariieren anderer Bahnen bei partieller Zerstörung der Sehstrahlung.

„Wenn die Erregung von homonymen Netzhautpartien sich in der grauen Substanz des äußeren Kniehöckers fortpflanzt, corticalwärts indessen auf dem gewöhnlichen Wege nicht befördert werden kann, weil die gewöhnlichen Anknüpfungselemente nebst ihren Sehstrahlungsanteilen unterbrochen, resp. entartet sind (circumscripter Defekt in der Occipitalrinde), so stehen für den Anschluß an die Sehsphäre im Corp. gen. ext. noch andere Wege offen, nämlich die durch die intakten Strahlungsbündel repräsentierten (Abb. 4). Und da bedarf es nur eines verstärkten Reizes, um den Erregungswellen in corticaler Richtung (durch Umschaltung) einen anderen Weg zu erschließen. An die Erschließung anderer Wege darf man hier um so eher denken, als durch Wegfall eines Abschnittes der Sehstrahlungen die übriggebliebenen vermutlich unter günstigere Erregungsbedingungen kommen, indem nun sie allein die ganze Summe der dem äußeren Kniehöcker normaliter zufließenden Reize empfangen" (51).

1914. In einer Reihe von pathologischen Fällen mit Sitz des primären Defektes in der lateralen (konvexen) Partie des Occipitallappens (Zerstörung von O′ bis O″ nebst der dorsalen Etage der Radiatio optica auf dieser Höhe) findet v. Monakow, „daß die sekundäre Degeneration sich im Corp. gen. ext. beschränkte auf den frontomedialen Schenkel des lateralen Kniehöckers, in Fällen mit Sitz in der caudalen und medialen Partie des Occipitallappens (Regio calcarina) dagegen nahezu ausschließlich auf den Spornteil, sowie auf den lateralen Schenkel des Hilusteils". Die Repräsentationszonen der primären optischen Zentren in der Rinde sind folgende: das Corp. gen. ext. in der Regio calcarina, wahrscheinlich auch noch in der hinteren Partie von O′ bis O‴, sicher soweit die Area striata reicht, wahrscheinlich noch darüber hinaus; das Pulvinar im Gyrus angularis und der vordere Vierhügel (oberflächliche Schichten) in einer Zone, welche die vorderen Abschnitte der lateralen Occipitalwindungen und einen Teil des Gyrus angularis umfaßt, mit der Zone des Pulvinar sich aber nicht ganz deckt. „Mit Bestimmtheit geht hervor, daß wenigstens die sogenannten Quadrantenhemianopsien konstant von ganz bestimmten Partien des Occipitallappens aus ihren Ursprung nehmen, und daß, wenn es im Zusammenhang mit einer partiellen Läsion des letzteren zu einer sogenannten Quadrantenhemianopsie kommt (was aber keineswegs eintreffen muß), bei einer Hemianopsia quadrant. inferior der Herd ausnahmslos im vorderen Gebiete und bei einer Hemianopsia quadrant. superior im caudalen Gebiete der Sehsphäre, seinen Sitz hat." „Makuläre und perimakuläre Hemianopsie mit Freibleiben der peripheren Netzhautabschnitte dürfte sich vielleicht um so eher einstellen, je mehr der Herd sich der hinteren Hälfte des Occipitallappens näherte (retroventrikuläres Markfeld)." „Der Hauptprojektionsbezirk des Corp. gen. ext. geht wahrscheinlich nicht sehr weit über die Area striata hinaus und ist zunächst so gestaltet, daß die mehr frontal und medial gelegenen Abschnitte des Corp. gen. ext. ihren Fasersektor vorwiegend in die orale Partie der Sehsphäre, und die caudolateral gelegenen in die hintere Partie dieser entsenden, wobei es unentschieden bleibt, welche Anteile der Calcarina am stärksten mit Fasern bedacht werden. Die Mehrzahl der zur Area striata strömenden sogenannten Radiärfasern sind indessen kurze und mittellange Assoziationsfasern.“ „Beim Menschen sind in der Regio calcarina sicher die ersten resp. ältesten Eintrittspforten für die Retinareize zu suchen. Dies wird auch erwiesen durch die unwidersprochen gebliebene Erfahrung, daß nach Totalzerstörung jenes Gebietes wenigstens die Sehreflexe dauernd aufgehoben werden (auch die bedingten Reflexe v. Pawlow).“ „Wenn ich den Versuch wage, der Sehsphäre eine summarische physiologische Definition zu geben, so möchte ich sie als ein unscharf begrenztes Rindengebiet (mit besonderem Schichtentypus) bezeichnen, in welchem die Sehreflexe nach Örtlichkeit und Ursprung der die auslösenden Netzhautreize und im Sinne von optischen Ortszeichen ihre feinere anatomische Grundlage haben (feinerer Ausbau nach Örtlichkeit des Reizes), wo aber überdies noch die erste Verarbeitung der Netzhautreize nach Helligkeitsgraden und Farbe (physiologisch), vielleicht auch die erste Verarbeitung visueller Komponenten für das Formsehen ihren Ursprung nimmt. Die Umwandlung dieser Elementarfaktoren in optische „Wahrnehmung“ (Erkennen) und später in „Vorstellungen“, subjektiv vorwiegend visuellen Inhalts, vollzieht sich, wie bereits bemerkt wurde, in der ganzen Rinde, wenn auch selbstverständlich nicht in gleichmäßig diffuser Weise. Die anatomische Sehsphäre leistet beim Erwachsenen meines Erachtens für sich optisch nicht viel mehr, als es etwa der Stufe des Sehens bei einem wenige Wochen alten Kinde entspricht. Die Sehsphäre des Erwachsenen wird sich selbstverständlich auch bei der Verarbeitung der optischen Elemente zu Raumvorstellungen in intensiverer Weise, als andere Windungen betätigen, sie hat aber auch Anteil an der Erzeugung nicht spezifisch optischer Komponenten höherer Wertigkeit, letzteres namentlich in ihren mehr der Oberfläche zugewendeten Rindenschichten“ (52).

2. Die Auswirkung der Lehre v. Monakows in der Arbeit Wehrlis über die Rindenblindheit.

Eine Reihe von Jahren hat Wehrli mit einer Zusammenstellung sogenannter „negativer“ Fälle die Zentralisten in Atem gehalten, sofern die von ihm vorgebrachten Argumente die Annahme einer Lokalisation der Sehfunktionen im Gehirn zu erschüttern drohten. Die Arbeit hält heute einer strengen Kritik nicht mehr stand. Wehrli ist ganz befangen in den Anschauungen v. Monakows und stützt sich gerade auf die schwächsten Stellen der v. Monakowschen Theorie. Unter den Gründen, die v. Monakow veranlaßten, eine über die bis dahin angenommenen Grenzen hinausgehende Ausdehnung der Sehsphäre anzunehmen, führt Wehrli folgende an: „Er (v. Monakow) fand, daß an einseitig nahezu ganz hemisphärenlosen Hunden das Corpus genicul. ext. im weiteren Umfange degeneriert war, als bei Tieren mit vollständigem Defekt nur der ganzen Munkschen Sehsphäre, und schloß daraus, daß auch außerhalb der letzteren gelegene Rindenpartien in gewissem, wenn auch geringem Zusammenhang mit dem Corpus genicul. ext. stehen müssen.“ Die Radiatio optica, d. h. die Sehstrahlung, setzt Wehrli die ganze Arbeit hindurch identisch mit Stratum sagittale internum. Er eifert gegen die Bewertung der mit der Area striata ausgestatteten Rinde als Sehsphäre und sagt: „Wenn man auf dieser Grundlage aus der differenten Schichtung der Calcarinarinde auf eine Spezifität der histologischen Elemente schließen wollte, müßte daraus notwendig der absurde Schluß erfolgen, daß alle außerhalb dieser Sphäre gelegenen gleichgebauten Rindenbezirke nun auch ohne Unterschied als gleichgebaute Zentren ein und derselben Funktion zu dienen hätten.“ Er bezweifelt die Angaben Flechsigs, daß die Projektionsfasern als erste sich mit Markscheiden umgeben und führt aus seinem eigenen Beobachtungsschatz an, daß schon von Beginn der Myelinisation an nicht nur ausschließlich Projektionsfasern, sondern auch ganz unzweifelhafte und gar nicht etwa vereinzelte Assoziationsfasern mit Mark auftreten, „wie ich mich am Fasciculus longitudinalis inferior, der langen Assoziationsbahn, entsprechender Präparateserien im Züricher Gehirnanatomischen Institut habe überzeugen können". „Aus dem Studium der Myelinisation", fährt er fort, „scheint nur dies hervorzugehen, daß auch die laterale Fläche des Occipitallappens einen nicht unwesentlichen Anteil an Fasern der Sehstrahlung erhält, daß aber allerdings der größere Teil der medialen Fläche zufließt". Man wird zum mindesten Wehrlis Erfahrung am myelogenetischen Präparat nicht sehr hoch einschätzen dürfen, wenn er nicht einmal gemerkt hat, daß der Fasciculus longitudinalis inferior optische Projektionssysteme enthält; denn das lehren gerade myelogenetische Präparate ganz sinnenfällig. In der Angabe über den Verlauf von Fasern der Sehstrahlung nach der lateralen Fläche des Occipitallappens ist hier wiederum die sinnverwirrende Identifikation der Sehstrahlung mit dem Stratum sagittale internum zu bemerken. Es liegen hier ganz unzulängliche theoretische Voraussetzungen vor, die ungeeignet sind zur Sichtung fremden Materials. Auch kennt Wehrli Variationen der corticalen Sehsphäre etwa in der Form, daß die Oberlippe der Fissura calcarina von der Area striata völlig frei ist, noch nicht. Fast scheint es, als ob neuerdings auch v. Monakow den Eindruck habe, daß Wehrli in seinen Schlußfolgerungen zu weit gegangen ist, wenigstens sagt er im Anschluß an eine Bemerkung, in der er dagegen Verwahrung einlegt, von Henschen und Lenz als Dezentralist angesprochen zu werden: „Bei dieser Gelegenheit bemerke ich, daß die in meinem Institut verfertigte Arbeit Wehrlis (1906) eine durchaus selbständige ist und daß für die in dieser niedergelegten Ansichten dieser Autor die Verantwortung selbst übernimmt" (73).

3. Die Rückkehr der Schüler v. Monakows zur Annahme einer relativen Lokalisation der Gehirnfunktionen.

a) Minkowskis Exstirpationsversuche am Hund (Abb. 2).

Minkowski begann seine Arbeiten im Jahre 1911 damit, die Hitzigschen Angaben bezüglich der Sehstörungen nach Operationen im Bereich der Extremitätenregion nachzuprüfen und gelangte dabei zu einem negativen Ergebnis. Er nahm ferner ein- und doppelseitige Exstirpationen der Stelle A' von Munk vor. Bei einigen Hunden waren überhaupt keinerlei Sehstörungen vorhanden, bei anderen traten Störungen der oberen Gesichtsfeldpartien auf, die sich im Laufe von 3—4 Wochen bis auf geringe Reste zurückbildeten. Für dieses Verhalten gibt er folgende Erklärung: „Die Sehstrahlung verläuft unmittelbar unter der Rinde der 2. und 3. Windung, und es ist klar, daß jede Läsion, die etwas tiefer geht, auch die Sehstrahlung lädieren und dadurch mehr oder weniger schwere Sehstörungen verursachen wird. In einer Anzahl von Fällen traten tatsächlich nach ausgiebigen Konvexitätsoperationen schwere dauernde Sehstörungen auf, die anatomische Untersuchung an Serienschnitten hat aber gezeigt, daß dann stets tiefe Herde vorhanden waren, die die Sehbahn unterbrechen mußten." Er exstirpierte ferner Rindenstücke in einer Ausdehnung, die möglichst der der Area striata entsprachen und fand, „daß sich die physiologische Sehsphäre mit der Area striata völligt deckt, daß nur diese somit zur Rezeption von optischen Eindrücken befähigt ist". Um der Frage einer Projektion der Netzhaut auf die Hirnrinde nachzugehen, unternahm er im Bereich der Area striata zwei Gruppen von partiellen Exstirpationen: „1. An der ersten Urwindung, so weit vorn beginnend, wie die Area striata reicht, und nach hinten annähernd bis zur Umbiegungsstelle derselben in die zerebellare Fläche, und 2. an der zerebellaren Fläche, wobei das ganze hier befindliche Gebiet der Area striata, also das Feld zwischen dem absteigenden Ast des Sulcus splenialis und dem Sulcus recurrens sup. zu zerstören suchte. Diese Operationen haben ein ganz eindeutiges Ergebnis geliefert: In der ersten Gruppe von Operationen dauernde Blindheit in den unteren (unterhalb des horizontalen Meridians gelegenen), in der zweiten in den oberen Gesichtsfeldpartien." „Aus dieser Projektion wird es auch klar, warum bei Operationen an der Konvexität, nach welchen vorübergehende oder dauernde Sehstörungen auftreten, dieselben sich vorwiegend auf die oberen Gesichtsfeldpartien erstrecken. Die zur cerebellaren Fläche ziehenden Fasern der Sehstrahlung, welche den oberen Gesichtsfeldpartien entsprechen, können durch tiefgreifende Läsionen in einer größeren Ausdehnung getroffen werden, als diejenigen, die zum vorderen Teil der Area striata sich abzweigen; die oberen Gesichtsfeldteile sind daher bei Konvexitätsoperationen viel mehr bedroht als die unteren. Und umgekehrt, wenn aus dem Verlauf der Sehstörung und dem anatomischen Befund bei Konvexitätsoperationen auf eine besonders schwere Schädigung der Sehbahn geschlossen werden kann, und wenn trotzdem die Teile des Gesichtsfeldes erhalten bleiben, so liegt es nahe, dieselben auf ein Erhaltensein der frontalsten Teile der Area striata zu beziehen und daraus lokalisatorische Schlüsse zu gewinnen." Die endlichen Ergebnisse faßt Minkowski kurz wie folgt zusammen: „1. Das optisch-sensorische Feld oder die eigentliche Sehsphäre deckt sich mit der Area striata. 2. Neben dem optisch-sensorischen Feld befindet sich an der 2. Urwindung der Konvexität ein optisch-motorisches Feld, im welchem Foci für optisch ausgelöste motorische Reaktionen, wie Einstellungsbewegungen der Augen, Schutzbewegungen der Lider und vielleicht auch gewisse Prinzipalbewegungen des Rumpfes und der Extremitäten liegen; dieser Funktion dient eine corticofugale Bahn, die von der Hirnrinde direkt nach den subcorticalen Ganglien verläuft. 3. Innerhalb des optisch sensorischen Feldes besteht eine konstante Projektion der Netzhaut auf die Hirnrinde, so daß benachbarten Teilen der Netzhaut auch benachbarte Gebiete der Sehrinde entsprechen. 4. Der lateralste Teil der Netzhaut, welcher dem nasalen Gesichtsfeldbezirk entspricht, wird zwar vorwiegend von der gleichseitigen Hemisphäre versorgt, steht aber auch mit der gekreuzten in Verbindung. 5. Die Stelle A′ besitzt nicht die ihr von Munk zugeschriebene Bedeutung, und zwar weder als corticale Vertretung der Stelle des deutlichsten Sehens noch als Stätte von optischen Erinnerungsbildern. 6. Nach Operationen im Bereich der Extremitätenregion, die ohne Komplikationen verlaufen, treten keinerlei Sehstörungen auf" (38).

In den nachfolgenden Untersuchungen befestigte und erweiterte Minkowski diese Befunde. „Es besteht eine konstante Projektion der Netzhaut auf die Sehrinde, und zwar so, daß im vorderen Teil derselben die oberen, im hinteren die unteren Teile der Netzhaut vertreten sind. Die Projektion ist aber nicht geometrischer, sondern physiologischer Natur: jedes wahrnehmende Element der Netzhaut steht nicht mit einem, sondern mit einem ganzen Areal von wahrnehmenden Elementen der Sehrinde in Verbindung, mit einigen allerdings in engerer als mit anderen; dieses Areal ist um so größer, je stärker die physiologische Inanspruchnahme des entsprechenden Netzhautelementes ist, oder je näher es zur Stelle des direkten Sehens liegt; auch letztere ist im Bereich der Sehrinde inselförmig, aber in einem besonders umfangreichen Gebiet vertreten. Die korrespondierenden Teile beider Netzhäute haben im Bereich der Sehrinde ein gemeinsames Projektionsfeld.

Wird ein Teil der Sehrinde ausgeschaltet, so findet eine Restitution nur insofern statt, als solche Elemente der Sehrinde, die früher mit den vorwiegend betroffenen Netzhautelementen in lockerer Beziehung standen (für sie nur corticale Nebenerregungsstationen bildeten), jetzt in besonders enge Beziehung zu ihnen treten (zu ihren corticalen Haupterregungsstationen werden). Der rasche Eintritt dieser Restitution und das Versagen derselben bei ausgedehnten partiellen Operationen weisen darauf hin, daß sie sich im wesentlichen in bereits vorhandenen, nicht in neu entstehenden anatomischen Bahnen vollzieht.

Diese Auffassung bietet eine genügende Erklärung dafür, daß einerseits kleinere Exstirpationen, besonders aus den zentralen Teilen der Sehrinde, keine nachweisbare Sehstörung herbeizuführen brauchen, und andererseits ausgedehnte Operationen, die an den Polen der Sehrinde ansetzen und sich über ein großes Gebiet derselben erstrecken, ein dauerndes Skotom von konstanter Lage und Konfiguration am gekreuzten Auge bewirken (39).“

Die nächsten Arbeiten bringen eigentlich nur noch die feineren Einzelheiten zu der bereits angegebenen Grundauffassung Minkowskis. Bei der Katze erweist er „durch das Studium der Verteilung der sekundären Degenerationen in beiden Corpora geniculata externa nach einseitiger Bulbusenucleation, daß wenigstens die beiden Monokularen und das binokulare Gesichtsfeld innerhalb der Corp. gen. ext. ihre besonderen Projektionsfelder besitzen, daß mithin in diesem Sinne eine Projektion der Netzhäute auf die Corpora gen. ext. vorhanden ist (40)“.

Der Repräsentationsbezirk des Corpus geniculatum externum in der Großhirnrinde der Katze deckt sich aber mit der Area striata (41). Damit sind die anatomischen Voraussetzungen gegeben für die Projektion der Retina auf die Hirnrinde. Die Verlegenheitshypothese v. Monakows, die in der Unterscheidung der Sehsphären nach der Forschungsmethode zum Ausdruck kam, wird für Minkowski entbehrlich durch den Nachweis, daß die physiologische und die anatomische Sehsphäre sich bei der Katze in der Area striata decken und daß dies mit größter Wahrscheinlichkeit auch für die klinisch-anatomische und pathologisch-anatomische Sehsphäre beim Menschen gilt.

b) v. Stauffenbergs Arbeit über die Seelenblindheit.

Neben Minkowski verdanken wir vor allem v. Stauffenberg eine Überbrückung des schroffen Gegensatzes, der zwischen v. Monakow und einer großen Zahl anderer Forscher in der Stellungnahme zur Lokalisationsfrage entstanden war. „Zunächst stimme ich“, sagt er, „mit den meisten Autoren in der Annahme überein, daß die corticopetale Sehbahn wenigstens zum größten Teil im Stratum sagittale externum verläuft“[1].

[1]) Von mir gesperrt!

In einem speziellen Falle findet er, „die in der ventralen Etage, hauptsächlich im Strat. sag. ext. verlaufenden corticopetalen Fasern vom Corpus gen. ext. aus, verbreiten sich nicht nur in beide Lippen der Calcarina, sondern auch in geringem Maße in die übrigen Occipitalwindungen; die corticofugalen Bahnen verlaufen hauptsächlich im Strat. sag. int. Der Fasciculus long. inf. ist kein einheitlicher langer Assoziationszug[1]), er verteilt sich auf das Strat. sag. ext. (horizontalen und lateralen Schenkel) und wird zum Teil aus kurzen Fasern gebildet. Einen starken Zuzug bezieht er aus den basalen vorderen Windungen und dem Gyrus hippocampi". In bezug auf die von Flechsig, Nießl v. Mayendorf, Hösel und Meyer behaupteten Ausbiegung der Sehbahn des Stratum sagittale externum in den Temporallappen macht er Zugeständnisse. In einem Falle (Solitärtuberkel, der die ganze Gegend des Corpus geniculatum externum und Corpus geniculatum internum sowie den unteren caudalen Abschnitt des Pulvinars zerstörte) reichte schon wenige Schnitte caudal von dem zerstörten Ausgangspunkt die Degeneration bis in die ventrale Etage des Sagittalstratums hinunter, so daß also die nach hinten ziehenden Fasern von Thalamus und Corpus geniculatum externum jedenfalls steil nach abwärts gelangen müssen. In einem anderen Fall (Herd im Hinterhauptlappen mit völliger Unterbrechung der Sehstrahlung) konnte noch in Frontalebenen des Corpus geniculatum externum ein in allen Etagen gleich stark aufgehelltes Gebiet der Sagittalstraten beobachtet werden. Den Verlauf der Sehstrahlung schildert der Autor wie folgt: „Aus dem Corpus gen. ext. ergießt sich die Gesamtheit des zentralen optischen Neurons in einem breiten, zunächst noch lateral und etwas nach vorn gerichteten Strom, dessen mediale Portion caudal von dem sich vorlagernden Pulvinar seitlich gedrängt wird, um dann in verschiedenen Höhen in dem Pulvinargittergeflecht nach unten außen abzubiegen, und sich, zu dem von der lateralen Seite des Corpus gen. ext. herkommenden, in mehr oder minder flachem Bogen über das ventrolaterale Markfeld und den Nucleus caudatus lateralwärts ziehenden Portion konvergierend, in mannigfacher Durchflechtung mit den aus dem Stratum sag. int. zum Pulvinar hinaufströmenden Fasern, in das Stratum sagittale ext. zu gelangen, wo ihre rasche Verteilung bis in die ventrale Ebene und selbst in den horizontalen Schenkel stattfindet. Bald greifen die Fasern auf das Stratum sag. int. über in allen Etagen. Besonders dicht wird die Anhäufung in beiden Straten, besonders dem Stratum sag. ext., in der Mitte des Verlaufs der mittleren Etage. Überall bleiben der Sehstrahlung in beiden Straten eine Menge Fasern verschiedener Provenienz beigemischt. Caudal sammeln sich die optischen Fasern wieder mehr im Stratum sag. ext., während das Stratum sagittale internum, abgesehen von corticofugalen Fasern aus dem Occipitallappen zu den primären Ganglien, sehr reichlich Assoziationsfasern jeder Richtung von allen Seiten des Occipitallappens führt. Der ventrale Schenkel enthält eine Menge von langen und kurzen Assoziationsfasern. Über den Ventrikel strömen aus dem Stratum sag. ext. die Sehfasern in den vorderen Teil der beiden Calcarinalippen, ebenso, wenn auch viel weniger, von unten her. Die vorn ventral liegenden rücken nach hinten zu an der lateralen Wand des kleiner werdenden Hinterhornes hinauf, dessen Spitze völlig umhüllend, indem sie unter Faserabgabe an alle

[1]) Von mir gesperrt!

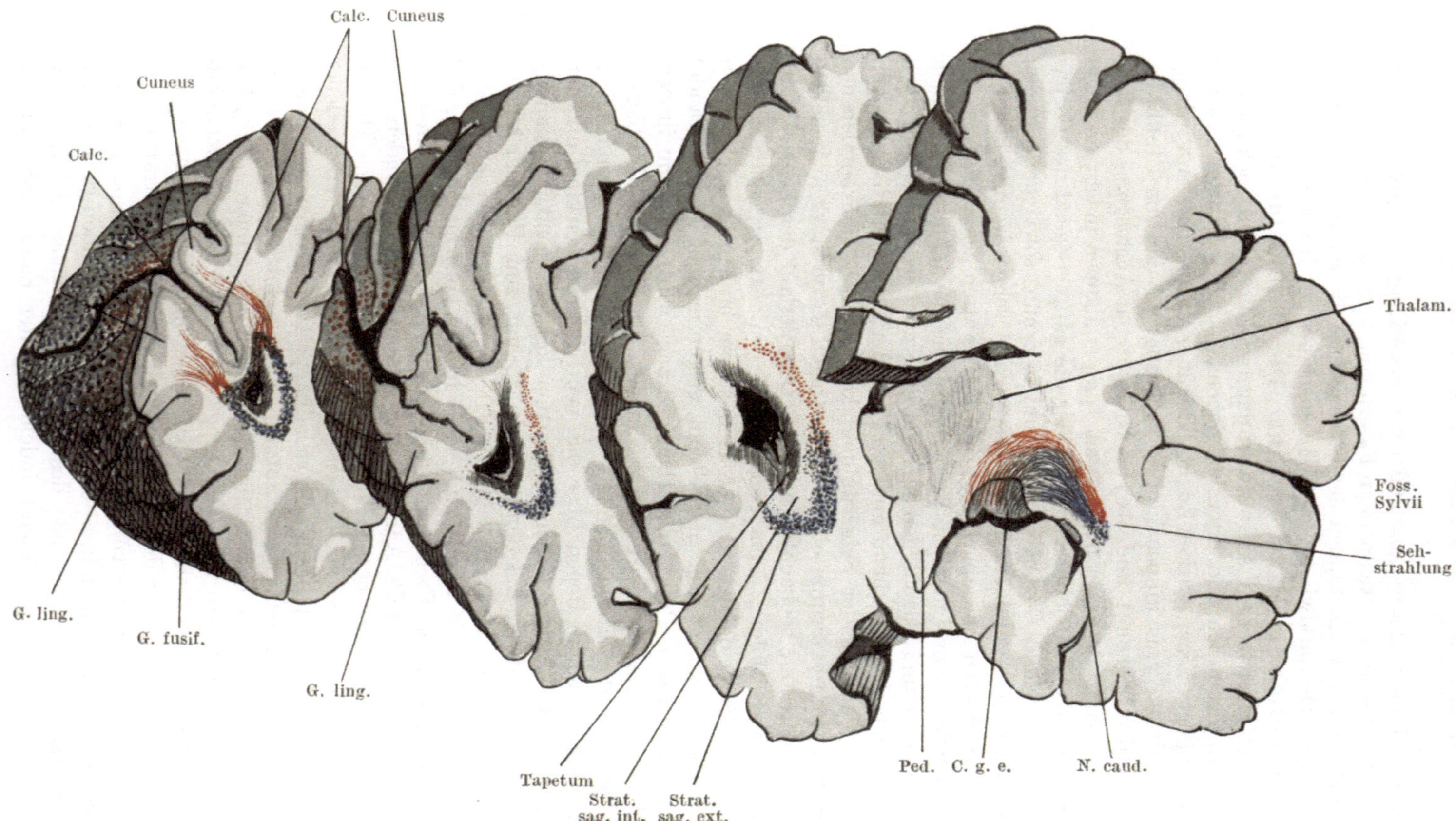

Abb. 5. Schema zum Verlauf der Sehstrahlung nach v. Stauffenberg. Blaue Punktierung Sehstrahlung vom caudalen Calcarinaabschnitt zum lateralen und caudalen Teil des Corpus geniculatum externum. Rote Punktierung Sehstrahlung von den frontaleren Calcarinaabschnitten zum caudalen und frontalen Teil des Corpus geniculatum externum. Das Schema läßt in einem der wichtigsten Punkte im Stich. Es zeigt nicht, wie die dorsal gelegenen Fasern der Sehstrahlung (rot), welche angeblich orale Abschnitte der Ober- und Unterlippe der Fissura calcarina versorgen sollen, eben dorthin gelangen.

Aus Heft 8 der Arbeiten aus dem hirnanatomischen Institut in Zürich. Abb. 67 Seite 205.

Occipitalwindungen nach hinten ziehen, um den größten Teil ihrer Elemente an den Gyrus ling. abzugeben, endlich an die Retrocalcarina den Rest sich verteilen zu lassen.

Der Gyrus ling. bildet das Dichtigkeitszentrum der einstrahlenden Faserung. Bis zu den vordenen Occipitalwindungen hin wird die Streuung eine immer weniger dichte.

Der Vicq d'Azyrsche Streifen, sowie die Randfaserung des Rindensehfeldes stellen einen Eigenapparat dar.

Die weiteren Endpunkte der primären Sehbahn, Pulvinar und Vierhügel, sind mit dem Occipitallappen nur in spärlicher Verbindung, mehr mit frontaleren, lateralen Rindengebieten, so daß die Einflußsphäre der drei Ganglien auf die Rinde vom Corpus gen. ext. über den Vierhügel zum Pulvinar zum Teil sich überdeckend, größer wird." Aus diesen Betrachtungen krystallisieren sich folgende Hauptsätze heraus:

„1. Die Fasern zum caudalen Teil der Calcarina (Cuneus und Gyrus ling.) sowie zum Occipitalpol verlaufen hauptsächlich in der ventralen, die zum frontalen Teil der beiden Calcarinalippen in der dorsalen Etage der Sehstrahlung, erstere versorgen hauptsächlich den lateralen und caudalen, letztere den frontalen und medialen Abschnitt des Corpus gen. ext.

2. Der dorsale Abschnitt und ein Teil des ventralen gelangen in das Corpus gen. ext. nach einer Ausbiegung nach vorn und oben, die als Rest der phylogenetischen Verlagerung des Corpus gen. ext. nach unten und hinten zu betrachten ist.

3. Der ventrale Teil der Sehstrahlung erreicht in ziemlich steiler Steigung, jedoch ohne Ausbiegung nach vorn in die vordere Partie des Temporallappens, die Horizontalebene des Corpus gen. ext.

4. Das Stratum sag. ext. führt die Hauptmenge der Fasern, nirgends sind diese jedoch auf dieses Stratum beschränkt. In allen Teilen findet eine mehr oder minder reichliche Durchmischung mit langen und kurzen Assoziationsfasern statt.

5. Das Ausbreitungsgebiet der optischen Fasern reicht weit über das eigentliche Calcarinagebiet hinaus auf die Konvexität.

6. Es gibt kein kompaktes in die Calcarina einstrahlendes optisches Faserbündel."

4. Die Lehre Flechsigs.

Die myelogenetische Methode wird dadurch zur Autoanatomie, daß sie auf verschiedenen Entwicklungsstufen des Menschen einzelne Fasersysteme elektiv darzustellen vermag. Flechsig hat diesen Vorteil früh genug wahrgenommen, seine Schriften enthalten deshalb zahlreiche Angaben über die Normalanatomie des Gehirns, von denen ich einige mit Bezug auf den vorliegenden Gegenstand der Abhandlung in chronologischer Reihenfolge angeben möchte.

1883. Die Sehleitung vom peripheren Endorgan bis zur Großhirnrinde ist zweigliedrig. Als Internodium kommen der äußere Kniehöcker und das obere Vierhügelpaar in Frage. Es ist zweifelhaft, ob aus dem Tractus opticus optische Fasern direkt nach dem Thalamus ziehen oder ihn nicht vielmehr nur durchsetzen. Das corticale Neuron verläuft in den Sehstrahlungen Gratiolets, die aber jedenfalls noch andersartige Systeme führen (5).

1894. „Die menschliche Frucht wird dauernd lebensfähig bei einer Körperlänge zwischen 41—44 cm.“ „Erblickt die menschliche Frucht um diese Zeit das Licht der Welt, so wird nach kurzer Zeit der Nervus opticus markhaltig (viel früher als wenn die Frucht bis zur Reife im Uterus bleibt), und zwar zuerst in den zentralen Teilen, welche der Macula lutea, also der Stelle des deutlichsten Sehens entsprechen.“ „Bei den letzteren ist auch der Nervus opticus über seinen ganzen Querschnitt gleichmäßig markhaltig, läßt also keinen Unterschied zwischen zentralen und peripheren Fasern erkennen.“ „Aus dem äußeren Kniehöcker geht (neben Faserzügen zum vorderen Vierhügel) ein starkes Bündel hervor, welches von der hinteren, äußeren und oberen Fläche austretend einen Fächer bildet, welcher sich nach hinten bis an die Ventrikelwand, nach oben fast bis zum oberen Sehhügelrand, erstreckt und zum Teil unter steilen Biegungen in die Sehstrahlung übergeht. Da vor diesem Bündel, welches ich Strahlung des äußeren Kniehöckers nennen will, nur wenige zum Sehhügel (Pulvinar-Linsenkern?) in Beziehung stehende Teile der Sehstrahlung Mark erhalten, so gelingt es, die Ausbreitung der Fasern des äußeren Kniehöckers in der Sehsphäre genau zu verfolgen, und hierbei ergibt sich, daß die Kniehöckerfasern ausschließlich in der Wand der Fissura calcarina enden. Hier ist also die zur Macula lutea gehörige Rindenregion zu suchen. Im übrigen Teil der Sehsphäre enden die Fasern der Sehstrahlung, welche mit dem Sehhügel zusammenhängen und wahrscheinlich auch Faserbündel, welche ich bei Kindern von etwa einer Woche Lebensdauer vom vorderen Vierhügel aus durch den Thalamus hindurch in die Sehstrahlung verfolgen konnte. Insofern im Sehhügel, wie wiederholt bemerkt, sich Teile der oberen Kleinhirnstiele und Schleife verzweigen, könnte man daran denken, daß der Sehsphäre auch Körpergefühle aus Muskeln, Sehnen usw. zugeführt werden; indes spricht die klinische Beobachtung überwiegend dagegen, da selbst in Fällen von totaler Zerstörung einer Sehsphäre außer den Sehstörungen anderweitige sensible Störungen nicht beobachtet worden sind. Man wird demgemäß die zwischen Sehsphäre und Sehhügel bzw. vorderem Vierhügel verlaufenden Bündel eher zu gewissen Bewegungsimpulsen in Beziehung zu bringen haben, welche von der Sehsphäre ausgehen (Einfluß von Gesichtseindrücken auf Körperbewegungen, Bewegungen insbesondere des Kopfes, der Augen). Auch ist es nicht undenkbar, daß der Sehhügel durch seinen Hauptkern Erregungen, welche von der Sehsphäre ausgehen, auf motorische Zentren anderer Sinnessphären, z. B. der Körperfühlsphäre überträgt. Sind doch in letzterer Gebiete vorhanden (wohl im Fuß der 2. Stirnwindung beim Menschen), deren Erregung konjugierte Augenbewegungen auslöst, die wohl in der Regel (abgesehen von den rein willkürlichen, d. h. lediglich durch Erinnerungsbilder ausgelösten) durch die Sehsphäre beeinflußt werden. Findet tatsächlich eine solche gegenseitige Beeinflussung der Sinneszentren durch Vermittlung des Thalamus-Hauptkernes statt, dann gehört letzterer nicht ausschließlich zu den niederen Hirnteilen.“ „Die Sehsphäre zeigt im Bereich der Strahlung des äußeren Kniehöckers einen besonderen, nirgends wieder in der Hirnrinde vorkommenden Bau, welcher schon makroskopisch durch den Vicq d'Azyrschen Streifen angedeutet wird. Es treten hier Körnerschichten auf, deren Elemente mit denen der Netzhaut teilweise Ähnlichkeit haben (6).“

1895. „Die Sehsphäre, soweit sie durch Endigung der Sehstrahlung, d. h. der aus Corpus gen. ext., Sehhügel und vorderem Vierhügel hervorgehenden Stabkranzbündel charakterisiert wird, beschränkt sich bei Kindern in den ersten Lebenszeiten auf die unmittelbare Umgebung der Fissura calcarina. Cuneus und Zungenwindung, desgleichen die Außenfläche des Hinterhauptlappens erhalten nur, soweit sie den achtschichtigen Typus (durch Vicq d'Azyrschen Streifen makroskopisch gekennzeichnet) zeigen, Stammleitungen. Später (1 Monat) lassen der gesamte Cuneus, die gesamte Zungenwindung und die hinteren Abschnitte sämtlicher Occipitalwindungen markhaltige Fasern erkennen; neben anderen Teilen dieses Gebietes scheint insbesondere der hinter dem Gyrus angularis gelegene Teil nur durch Kollateralen mit der Sehstrahlung zusammenzuhängen. Der Gyrus angularis selbst gehört zum parietalen Assoziationszentrum; er entbehrt eines aus Stammfasern gebildeten Stabkranzes völlig (7)".

1896. „Der sogenannte Fasciculus longitudinalis inferior Burdach wurde bisher beschrieben als ein Assoziationssystem, welches den Hinterhauptslappen mit dem gesamten Schläfenlappen, besonders auch seinen vorderen Abschnitten verbindet. Ich habe bereits früher erwähnt, daß dies ein großer Irrtum ist. Das untere Längsbündel ist eines der am frühesten sich mit Mark umhüllenden Bündel des Großhirnmarkes und läßt sich infolgedessen beim ca. 1 Woche alten Neugeborenen vollständig und genau übersehen. Es ergibt sich hierbei, daß die fraglichen Bündel allerdings nach hinten im Hinterhauptslappen, speziell in der Sehsphäre endigen, daß sie aber nach vorn nicht mit der Rinde, sondern mit dem Thalamus opticus sich verbinden. Sie machen hierbei einen beträchtlichen Umweg, indem sie im Schläfenlappen nach vorn laufen bis zur Gegend unmittelbar nach außen-hinten vom Mandelkern und hier nach oben umbiegen mit zum Teil spitzwinkliger Knickung, so daß sie das Unterhorn von vornher umgreifen (temporales Knie)". „Der Fasciculus longitudinalis inferior ist nichts weiter als ein Teil der Sehstrahlung Gratiolets." „Aus der Sehstrahlung treten dicht hinter dem Thalamus (noch bevor sie den Außenrand des Ventrikels erreicht) zahlreiche Fasern in den Schläfenlappen über; es handelt sich hier zum Teil um Stabkranzbündel der Hörsphäre, welche vom inneren Kniehöcker herbeiziehen, zum Teil um Thalamusfasern." „Vom Gyrus angularis, der 2. Schläfenwindung usw. her treten Fasern mehr oder weniger rechtwinklig an die Sehstrahlung heran; sie laufen aber hindurch zur Balkenschicht zunächst der Ventrikelwand. Diese Tatsachen erscheinen besonders einschneidend gegenüber den Folgerungen, die Sachs auf die Annahme gegründet hat, daß sein im wesentlichen mit dem Fasciculus long. inf. identisches Stratum sagittale externum das wichtigste Assoziationssystem zwischen der Sehsphäre und den an der Sprache beteiligten Rindengebieten des Schläfenlappens, insbesondere auch der ersten Schläfenwindung bilde. Das Stratum sagittale externum hat in der Hauptsache sicher mit Assoziationsvorgängen nichts zu schaffen und somit auch nicht mit der Assoziation von Gesichts- und Gehörseindrücken, bzw. deren Erinnerungsbildern — es ist eben ein Stabkranzbündel (8)."

„Untersucht man nun den Verlauf des Tractus bei reifen Neugeborenen, so lassen sich direkt Fasern zum äußeren Kniehöcker und von da aus zum vorderen Vierhügel verfolgen. Daß aus dem Nervus opticus ein Bündel in den Thalamus opticus eintritt und hier endet, davon habe ich mich beim Menschen nicht sicher überzeugen können. Wohl aber tritt aus dem äußeren Kniehöcker ein mächtiges Bündel zunächst in das Pulvinar des Sehhügels ein, welches zum Teil eine direkte Fortsetzung des Tractus opticus vortäuscht, offenbar aber aus den Zellen des Kniehöckers hervorgeht, also eine indirekte Fortsetzung des Sehnerven darstellt; ich will es „Sehstrahlung im engeren Sinne" oder Stabkranz des äußeren Kniehöckers nennen. Auch dieses Bündel endet aber nicht, selbst nicht zu einem kleinen Teil, im Sehhügel, sondern es geht in die Sehstrahlung Gratiolets über und gelangt durch diese zur Rinde der Fissura calcarina, insbesondere zu dem durch den Vicq d'Azyrschen Streifen schon makroskopisch ausgezeichneten Teil des Cortex. Man kann dies bei Neugeborenen sehr leicht nachweisen, da hier die Sehstrahlung im engeren Sinne völlig isoliert als markhaltiger Strang im Hinterhauptslappen verläuft. Ich halte es sonach für unerwiesen, daß beim Menschen der Sehhügel ein Internodium auf der Bahn der Sehnerven zur corticalen Sehsphäre bildet. Auch die Sehstrahlung im weiteren Sinne, d. h. im Sinne Gratiolets und der Neueren ist keineswegs in allen Teilen einfach nur Sehleitung; übertrifft sie doch an Querschnitt den Tractus opticus um mehr als das Fünffache, dient also auch anderen Funktionen. Bereits erwähnt wurde, daß ein noch vor der Sehleitung erscheinendes Bündel von der (hinteren) lateralen Kerngruppe des Sehhügels her sich der Sehstrahlung (?) beigesellt. Dazu kommen an Masse weit überwiegend nach der Sehleitung entstehende Faserbündel, welche zum Pulvinar in Beziehung stehen, aber wie ich annehme, in der Hauptsache nicht corticopetal, sondern corticofugal leiten. Sie nehmen in der Sehstrahlung nirgends einen Abschnitt für sich ein, sondern sind überall gemischt mit Fasern, welche aus dem äußeren Kniehöcker bzw. vorderen Vierhügel hervorgehen. Ihr Ursprungsgebiet in der Rinde umfaßt auch den gesamten Cuneus und den Lobus lingualis bis zur basalen Fläche des Hinterhaupt-Schläfenlappens. Ich bezeichne nun den gesamten Rindenbezirk, zu welchem die „Sehstrahlung im weiteren Sinn" in Beziehung tritt, als „Sehsphäre". Er umfaßt die gesamte Innenfläche des Hinterhauptlappens, an der Konvexität nur eine schmale Zone im Bereich der ersten Occipitalwindung und des Polus occipitalis, nicht aber die äußeren Occipitalwindungen bzw. den Gyrus angularis. In jenem Bezirk ist die Sehsphäre sensu strictiori enthalten; sie geht nicht darüber hinaus, aber fraglich bleibt, ob wirklich alle einzelnen Stücke dieses Bezirks an den Gesichtempfindungen beteiligt sind." „Der Gyrus angularis hat selbst mit der Sehstrahlung im weiteren Sinn nichts zu schaffen; er gehört nicht zur Sehsphäre." (Gegen Vialet.) „Die Hör- und Sehsphäre hängen in der Hauptsache nur mit benachbarten Windungen direkt zusammen. Assoziationsbahnen gehen von ihnen nach meinen bisherigen Untersuchungen nicht oder höchstens in geringer Anzahl aus. Demgemäß ist jede dieser Sphären umgeben von einem Rindenbezirk, welchen ich kurz als „Randzone" bezeichnen will, in welchen zahllose Assoziationsfasern je der betreffenden Sinnessphäre eindringen. Bei der Sehsphäre wird die Randzone gebildet von der zweiten und dritten Occipitalwindung, einem Teil des Praecuneus und dem Gyrus occipitotemporalis." „Die Randzonen gehören schon zu den „Assoziationszentren"; sie erscheinen mir für die „Gedächtnisspuren", die musikalische und malerische Beanlagung usw. besonders wichtig zu sein (9)."

1901. „Die Primordialgebiete umfassen die Eintrittsstellen sämtlicher Sinnesleitungen in der Rinde.“ „Auch die bekannten motorischen Leitungen entspringen in bzw. unmittelbar neben Primordialgebieten.“ „Aus dem Gebiet der Fissura calcarina läßt sich ein Faserzug (durch sekundäre Degenerationen wie auch am Neugeborenen) bis in das mittlere Mark des vorderen Vierhügels verfolgen, welcher in der „sekundären“ Sehstrahlung (Flechsig) verläuft. Somit entspricht jeder Sinnesleitung eine motorische (corticofugale) Bahn; man kann hier von Strangpaaren (konjugierten Leitungen) sprechen. In bezug auf ihre Lage innerhalb des Stabkranzes folgen sie im allgemeinen dem Gesetz, daß die corticopetalen Leitungen lateral von den zentrifugalen liegen.“ Diese Arbeit enthält erstmalig die schematische Darstellung und Umgrenzung der myelogenetischen Rindenfelder (wichtig wegen der Priorität gegenüber Brodmann, der zu einer verblüffend ähnlichen Gliederung durch Studien der Cytoarchitektonik gelangte). (11.)

1905. „Im Anschluß an Zerstörung der Sehsphäre degenerieren verschiedene Faserzüge, welche in die Zusammensetzung der Sehstrahlung Gratiolets eingehen, von innen gerechnet nächst der Balkenschicht, die meist feinfaserige, in mittleren Höhen vielfach in deutliche Bündel getrennte innere sagittale Schicht (sekundäre Sehstrahlung Flechsig) und die dickfaserige äußere sagittale Schicht (Fasciculus long. inf. Burdach, primäre Sehstrahlung Flechsig). Bei Herden in der Umgebung der Fissura calcarina tritt, falls die Dauer der Erkrankung lang genug währt, in allen drei Schichten sekundäre Degeneration bzw. Atrophie auf, ganz besonders früh und regelmäßig aber in der sekundären Sehstrahlung. Die primäre Sehstrahlung degeneriert rindenwärts, wenn sie in ihrem Verlauf unterbrochen wird, wofür mir mehrere vorzügliche Fälle zu Gebote stehen, die sekundäre Sehstrahlung thalamuswärts. In einem jener Fälle, welcher eine totale aufsteigende Degeneration der primären Sehstrahlung darstellt, lassen sich die degenerierten Bündel der letzteren ausschließlich in das Gebiet des Vicq d'Azyrschen Streifens verfolgen.

Schon hieraus geht mit Wahrscheinlichkeit hervor, daß die primäre Sehstrahlung die eigentliche sensible Leitung der Sehsphäre darstellt, und es ist um so weniger Grund vorhanden, hieran zu zweifeln, als nicht nur an reifen Früchten das Hervorgehen des sogenannten Fasciculus long. inf. aus dem äußeren Kniehöcker und einem Teil des Pulvinars, welchen ich als primäres (phylogenetisch älteres) Pulvinar bezeichnet habe, auf das Deutlichste zutage tritt, sondern auch in einem von Henschen beschriebenen, in der Literatur einzig dastehenden Fall von fast unkomplizierter Zerstörung des äußeren Kniehöckers genau das Primärsystem der Sehstrahlung, d. h. meine primäre Sehstrahlung isoliert bis zur Rinde der Fissura calcarina, also aufsteigend degeneriert war.

Die absteigende sekundäre Degeneration der Sehstrahlung im weiteren Sinn setzt sich auf das sekundäre Pulvinar und den vorderen Vierhügel fort, die retrograde Degeneration der primären Sehstrahlung führt zu einer Zellatrophie im äußeren Kniehöcker. Im Pulvinar degenerieren auch Abschnitte, in welche Fasern des Tractus opticus nicht verfolgt werden können, welche also vermutlich mit dem Sehen nichts zu tun haben.

Indem v. Monakow die sekundäre (motorische) Sehstrahlung als Sehleitung betrachtet, beruht schon insofern seine Auffassung der Sehsphäre auf falschen Voraussetzungen. Und der Irrtum wird vergrößert dadurch, daß v. Monakow auch die Ursprungsregionen dieser Bündel in der Rinde nicht richtig erkannt hat. Auch die sekundäre Sehstrahlung steht höchstwahrscheinlich nur zur Rinde der Fissura calcarina (Zone des Vicq d'Azyrschen Streifens) in Beziehung. Dafür, daß weitere Rindenfelder in Betracht kommen, fehlt vorläufig noch jeder sichere Anhaltspunkt." „Die occipitalen Innervationsbahnen der Augenmuskeln entspringen aus demselben Rindenfeld, worin die Sehleitung endet (12)."

5. Die Theorie Nießl v. Mayendorfs.

Nießl v. Mayendorf ist hervorragend als Gehirnmechaniker, sofern er die psychischen Funktionen aus dem Bau des Gehirns zu erklären versucht. Kaum eine anatomische Arbeit von ihm, wo er seine Befunde nicht in dieser Richtung auswertet. Von selbst entstehen dadurch fließende Übergänge von der Hirnneurologie zur Hirnpsychologie.

Der Eigenapparat des äußeren Kniehöckers wird von gangliösen Elementen gebildet, die durch Markfasersepten getrennt und daher in Schichten gelagert sind. Diese Struktur läßt an einen Parallelismus zu der Zellschichtung in Retina und Cortex denken. Ein solcher besteht aber in Wirklichkeit nicht. Bei Totalunterbrechung des zentralen Neurons der Sehleitung, wie man sie an alten Erweichungsherden im Mark des Hinterhauptlappens zu beobachten Gelegenheit hat, sind die Degenerationsfolgen für den äußeren Kniehöcker und die Sehrinde völlig verschieden. Während die geschrumpfte Grundsubstanz des äußeren Kniehöckers nur noch Zelltrümmer und Gliaersatz aufweist, lassen sich in der Calcarinarinde, selbst wenn sie nur noch die Schale einer Cyste bildet, nicht nur die Formen der kleineren Zellen sehr deutlich und kaum entstellt wiedererkennen, sondern es weicht auch deren Zahl und Architektonik kaum von der Norm ab. Der Markfasergehalt der Hirnrinde ist ebenfalls im Gegensatz zu dem vollständigen Markfaserverlust des äußeren Kniehöckers ein überraschend reicher. Das hat folgende Bewandtnis. Die Binnenfaserung der Hirnrinde ist ein Assoziationssystem, dessen Funktionsbereich über den örtlich umschriebenen Defekt hinausragt. Die Ganglienzellen des äußeren Kniehöckers dagegen sind Schaltstücke innerhalb einer anatomisch festgelegten Reizleitung. Es sind interkalierte Zellkörper im Sinne Ramon y Cajals und dienen beim Reizvorgang der Intensitätssteigerung bzw. Stromschwellung. Wenn v. Monakow meinte, die physiologische Bedeutung der Schaltzellen im äußeren Kniehöcker beruhe auf einer Umgruppierung der Reize, so ist nach Nießl v. Mayendorf das Gegenteil der Fall. Der Eigenapparat des äußeren Kniehöckers verhindert das Abfließen des Reizstromes durch Nebenschließungen in anderer Richtung und sichert geradezu das Fortbestehen der peripheren Reizfigur. Die Stromverstärkung kommt etwa so zustande, wie in der alten Telegraphie das Relais die Ortsbatterie einschaltet (60).

Was den Verlauf des zentralen Neurons der Sehleitung aus dem äußeren Kniehöcker nach der Occipitalrinde anbelangt, so bestätigt Nießl v. Mayendorf nicht nur den Fasciculus longitudinalis inferior als den basalen Anteil der Sehstrahlung, sondern erweist dessen Ursprung auch aus dem Spornteil des äußeren Kniehöckers (55).

Studien über Seelenblindheit und Alexie führen ihn zu der Annahme, daß die makulären Bündel in dorsalen Abschnitten der Sehstrahlung verlaufen müssen. Das von Déjérine, Henschen u. a. inaugurierte Lesezentrum im Gyrus angularis wird dadurch für ihn unhaltbar. Die Lagebeziehung der Rinde des Gyrus angularis zur dorsalen Etage der Sehstrahlung, welche die makulären Bündel führt, ist eine so innige, daß Angularisherde sehr wohl eine Mitläsion der Sehleitung bedingen können, was in der linken Hemisphäre notgedrungen zu Wortblindheit führt (54, 58, 61).

Von den sagittal gestellten beiden Schichten der Gratioletschen Sehstrahlung wendet Nießl v. Mayendorf in einer besonderen Arbeit (59) seine Aufmerksamkeit dem Stratum sagittale internum zu, welches zu Unrecht den klassischen Namen Radiatio optica trägt. Die cortico-petalen optischen Systeme verlaufen auch nach seiner Ansicht im Stratum sagittale externum (primäre Sehstrahlung Flechsigs). Dagegen deckt sich der Fasergehalt des Stratum sagittale internum nicht mit der sekundären Sehstrahlung Flechsigs, bildet also mit der primären Sehstrahlung kein konjugiertes Strangpaar. Die Ursprungsstelle der Fasern des Stratum sagittale internum reicht weit über die Area striata hinaus und umfaßt auch Teile der Konvexität des Hinterhauptlappens. Im wesentlichen sind es corticofugale Systeme, die zum Teil nach dem Thalamus (Area densa), zum Teil zum Hirnschenkel ziehen (Area grupposa), in toto aber Stammfasern sind.

Der Eintritt der zentralen Sehbahn in die Hirnrinde des Occipitallappens erfolgt ausschließlich in kompakten Bündelformationen. Der ganze Sehbezirk ist schon makroskopisch durch die Anwesenheit des Vicq d'Azyrschen Markstreifens kenntlich und abgrenzbar (53). Die corticale Sehsphäre ist nicht nur die Eintrittsstelle der optischen Leitungen in die Sehrinde schlechthin, sondern seiner Dignität nach bereits psychisches Zentrum. Die optischen Wahrnehmungen kommen hier zustande und die optischen Erinnerungsbilder haben hier ihren Sitz. Eine optische Wahrnehmung entsteht, wenn der corticalen Sehsphäre „präformierte Erregungsformen von der Peripherie" zugeleitet werden. „Wird ein gebahnter Zellkomplex durch die Projektionsbündel erregt, dann kommt durch den Vorgang der primären Identifikation (Wernicke) das Wiedererkennen eines Dinges zustande. Bei Erregung desselben Zellkomplexes durch die Assoziationssysteme werden optische Erinnerungen lebendig. Das makuläre Bündel des Sehnerven hat", wie schon erwähnt, „auch in der Sehstrahlung eine isolierte Vertretung, und diejenigen Rindengebiete, welche mit demselben in Verbindung stehen, sind als makuläre Sehrinde zu betrachten. Da sich das makuläre Bündel an die zentrale Bahn der peripheren Netzhaut nach außen unten sowie nach oben zu angliedert, so sind auch diejenigen Rindenstücke, welche sich nach außen unten und nach oben zu der Rinde des peripheren Sehens anreihen, als corticale Vertretungen der Macula zu betrachten."

Mit Rücksicht auf die Ergebnisse der vorliegenden Arbeit ist nicht unwichtig, daß Nießl v. Mayendorf gelegentlich in seinen Präparaten die basalen Bündel der Sehstrahlung in orale Abschnitte der Ober- und Unterlippe der Fissura calcarina einstrahlen sah (55), während er dorsal gelegene (makuläre) Bündel bis in ventrocaudale Abschnitte (Gyrus fusiformis und dritte Occipitalwindung) verfolgen konnte (54).

6. Henschens Schlußfolgerungen aus der Hirnpathologie über den Verlauf der Sehstrahlung und die Lage sowie die Ausdehnung der corticalen Sehsphäre (Abb. 6).

Die anatomische Darstellung der Sehstrahlung bei Henschen hat etwas ungemein Anziehendes, sofern er den Mut zeigt, Gedanken konsequent zu Ende zu denken. Wir vermissen bei ihm jenes ewige Hin und Her wie bei v. Monakow, jenes Überschreiten der Toleranz gegen andere Auffassungen, welche die Unsicherheit in den eigenen Befunden durchblicken läßt. Klipp und klar äußert er seine Ansichten und vertritt sie. Er kann das heute mit gutem Gewissen, da die gesamten Kriegserfahrungen für die von ihm vertretene Annahme einer umschriebenen Lokalisation im Gehirn sprechen. Es würde an dieser Stelle zu weit führen, die Begründung seiner Theorie eingehend zu würdigen. Hier soll sie nur so weit zu Rate gezogen werden, als sie zeigt, zu welcher anatomischen Darstellung der Sehstrahlung die Hirnpathologie geführt hat.

„Die von den großen Knieganglienzellen ausgehenden Nervenfasern, die die retinalen Sehempfindungen zentripetal leiten, schwenken vom lateralen Knieganglion lateralwärts hin und bilden das Wernickesche Feld, verlaufen dann nach unten parallel mit der lateralen Wand des Hinterhorns und bilden daselbst ein etwa 5(—10) mm hohes, kompaktes Bündel, das nachher in sagittaler Richtung etwa in der Höhe der zweiten Temporalwindung und des Sulcus temp. secundus verläuft. An einem Schnitt 6—7 cm vor dem Occipitalpole bildet die Sehbahn ein geschlossenes, etwa 5(—10) mm hohes und 2—3 mm dickes Bündel, das am latero-ventralen Winkel des hinteren Hornes verläuft und je weiter nach hinten sich um so mehr diesem Winkel nähert und sich selbst ventral vom Hinterhorn ausdehnt. In diesem Bündel liegen die Sehfasern des dorsalen Retinalquadranten dorsal, die des ventralen ventral.

Die Lage der makulären Fasern ist zwar nicht bekannt, wahrscheinlich liegen sie in der Mitte, ob aber mehr lateral oder medial ist nicht erwiesen.

Die Sehbahn bildet nur den ventralen Abschnitt der mächtigen anatomischen Bildung, die unter dem Namen des occipitalen, sagittalen, vertikalen Marks geht (Radiatio thalamo-occipitalis Gratioletii). Von vielen wird sie der „Sehstrahlung" oder den „Sehstrahlungen" gleichgestellt, aber der Name „Sehstrahlung" ist ein physiologischer Name und muß richtiger der Sehbahn, also nur dem ventralen Abschnitte des occipitalen Marks, vorbehalten werden.

Das occipitale Mark besteht aus drei vertikalen Blättern oder Schichten. Die zentripetal leitenden Sehfasern liegen nur in der lateralen Schicht. Die mittlere ist zentrifugal und verbindet die Rinde mit den optischen Zentralganglien, leitet also nicht die retinalen Sehempfindungen nach der Rinde hin, sondern vermittelt wahrscheinlich die von der Rinde kommenden Sehempfindungen und Reflexe. Die medialste Schicht des Marks ist eine Assoziationsschicht, die die Balkenfasern enthält.

Hieraus ergibt sich, daß nur eine Läsion, die die in der äußeren Schicht — dem Fasc. long. inf. — liegenden Fasern oder die Sehbahn direkt oder indirekt trifft, Sehstörungen hervorrufen kann, die alsdann immer in Form einer homonymen Hemianopsie auftreten, vollständig, quadrantisch oder als Skotome (die letzte Form bisher nicht klinisch gefunden). Homonyme Fasern liegen nämlich in der occipitalen Bahn zusammen.

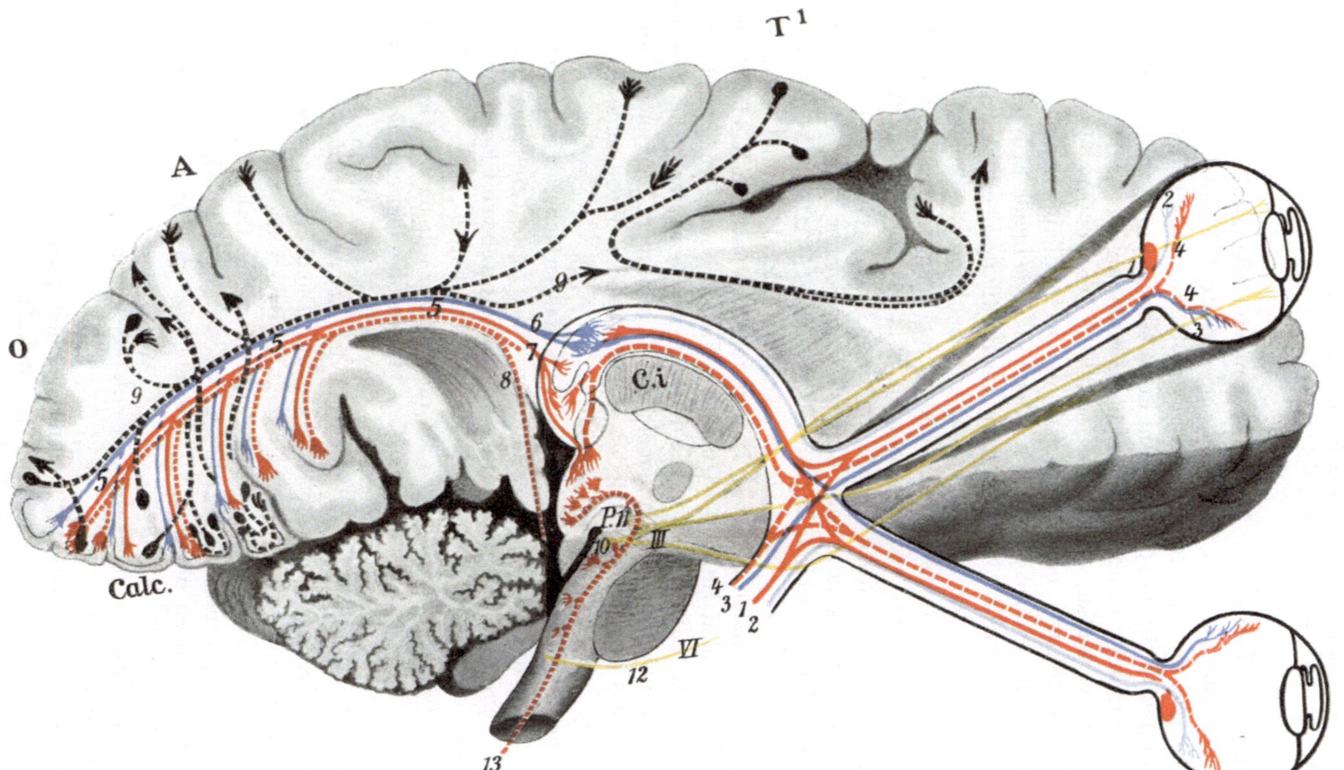

Abb. 6. Schema der Sehbahn nach Henschen. A. Frontales Neuron. 1 rot: makuläre Fasern. 2 hellblau: direkte (ungekreuzte) Fasern. 3 dunkelblau: gekreuzte Fasern. 4 rot, gestrichelt: Pupillenfasern. B. Occipitales Neuron. 5 blau-rot-rot: die sog. Sehstrahlung. 6 blau: Stratum laterale Fascicul. longit. inferior — corticopetale Fasern. 7 rot: Stratum intermedium — corticofugale Fasern. 8 rot, gestrichelt: Stratum mediale — Assoziationsfasern des Balkens. 9 schwarz, gestrichelt: Verbindungen des Sehzentrums (direkte und indirekte). C. Motorische Systeme. 10 gelb: III Oculomotoriuskern und Fasern. 11 gelb P.: Pupillenkern und Fasern. 12 gelb VI: Abducens. 13 rot, gestrichelt: Fascic. long. posterior.

Die Sehbahn liegt also im Mark im Bereiche des Temporallappens, ihr dorsalster Punkt erreicht nahezu die untere Begrenzung des Parietalmarks; hinten liegt sie im Mark des Occipitallappens dorsal von der occipito-temporalen Windung".

Diese „im Parietal-Temporal- oder richtiger nur im Temporallappen tief im Mark gelegene, daselbst gewissermaßen sehr geschützte Sehbahn, die dort ein geschlossenes Bündel an der lateralen Wand des Hinterhorns bildet, löst sich beim Eintritt in den Occipitallappen sowohl in vertikaler wie in frontomedialer Richtung fächerartig in ihre Endfasern auf, die nach der an der medialen Fläche liegenden Sehrinde verlaufen, um hier zu endigen. Die Fasern von den verschiedenen Retinalpunkten liegen deswegen im Occipitallappen nicht länger dicht zusammen; und Läsionen kleinerer Ausdehnung, wie kleine Erweichungen, Blutungen und Geschwülste können also im Occipitallappen oft eine kleinere Anzahl der Sehfasern treffen, ohne die gesamte Sehbahn zu beeinträchtigen oder zu zerstören. Infolgedessen bedingen kleinere Läsionen oft nur begrenzte Gesichtsfelddefekte in Form von Quadranten oder Sektoren oder kleineren Skotomen. Immer sind diese hemianopisch, und wenn auch selten mathematisch einander deckend, doch im ganzen von gleicher Form und Größe.

Die Sehbahn bildet im Occipitallappen ein vertikales Blatt von vorne etwa 20 mm Höhe. Sie liegt vorne etwa 20 mm von der lateralen Rinde entfernt, etwa 25 mm von der medialen und etwa 15 mm von der ventralen Rindenfläche entfernt. Von der dorsalen Hälfte verlaufen die Fasern bogenförmig nach der oberen Lippe der Fiss. calcarina, von der unteren zur ventralen. Die Fasern der Rinde des Calcarinabodens schwenken sich teils nach oben, teils nach unten zur Sehstrahlung und es scheint der Boden so auf zweierlei Wege seine Fasern zu bekommen.

In der Spitze des Occipitallappens verlaufen die Sehfasern fächerartig zur Rinde.

Die Sehrinde nimmt, wie schon erwähnt, nur die Lippen und den Boden der Fiss. calcarina ein und dehnt sich auf die mediale sichtbare Fläche nur auf einige Millimeter, verschieden bei verschiedenen Individuen, aus. Sie fällt mit der Area striata zusammen, jedoch ist nicht klinisch nachgewiesen, ob der Pol des Occipitallappens, obschon der Area striata histologisch angehörend, auch der Sehrinde zugerechnet werden darf oder nicht."

„In der Sehrinde findet eine fixe Projektion der Retina statt, die Sehrinde ist ein Abklatsch der Retina — eine Retina corticalis. Die obere Lippe entspricht der oberen Retinahälfte, die untere der unteren, der Boden also der Horizontallinie der Retina. Also ruft die Zerstörung der dorsalen Calcarinalippe eine Quadrant-Hemianopsie nach unten, die der ventralen Calcarinalippe eine Quadrant-Hemianopsie nach oben, die Zerstörung des Bodens der Calcarinarinde ein Horizontalskotom hervor.

Jede Läsion der Calcarinarinde ruft ein entsprechendes dauerndes Skotom von konstanter Lage hervor.

Das Makularproblem ist noch nicht mit Sicherheit gelöst. Ältere Beobachtungen machten es wahrscheinlich, daß die Makularrinde vorne im Boden der Fissur liegt, mehrere neuere dagegen sprechen entschieden dafür, daß sie weiter nach hinten liegt. Die Makularrinde hat wahrscheinlich eine verhältnismäßig große Ausdehnung, ist aber inselförmig vertreten. Es gibt eine Projektion auch in der Makularrinde.

Jeder Punkt der Macula ist in der Regel bilateral vertreten, selten dagegen nur in einer Hemisphäre (Wilbrand, Henschen).

Es besteht also in der ganzen Sehbahn und in der Sehrinde eine fixe mit den Retinalelementen homologe Anordnung der Elemente (24).“

„Die corticale Retina hat folgende Funktionen: In erster Hand die Seheindrücke, wahrscheinlich mittels der Fasern des Gennarischen Streifens in die Sternzellen aufzunehmen; und zwar je nach der Lage der Retinaleindrücke an entsprechenden Punkten der Calcarinarinde. Dadurch werden die Gegenstände im Sehfeld lokalisiert. Diese Lokalisation ruft reflektorisch gewisse Augenbewegungen in bestimmter Richtung hervor, wodurch eine Orientierung im Raume zustande kommt. Auch ist nach Mott, Sherrington u. a. die mediale Fläche für elektrische Ströme reizbar. Die Projektion der Retina auf die Rinde hat also den Zweck, uns zu orientieren und zu schützen. Die Rindenelemente werden innerviert und korrespondieren mit homologen Punkten der beiden Augen, wodurch das stereoskopische Sehen zustande kommt. Auch das Farbensehen wird durch die Area striata vermittelt (nicht durch den Lobulus occipito-temporalis), ob durch besondere Zellen oder nicht, ist nicht erwiesen. Assoziationsfasern verbinden die Elemente der beiden Hemisphären zum Zwecke des Zusammenwirkens. Die Calcarinarinde ist etwa viermal so ausgedehnt wie die Retina. Infolge der kleinen Ausdehnung dieser Rinde läßt sich kaum denken, daß unsere Gesichtserinnerungen dort deponiert werden können, sondern nur die primären Sehempfindungen werden dort aufgenommen. Diese werden nach und nach zu anderen entfernteren Zentren unmittelbar und unaufhörlich übergeführt, und zwar durch Assoziationsfasern, die die Calcarinarinde mit anderen Gebieten im Occipitallappen und der Occipitotemporalgegend und den Gyrus angularis verbinden, wo also die Gesichtserinnerungen deponiert oder weiter verarbeitet werden. Diese Rindengebiete sind also im Vergleich mit der Calcarinarinde höhere psychische Zentren, in denen keine Projektion existiert. Ein solches Zentrum ist das Lesezentrum im Gyrus angularis. Die Calcarinarinde wirkt also wie ein Spiegel oder wie die Retina, wo die Bilder aufgenommen werden, um sofort ausgewischt zu werden. Die Calcarinarinde ist also eine corticale Retina (24).“

7. Adolf Meyers hirnpathologische Befunde mit Rücksicht auf den Verlauf der Sehstrahlung.

Meyer gibt in glänzender Darstellung Bericht über zwei pathologisch anatomisch bearbeitete Fälle. „The geniculocalcarine tract was thus obtained in pure culture in the first case (although not quite complete), and in the second case with additionel preservation of the radiation of pericalcarine cortex. In both of these cases we can see how the ventral part of the optic radiation plunges first forward from the external geniculate body into the empty temporal lobe and the backward to the calcarine cortex as external sagittal marrow or „inferior longitudinal fasciculus“, which evidently is not an association bundle, but essentially the ventral part of the geniculocalcarine path, since there is no temporal cortex to connect it with.“ „The most ventral bundles evidently are the ones which make the long detour toward the temporal pole and end in the most anterior parts of the calcarine cortex.“ „Only the dorsolateral bundles of the geniculocalcarine tract are direct; the more ventral part participates in the detour toward the temporal pole." „The fact that the individual bundles do not change more in size on their way from the geniculate level backward, speaks very much against their giving off fibers to the lateral cortex (angular gyrus)." „The internal and external sagittal marrows are much more independent from one another than is granted by most writers."

In bezug auf die Sehsphäre stimmt der Autor einer Abgrenzung zu, wie sie myelogenetisch von Flechsig, pathologisch-anatomisch von Henschen, cytoarchitektonisch von Bolton, Brodmann und Campbell gefunden worden ist. „The fiber connections of this area (striata) form a cone-shaped cap over the occipital horn of the lateral ventricle. The most posterior fibers turn from the

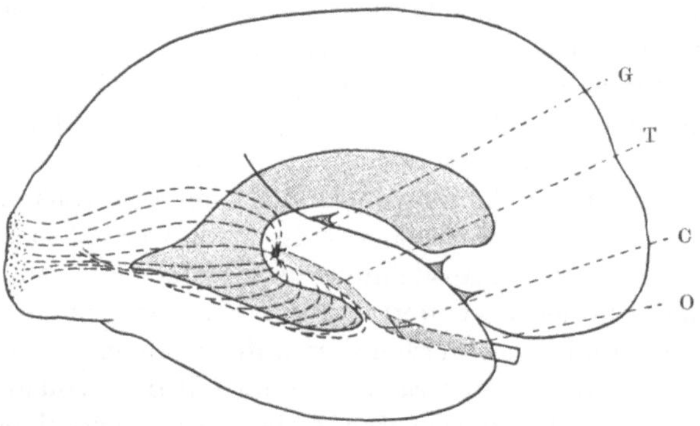

Abb. 7. Diagrammatic representation of the geniculo-calcarine pathway according to Meyer. Modified from Cushing (loc. cit.). G geniculate body. T optic tract. C chiasma. O optic nerve. Ventrale Sehbahnfasern nach oralen, dorsale Sehbahnfasern nach caudalen Abschnitten der corticalen Sehsphäre. Ungeklärt bleibt die Faserversorgung der Oberlippe der Fissura calcarina. Sicher nicht richtig wiedergegeben ist, wie man sich an Horizontalschnitten überzeugen kann, der Verlauf der die temporale Schlinge (Temporal loop) bildenden Fasern entlang dem Tractus opticus.

calcarine cortex around the posterior end of the ventricle into its lateral wall. Part of the fibers pass over the dorsal, part around the ventral side of the ventricle, and they all reach the retro-and infralenticular part of the corona radiata from the lateral side of the ventricle, the ventral fibers only after having been pocketed out by the temporal horn of the lateral ventricle. The basal connections are the external geniculate body for the external sagittal marrow; the pulvinar, middle layer of the anterior colliculus, and lateral part of the crus cerebri for the internal sagittal marrow. The innermost layer next to the ventricle lining is, as throughout the hemisphere, formed by the tapetum or callosum. In the temporal region the auditory radiation to the transverse temporal gyrus and Tuercks bundle to the lateral part of the crus and part of the anterior commissure complicate the simple arrangement of the visual fibers of the optic path. On the dorsal side the parietal contingent of the corona radiata is to be marked off from the dorsal fibers of the optic radiation and the fibers to the posterior part of the fornicate gyrus. On the ventral side there are probably some fibers passing toward the hippocampus, or possibly the fusiform and lingual gyri (37)".

8. Brouwers kritische Stellungnahme zu den Lokalisationstheorien auf Grund eigener Befunde.

An der Hand zweier Fälle mit Ausfallserscheinungen im cerebralen optischen Gebiete, die klinisch beobachtet und anatomisch kontrolliert worden waren, erörtert Brouwer die drei folgenden wissenschaftlichen Streitfragen:

„1. Verläuft die Strahlung der optischen Fasern nur nach der Rinde der Fissura calcarina, oder dehnt sie sich auch über die anderen Gebiete des Hinterhauptlappens aus? Ist also die Einstrahlung der optischen Fasern in die Hirnrinde eine kleine oder eine große?

2. Wie geschieht die Projektion der Retina im cerebralen optischen Systeme?

3. Wie hat man sich die Projektion der Macula lutea auf die Rinde des Occipitallappens zu denken?"

Das zugrunde liegende Material ist, kurz zusammengefaßt, folgendes. „Im ersten Fall handelte es sich um eine Patientin mit doppelseitiger Hemianopsie, bei welcher das zentrale Sehen abgeschwächt, jedoch deutlich erhalten war. Erscheinungen von Seelenblindheit waren nicht vorhanden, das optische Erinnerungsvermögen und die optische Phantasie waren nicht beschädigt. Bei der Sektion fand sich in beiden Occipitallappen ein Herd, welcher die Regio calcarina selbst nur wenig primär lädiert hatte. An beiden Seiten war der hintere Teil des Occipitallappens völlig von der Sehstrahlung abgeschnitten worden. In der Rinde der rechten Hemisphäre lag die primäre Veränderung hauptsächlich ventral, und zwar im Gyrus fusiformis, Gyrus occipitalis inferior und im occipitalwärts gelegenen Abschnitt des Gyrus temporalis inferior. In der linken Hemisphäre lag die ursprüngliche Veränderung der Rinde mehr lateralwärts, und zwar in der zweiten und dritten Occipitalwindung, im occipitalen Abschnitt der mittleren Temporalwindung und im Gyrus fusiformis. Von den Strata sagittalia war rechts nur eine Partie des dorsalen Abschnittes erhalten geblieben, während links daneben noch ein kleiner Teil im ventralen Schenkel der Strahlungen unverändert war. In beiden Corpora geniculata externa fanden sich tiefe sekundäre Degenerationen, während schließlich außer diesen beiden größeren Herden noch mehrere kleinere Herde über das Mark zerstreut waren.

Im zweiten Falle handelte es sich um eine Patientin mit linksseitiger Hemianopsie. Bei der Obduktion fand sich ein Herd im medio-ventralen Teil des rechten Occipitallappens. Dieser Herd zerstörte die ganze Calcarinazone, außer einer kleinen Partie im vorderen Abschnitt derselben. Der Lobus lingualis und fusiformis waren primär beschädigt, so auch der am weitesten occipitalwärts gelegene Teil der unteren Temporalwindung. Es wurde eine erhebliche Läsion der Sehstrahlung konstatiert und ein maximaler Zellausfall im Corpus geniculatum externum. In der linken Hemisphäre fand sich als wichtigste Veränderung ein circumscripter Herd im dorsalen Teil der Strata sagittalia, welcher von einem circumscripten Zellen- und Faserausfall in der dorsalen Hälfte des Corpus geniculatum begleitet war."

Aus diesen Tatsachen schließt Brouwer in bezug auf die Abgrenzung der corticalen Sehsphäre, „daß die Projektion der optischen Fasern nur nach der medialen Seite des Occipitalhirns stattfinden kann und daß die Lehre, daß *nur* die Area striata die Empfangsstation der optischen Reize bildet, richtig sein muß."

Sehr interessant ist Brouwers kritische Stellungsnahme zur Auffassung Henschens, Flechsigs und v. Monakows zur gleichen Frage. Die wichtigsten Argumente, welche Henschen zur Verteidigung seiner Theorie von Lage und Ausdehnung der corticalen Sehsphäre benutzt, scheinen ihm die folgenden: „1. Läsion der medialen Seite des Occipitallappens verursacht Hemianopsie, auch dann, wenn die Sehstrahlung verschont bleibt; Läsion der lateralen Oberfläche des Occipitallappens ergibt nur Sehstörungen, wenn die Sehstrahlung berührt wird. 2. Die Regio calcarina ist anders gebaut als die übrige Rinde des Occipitallappens. 3. Die myelogenetischen Untersuchungen weisen mit Bestimmtheit darauf hin, daß die primäre Strahlung aus dem Corpus geniculatum externum nur nach der medialen Seite des Occipitallappens verläuft." Den ersten beiden Punkten stimmt Brouwer unbedenklich, dem dritten nur vorbehaltlich zu. Flechsig habe bekanntlich zuerst angegeben, daß beim Neugeborenen myelinisierte Fasern aus dem Corpus geniculatum externum entspringend nur nach der medialen Seite des Occipitalhirns verlaufen, man also mit dieser Methode die Fasern der geniculo-optischen Strahlung direkt isoliert verfolgen könne. Diese Beobachtung sei dann von Hoesel noch einmal nachgeprüft und bestätigt worden. Diese Resultate seien aber mit einiger Vorsicht aufzunehmen, „denn die Tatsache, daß in dieser Lebensperiode nur Fasern myelinisiert sind, welche in der oben angegebenen Weise verlaufen, beweist noch nicht, daß diese Fasern die ganze Strahlung des Corpus geniculatum externum bilden. Es ist sogar sehr wahrscheinlich, daß später noch andere Fasern ihr Mark bekommen, welche doch zu der optischen Projektionsstrahlung gehören. Sonst wäre auch in der Beobachtung von Hoesel nicht zu verstehen, warum die Fasern bei seinem Neugeborenen nur nach der Unterlippe der Fissura calcarina verliefen; die Oberlippe gehört doch sicher ebenfalls zu dieser Projektionsstrahlung." Dazu kann hier schon bemerkt werden, daß es sich mit der Deutung der von Hoesel gemachten Beobachtung sicher anders verhält als Brouwer annehmen zu müssen glaubt. Die Area striata variiert hinsichtlich ihrer Ausdehnung, wie wir heute wissen, nicht nur im Bereiche des Occipitalpols sehr stark (Brodmann, Landau), sondern vor allem auch im Bereich der Oberlippe der Fissura calcarina, und in der vorliegenden Arbeit wird eine hierher gehörende Variation demonstriert werden, die dem von Hoesel mitgeteilten Fall durchaus entspricht, sofern auch hier die Oberlippe der Fissura calcarina nahezu in ihrer ganzen Länge von der Area striata unbesetzt bleibt. Ganz gewiß mußte mit einer späterhin noch stattfindenden Anreicherung der im myelogenetischen Präparat sichtbaren Fasersysteme gerechnet werden. Erstaunlich ist aber die geringe Abweichung, die das stark entfärbte Faserpräparat vom Erwachsenen in bezug auf Form und Faserverlauf der Sinnesbahnen erkennen läßt. Das gibt sogar v. Monakow zu.

Nach Brouwers Ansicht soll nun die Überlegung, daß die Myelinisationsmethode nicht alle Fasern eines bestimmten Systemes zu zeigen braucht, auch die Meinungsdifferenz über den Fasciculus longitudinalis inferior aufklären. „Bekanntlich wurde dieses Bündel in älterer Zeit als ein Assoziationssystem betrachtet, bis Flechsig durch seine Methode der Markreifung nachwies, daß hierin viele Fasern der optischen Strahlung verlaufen. Mehrere Autoren schlossen sich ihm an, und der Fasciculus longitudinalis inferior wurde dann als ein Projektionssystem betrachtet. Dagegen hat v. Monakow immer protestiert." Die Diskrepanz der Ansicht v. Monakows und Flechsigs läßt sich indes so einfach nicht beseitigen, ihr Wesenskern liegt tiefer und hellt sich aus den Gründen auf, die v. Monakow dazu führten, die corticale Sehsphäre nicht auf das Bereich der Area striata der Occipitalrinde zu beschränken. Brouwer diskutiert diesen Punkt auch, und zwar mit folgenden Worten. „Die Ursache, daß v. Monakow zu einer anderen Auffassung gekommen ist, scheint mir darin gelegen zu sein, daß seine Erfahrung und Theorie an der Hand größerer Herde aufgebaut worden ist, welche mehr frontalwärts im Gehirn die Strata sagittalia über größere Strecken vernichten, wodurch auch massenhafte Assoziationsfasern zerstört werden. Dadurch entstehen in den Weigert-Pal-Präparaten weiße Degenerationsstreifen nach der lateralen Seite der Occipitalwindungen und dem Gyrus angularis hin; man kann dann natürlich von dieser Degeneration nicht mehr sagen, ob sie durch Zerstörung von Projektions- oder von Assoziationssystemen hervorgerufen ist." Das mag zutreffend sein, Brouwer übersieht aber völlig die Tatsache, daß Flechsig und nach ihm Henschen und viele andere die Sehstrahlung als im Stratum sagittale externum, v. Monakow aber ursprünglich im Stratum sagittale internum verlaufend angenommen hat. Wie sinnverwirrend z. B. die Gleichsetzung der „Sehstrahlung" mit dem Stratum sagittale internum wirkt, geht aus einem bei Lenz zitierten Satz eines sogenannten Dezentralisten deutlich hervor, daß „Läsionen der dorsalen Etage der Sehstrahlung in der ganzen Länge der Erweichung den Einstrahlungsbezirk für die ganze dorsale Hälfte der L. occip. (mediale, obere und laterale Rindenfläche) zerstören, während Vernichtung der ventralen Etage des Strat. sag. int. alle auf der betreffenden Strecke einstrahlenden Fasern der ventralen Hälfte des Occipitallappens unterbricht (mediale, ventrale und laterale Rindenfläche desselben; horizontale Trennungslinie der oberen und unteren Hälfte des Lappens der Fiss. calc.)".

Was eine genaue physiologisch-anatomische Projektion bestimmter Abschnitte der Retina auf das Corpus geniculatum externum, auf die Sehstrahlungen und auf die Rinde betrifft, so führt Brouwer aus seinem eigenen Material zwei markante Tatsachen an, die es wahrscheinlich machen, daß in dem optischen Systeme eine strenge Projektion besteht. Einmal ist es die Wahrnehmung, daß in der rechten Hemisphäre fast die ganze Calcarinazone zerstört worden war unter Aussparung einer kleinen Partie in ihrem vorderen Abschnitt und dementsprechend das Corpus geniculatum externum fast ganz degeneriert war mit Ausnahme einer kleinen Partie in seinem vorderen Abschnitt. Zum anderen die Tatsache, daß eine streng umschriebene Degeneration in der Sehstrahlung der linken Hemisphäre von einem scharf umschriebenen Zellausfall im Corpus geniculatum externum begleitet war. Indes glaubt er auf Grund seines eigenen Beobachtungsmaterials der Auffassung Henschens von der vertikalen Gliederung der corticalen Sehsphäre nicht beipflichten zu können und betrachtet die Frage als noch völlig im Fluß befindlich.

Mit Rücksicht auf die Lokalisation der Macula lutea im Gehirn formuliert Brouwer folgende Ansicht. Die Theorie der inselförmigen Vertretung der Macula in dem hinteren Teil der Fissura calcarina (Lenz) stimmt mit dem eigenen Befunde im Falle doppelseitiger Hemianopsie bei erhaltenem zentralen Sehen nicht überein. Die Untersuchung an Serienschnitten zeigte, „daß sich in dem hinteren Abschnitt der beiden Occipitallappen ein Herd befindet, welcher das ganze zentrale Markfeld einnimmt, wodurch die Verbindung der Sehstrahlung mit diesem occipitalwärts gelegenen Gebiet der Calcarinarinde aufgehoben wurde. Während des Lebens haben also keine Lichtreize von den Corpora geniculata externa die Rinde des Occipitalpoles erreichen können. Der Rest des zentralen Sehens kann also nicht mit diesem hinteren Abschnitt der Calcarinarinde stattgefunden haben". Gegen die Theorie der Doppelversorgung macht er die Einwände, daß die gabelförmige Verteilung der Opticusfasern im Chiasma beim Menschen anatomisch nicht erwiesen sei, daß im Widerspruch dazu bei Tractusläsionen die vertikale Trennungslinie des hemianopischen Gesichtsfeldes durch den Fixierpunkt gehe und von einer Aussparung der Stelle des zentralen Sehens nichts zu finden sei, daß ferner die Entstehung zentraler Skotome bei einseitiger Läsion des Cortex cerebri sowie die Maculaaussparung bei corticalen Herden in der individuellen Variationsbreite keine ausreichende Begründung finde und endlich auch die von Heine und Lenz inaugurierte supragenikuläre Gabelteilung in der Sehbahn zur Doppelversorgung der Macula mittels des Balkens bisher noch nicht aufgefunden worden sei[1]). Einen Fall von totaler Verdunkelung des Maculafeldes allein habe auch der Krieg nicht geliefert. In gleicher Weise wendet er sich aber auch gegen v. Monakows Auffassung, daß die Maculafasern sich ohne jede feinere Lokalisation über das Corpus geniculatum externum ausbreiten und über eine große Strecke des Occipitallappens diffus ausstrahlen sollen. „Die Annahme, daß diese Maculagegend in der Rinde zwar eine gut lokalisierte, aber eine große Ausbreitung besitzt, erklärt besser als die Auffassung einer diffusen Ausstrahlung der Maculafasern in das Corpus geniculatum externum und in den Cortex die Existenz zentraler Skotome, welche mehrfach bei corticalen Läsionen auftreten. Daß diese Skotome in Größe und Form sehr variieren, ist durch die wechselnde Ausbreitung der Läsionen zu erklären, welche verschiedene Teile eines derartig großen Abschnittes der Calcarinarinde zerstören können."

Was nun die Verhältnisse in den Sehstrahlungen betrifft, so hebt er hervor, „daß im Prinzip wenigstens eine Lokalisation vorhanden sein muß. Daß dieses auch für die Maculafasern zutreffen muß, ist deutlich. Sie müssen aber auch hier einen wichtigen und ausgebreiteten Abschnitt der optischen Fasern ausmachen. Mein Befund in dem ersten Fall, in welchem an beiden Seiten nur der dorsale Teil der Strahlungen erhalten war, während an beiden Seiten des Fixierpunktes das zentrale Sehen möglich war, macht es durchaus wahrscheinlich, daß in diesem dorsalen Teil der Strata Maculafasern verlaufen."

9. Heines Theorie des stereoskopischen Sehens.

Der wissenschaftliche Hilfsbegriff vom „imaginären Einauge" im Sinne von Hering besagt, daß beide Augen nicht zwei voneinander relativ unabhängige Organe sind, wie zwei Arme oder zwei Beine, sondern daß sie ein Doppelorgan darstellen, welches aufhört als solches zu existieren, wenn die eine Hälfte zugrunde gegangen ist. „In ganz besonderem Sinne verdient die Stelle des schärfsten Sehens die Betrachtung von diesem Standpunkt aus. Ist der ruhende Blick beider Augen auf einen körperlichen Gegenstand gerichtet, so erhalten beide

[1]) Dieser anatomische Nachweis wurde inzwischen durch die vorliegende Arbeit erbracht. Vgl. Abb. 87 u. 88.

Augen zwei Bilder des Gegenstandes in der Macula, welche geringe Differenzen zeigen, Differenzen, welche wir aber nicht als solche, sondern als Tiefenunterschiede empfinden. Beide Bilder werden also zu einem Einbilde verschmolzen, und dieses Einbild erfährt in der Hirnrinde seine plastische Deutung. Welches Halbbild wir mit dem rechten und welches wir mit dem linken Auge sehen, wissen wir nicht, trotzdem ist dieses für die Deutung des Einbildes durchaus nicht gleichgültig. Vertauschen wir zwei stereoskopische Halbbilder miteinander, oder betrachten wir zwei stereoskopische Halbbilder mit gekreuzten Blicklinien, so erhalten wir pseudostereoskopischen Effekt, d. h. wir sehen vorn und hinten vertauscht. Das Zustandekommen solcher Tiefenwahrnehmung können wir uns, glaube ich, nicht anders als mit Hilfe einer nervösen Doppelversorgung der Macula vorstellen. Die Frage ist nur, wie sollen wir uns diese Doppelversorgung vorstellen?"

Theoretisch scheinen drei Wege möglich: „1. Entweder nehmen wir an, daß von jedem Retinalzapfen der Fovea zwei Fasern ausgehen, deren eine in das rechte, deren andere in das linke Hirn einmünde. Korrespondierende Zapfen könnten ihre Fasern an dieselbe Stelle senden. 2. Jeder Zapfen entsendet nur eine Faser (von den vermittelnden Neuronen sei hier abgesehen), diese Faser gehe aber im Chiasma eine Bifurkation ein . . . 3. Könnte die Doppelversorgung durch weiter zentralwärts gelegene Commissuren bzw. Kollateralen bedingt sein.

Die ersten beiden Möglichkeiten scheinen deshalb wenig wahrscheinlich, weil wir uns bei einer derartigen Anordnung schwer vorstellen können, daß die vertikale Trennungslinie bei Hemianopsie durch den Fixierpunkt linear hindurchgehen kann, wie es doch für eine Reihe von Fällen klinisch gesichert scheint. Wir müßten vielmehr immer eine, wenn auch geringe „Aussparung" der Macula erwarten. Fände im Chiasma eine Bifurkation der Fasern statt, so könnten wir erwarten, daß das makuläre Bündel im Tractus opticus doppelt so groß wäre, als im Nervus opticus. Dafür haben wir aber keinerlei anatomische Anhaltspunkte.

Die ungezwungene Annahme scheint die zu sein, daß die Doppelversorgung der Macula durch zentrale Commissuren bedingt ist. Lokalisiert denken können wir uns diese in der Gegend des Aquädukt über und vor dem Corpus quadrigeminum, vielleicht auch in der Regio hypothalamica, endlich im Caudalende des Balkens. Für diese letztere Möglichkeit spricht eine Beobachtung von Déjérine (s. sein Lehrbuch S. 797), welcher bei einem Herd im Cuneus degenerierte Faserzüge durch den Forceps major zur anderen Seite hinüber ziehen sah. Auch die individuellen Verschiedenheiten in der Größe des doppelt versorgten Bezirks, bzw. des „überschüssigen" Gesichtsfeldes scheinen durch die Annahme corticaler Commissuren oder subcorticaler Kollateralen befriedigend erklärbar, denn daß derartige zentrale Bahnen individuell weitgehend differieren, ist ein allgemeines Postulat."

„Abb. 8 zeigt, wie eine exzentrische Tiefenwahrnehmung zustande kommt: Es leuchtet ohne weiteres ein, daß eine solche Tiefenwahrnehmung auch bei rechtsseitiger Hemianopsie mit durchgehender Trennungslinie noch möglich sein muß. Befindet sich z. B. ein Herd in ×, der die Sehstrahlung vor dem Abgang der Kollateralen zerstört hätte, so müßten wir eine komplette rechtsseitige Hemianopsie erwarten, aber noch gute exzentrische Tiefenwahrnehmung verlangen dürfen. Ja selbst das ganze linke Hirn könnte fehlen, ohne diese

Tiefenwahrnehmung zu beeinträchtigen. Liegt ein Herd oberhalb der Abgangsstelle der Kollateralen (♯), so müssen wir ein Gesichtsfeld mit ausgesparter Macula erwarten. In solchen Fällen wäre trotz Hemianopsie noch eine exzentrische Tiefenwahrnehmung innerhalb eines gewissen Bezirks möglich. In einem Falle von rechtsseitiger Hemianopsie mit ausgesparter Macula fand ich dieses in der Tat genau den Erwartungen entsprechend. Besonderes Interesse würden Fälle von bitemporaler Hemianopsie bieten: bei diesen dürften wir nur von relativ näher als der Fixierpunkt gelegenen Objekten eine unmittelbar sinnliche Nähevorstellung erhalten, während für relativ entferntere, sagittal hinter f gelegene Objekte die Bahnen unterbrochen sind. Herde, welche die Commissurenkreuzung treffen, müssen die feinere Tiefenwahrnehmung vernichten, ohne die Sehschärfe notgedrungenerweise zu beeinträchtigen.

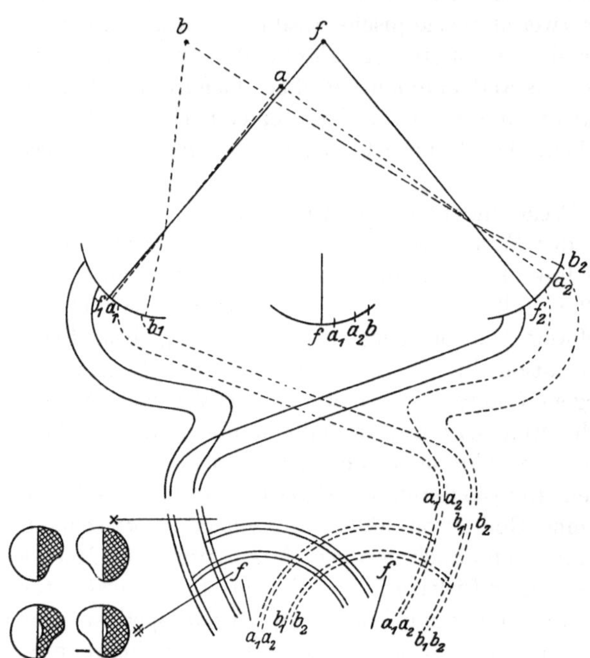

Abb. 8. Schematische Darstellung von Kollateralcommissuren der Sehbahn nach Heines Theorie des stereoskopischen Sehens.

Das Schema der Doppelversorgung der Macula veranschaulicht uns verschiedene Formen typischer Gesichtsfeldstörung: Komplette und inkomplette Hemianopsie (Hemianopsie mit ausgesparter Macula), ferner die heteronyme Hemianopsie, weiter das binokulare Einfachsehen, endlich die zentrische und exzentrische Tiefenwahrnehmung. Es läßt verstehen, daß wir Sehschärfe und Tiefenwahrnehmung streng auseinander halten müssen. Ohne die Kollateralencommissur können wir wohl noch gute Sehschärfe haben, auch können wir noch binokular einfach sehen, eine zentrische Tiefenwahrnehmung sensu strictiori ist indes nicht mehr möglich.

Wie groß ist dieser doppelt versorgte makulare Bezirk?

Vielleicht kann — abgesehen von den klinischen Erfahrungen bei Hemianopsie — folgender physiologische Versuch uns einigen, wenn auch nur individuell gültigen Aufschluß geben: Schieben wir bei dem Versuch der exzentrischen Stereoskopie (Dreistäbchenversuch) den rechten binokular fixierten Stab weiter nach rechts, so nehmen wir die Entfernungsdifferenz des mittleren Stabes immer exzentrischer wahr. Stellen wir den Versuch in der oben geschilderten Weise an, daß bei Fixierung des rechten Stabes der mittlere aus der Nullstellung nach vorn oder hinten so weit verschoben wird, bis der Beobachter die Entfernungsdifferenz erkennt, so sehen wir am mittleren Stabe zunächst keine seitlichen Verschiebungen, sondern nur sagittale, d. h. die seitlichen Verschiebungen, welche beide Netzhautbilder ineinander entgegengesetzter Richtung machen, werden von uns im Sinne einer Tiefenwahrnehmung gedeutet. Aber schon bei einer Exzentrizität von 70—80 mm (auf 2,5 m Entfernung) ändert sich die Sache: Jetzt scheint der mittlere Stab nämlich ganz andere, und zwar deutlich seitliche Verschiebungen zu machen. Es scheint mir dies dafür zu sprechen, daß wir jetzt nicht mehr mit der doppelt versorgten Stelle sehen. In meinem Auge würde der doppelt versorgte Bezirk demnach fast 2 mm horizontalen Durchmesser haben (7—8 Grad). Vermutlich wird man hierfür weitgehende individuelle Verschiedenheiten finden. Ganz ähnliche Werte hat man bekanntermaßen bei Hemianopsien mit ausgesparter Macula gefunden."

Was an diesen Ausführungen Heines für die vorliegende Arbeit ungemein interessiert, ist die theoretische Forderung einer „Doppelversorgung durch weiter zentralwärts gelegene Commissuren bzw. Kollateralen". Der Hinweis auf Déjérine, welcher bei einem Herd im Cuneus degenerierte Faserzüge durch den Forceps major zur anderen Seite hinüber ziehen sah, stützt die Theorie recht unbefriedigend; denn sie fordert nicht Balkenfaserverbindungen schlechthin, sondern den anatomischen Nachweis eines Fasciculus corporis callosi cruciatus aus der Sehstrahlung. Die eigenen Untersuchungen werden zeigen, daß, wenn solche Balkenfasern aus der Sehstrahlung überhaupt abzweigen, mit großer Gewißheit der Ort angegeben werden kann, wo diese Teilungsstelle liegt.

10. Das klinische Material zur Pathologie der cerebralen Sehbahn und die von Lenz daraus gezogenen Schlüsse auf eine zentrale Doppelversorgung der Macula lutea.

Aus der Bearbeitung des überaus reichhaltigen bis zum Jahre 1909 bekannt gewordenen klinischen Materials zur Pathologie der cerebralen Sehbahn durch Lenz seien nur zwei Punkte herausgehoben, die für das vorliegende Problem wichtig erscheinen. Sie beziehen sich auf die Doppelversorgung der Macula lutea einerseits und Lage und Ausdehnung der corticalen Projektion der Macula lutea andererseits. Den letzten Punkt hat Lenz in allerneuester Zeit nochmals erörtert im Anschluß an Studien über die Sehsphäre bei Mißbildungen des Auges. Das Vorhandensein einer charakteristischen Maculaaussparung in vielen Fällen sofort beim Auftreten der Hemianopsie hatte Wilbrand notwendig zu der Annahme geführt, daß hier nicht etwas, was sich erst ausbildet (Restitutionsvorgang), sondern etwas Präexistentes im Spiele sein müsse und dieses Präexistente erblickte er in einer Doppelversorgung des makulären Gebietes derart, daß „in der makulären Region eines jeden Auges ein Zapfen durch eine im Chiasma sich dichotomisch teilende Faser mit beiden corticalen Sehzentren in Verbindung stehe. Dieses doppelt versorgte Gebiet sei verschieden groß und habe verschiedene Formen; es gäbe Individuen, bei denen die Doppelversorgung ganz fehlt und bei denen, falls sie eine Hemianopsie bekommen, die Trennungslinie genau vertikal verläuft. Für die Teilung der Nervenfasern im Chiasma soll sprechen, daß Ramon y Cajal etwas Derartiges bei Katzenembryonen gesehen und abgebildet hat, und daß Bernheimer solche geteilten Fasern auch beim Menschen beobachtet haben will." Die Maculaaussparung hat nun auch nach Lenz in der großen Mehrzahl der Fälle eine sehr charakteristische

Form der Grenzen. Die Nachprüfung an einem großen Material führte ihn zu der Ansicht, daß bei kompletter Leitungsunterbrechung eine typische Macula-aussparung nur dann zur Beobachtung komme, wenn der Herd zentralwärts von der Capsula interna gelegen sei (32). Später konnte er seine Erkenntnis dahin vertiefen, daß eine typische Aussparung bei der übergroßen Mehrzahl der Fälle nur bei Läsionen des zentralsten Teiles der Sehbahn besteht. „Bei einer Läsion der primären Zentren und des Anfangsteils der Sehstrahlung überwiegt die durch den Fixationspunkt gehende Trennungslinie. In gleichem Sinne sprechen die Fälle von Läsion des Tractus und des Chiasma. Absolut sichere Schlüsse im Sinne exaktester Trennung läßt das bisherige Material nicht zu aus dem Grunde, weil es teilweise noch recht spärlich ist, teils einer exakten namentlich auch mikroskopischen Untersuchung ermangelt. Die notwendige Folge sind Bedenken und Widersprüche, deren Lösung weiteren Untersuchungen vorbehalten bleiben muß.

Im großen und ganzen dürfte es jedoch schon genügen, mit größerer Wahrscheinlichkeit den Weg der Doppelversorgung nicht in das Chiasma, sondern in den zentralen Teil der Sehbahn lokalisieren zu lassen. Die Grenze zwischen vorwiegendem Auftreten der Aussparung und vorwiegendem Fehlen derselben liegt etwa im mittleren Drittel des P.-Lappens, und auf diese Gegend weisen auch die Fälle hin, wo eine primäre vorhandene Aussparung durch Progreß des Herdes weiter nach vorn zum Verschwinden kam. Hier also zweigt mit aller Wahrscheinlichkeit die Doppelversorgung von der Sehbahn ab . . . . Der weitere Weg der doppelversorgenden Fasern führt wahrscheinlich durch den hinteren Teil des Balkens zur Sehsphäre der gegenüberliegenden Seite.“ Lenz folgt darin der Anschauung Heines (16), der auf Grund seiner Studien über das stereoskopische Sehen die Wahrscheinlichkeit einer beiderseitigen Vertretung des ganzen makulären Gebietes angenommen und sie auf diesem Wege zustande kommen ließ. „Ob sich die doppelversorgenden Fasern durch Zweiteilung aus den makulären entwickeln, oder ob es sich um besondere Fasern handelt, die etwa im Corpus gen. ext. neben den anderen Anschluß gewinnen, eine Strecke mit diesen verlaufen, um dann abzubiegen, oder über irgendeinen anderen Modus läßt sich zur Zeit nichts Bestimmtes aussagen.“

Besonderes Interesse gewinnt ein von Lenz mitgeteilter Tumorfall mit der klinischen Beobachtung des allmählichen Abbaues der Maculaaussparung. Ich möchte diesen Fall mit Rücksicht auf die eigenen anatomischen Untersuchungsergebnisse hier besonders würdigen. Er findet sich in der Arbeit über „Die hirnlokalisatorische Bedeutung der Maculaaussparung im hemianopischen Gesichtsfelde.“

31jährige Frau M. G.

25. August 1911: Seit 14 Tagen Flimmern vor dem rechten Auge und Kopfschmerzen, wie wenn das rechte Auge herausfiele. Seit 6 Wochen mehrfach periodische Verdunkelungen und Ohrensausen. 25. August 1911: Beide Pupillen auffallend weit, Reaktion prompt. Beide Papillen leicht verwaschen, links stärker wie rechts, keine Niveaudifferenz. S. bds. mit Korrektion eines Astigmatismus myopicus mit schiefen Achsen 6/7,5. Linksseitige Farbenhemianopsie mit typischer Maculaaussparung. Neurologisch kein krankhafter Befund. Auf eine Hg-Schmierkur Rückgang aller Erscheinungen.

1. Februar 1912: Seit 8 Tagen plötzlich wieder starke Kopfschmerzen, die nach dem rechten Auge hin ausstrahlen. Erbrechen, Ohrensausen im rechten Ohr. Beide Sehnerven sind wieder verwaschen ohne Niveaudifferenz. Wieder linksseitige Farbenhemianopsie mit typischer Maculaaussparung wie am 25. August 1911. Erneute Schmierkur.

15. März 1912: Sehnervengrenzen wieder scharf. Farbengrenzen der linken Gesichtsfeldhälften nur noch leicht peripher eingeengt.

20. April 1912: Seit einigen Tagen wieder starke Kopfschmerzen, Schwindel, Erbrechen. Bds. Stauungspapillen von 5—7 Dioptrien Prominenz. Gesichtsfeld: Typische Maculaaussparung. Neurologisch o. B.

Auf zweimalige Lumbalpunktion erhebliche Besserung. Rückgang der Papillitis, keine Prominenz mehr. Kopfschmerzen verschwunden, doch noch Flimmern.

8. Juli 1912: Gesichtsfeld: Für Grün ist die Maculaaussparung verloren gegangen.

Oktober 1912 in der Leipziger chirurg. Univ.-Klinik Balkenstich auf Grund der Diagnose Tumor cerebri.

16. November 1912: Keine Kopfschmerzen. Flimmern vor den Augen unverändert. Stauungspapille von 3 Dioptrien.

6. Januar 1913: Erste Aufnahme in die Breslauer Univ.-Augenklinik. Die Patientin hat keine Kopfschmerzen, klagt nur über einen rauchigen Schleier vor den Augen. Bds. Stauungspapille von 3—4 Dioptrien. S. mit Korrektion 6/8 part. Linksseitige Farbenhemianopsie mit genau durch den Fixierpunkt gehender Trennungslinie für alle Farben. Keine hemiopische Pupillarreaktion. Neurologisch o. B. Wassermann negativ. Auf eine Schmierkur Rückgang der Stauungspapille auf 1 Dioptrie Prominenz. Das Gesichtsfeld bleibt unverändert. Entlassung am 5. Februar 1913.

Bis Anfang September 1913 gutes Allgemeinbefinden, seitdem wieder Verschlechterung. Anfälle von Kopfschmerzen, Schwindel, Erbrechen. Abnahme des Visus. Stauungspapillen von 4—5 Dioptrien Prominenz.

17. Oktober 1913: Erneute Aufnahme in die Breslauer Augenklinik. Die linksseitige Hemianopsie ist komplett und absolut geworden mit durch F. gehender vertikaler Trennungslinie. Pupillarreaktion erhalten, keine Hemikinesie. Stauungspapille von 4—5 D. mit atrophischer Verfärbung. Sr. 6/36. Sl. 6/24. Die Sehschärfenherabsetzung ist offenbar peripher bedingt als Folge der beginnenden neuritischen Atrophie.

Nervenstatus (Prof. Mann): Gang mit etwas steifer Haltung, aber keine Gleichgewichtsstörung, auch beim Umdrehen und Rückwärtsgehen nicht. Fast kein Romberg. Sehnenreflexe durchweg lebhaft, bds. gleich. Kein Klonus, kein Babinski, kein Oppenheim. Linke Hand bei manchen Bewegungen etwas ungeschickter als die rechte, aber keine deutliche Ataxie. Baranyscher Zeigeversuch: Bds. kein konstantes Abweichen nach der Seite, bisweilen geringe Fehler, aber rechts und links ohne Unterschied. Sensibilität durchweg intakt. Psychisch jetzt ganz gut orientiert, genügende Aufmerksamkeit.

Im Anschluß an eine Lumbalpunktion schwerer Zustand. Heftige Kopfschmerzen, Erbrechen, Atembeschwerden. Sehr kleiner frequenter Puls. Allmähliche Erholung.

In Rücksicht auf den während der letzten Zeit erheblichen Progreß des Leidens wird der Patientin die Radikaloperation vorgeschlagen.

November 1913: Operative Entfernung eines abgekapselten, kindsfaustgroßen Tumors aus dem Hinterhorn des rechten Seitenventrikels. Die histologische Untersuchung ergibt ein Fibrosarkom.

Ausbildung einer Liquorfistel, die eine sekundäre Meningitis zur Folge hat. Exitus am 5. Dezember 1913.

Zusammenfassend: „Während der Beobachtungszeit vom August 1911 bis zum Juli 1912 in den Zeiten, wo die Hemianopsie die ganze linke Gesichtsfeldhälfte betraf, wenn es sich auch nur um eine Hemiachromatopsie handelte, konstant das Symptom der typischen Maculaaussparung. Am 8. Juli 1912 zum ersten Male die Trennungslinie für Grün durch den Fixierpunkt. Von Anfang Januar 1913 ab traf dies für alle Farben zu und wir vermissen von da an konstant eine Maculaaussparung bis zum Ende der Beobachtung, trotzdem es sich noch Monate lang, ebenso wie früher, nur um eine Farbenhemianopsie handelte, bei im Vergleich zu früher völlig gleicher Sehschärfe.

Wäre die Maculaaussparung nur der Ausdruck einer Hemiamblyopie (Rönnes Theorie), „warum fehlt sie dann später konstant bei genau derselben Hemiamblyopie mit völlig unveränderter Sehschärfe, während sie vorher selbst zu Zeiten eines akuten Ansteigens der Symptome mit schwerem Gesichtsfelddefekt in typischer Form vorhanden wäre?"

„Die einzige einwandfreie Lösung des Problems kann nur die Theorie der zentralen Doppelversorgung geben. Der Tumor hatte eine Länge von 5 cm, er begann 2½ cm vor der Occipitalspitze und erstreckte sich nach vorn zu bis 7½ cm von derselben entfernt oder 1½ cm nach vorn vom hinteren Rand des Splenium corp. call. Seine größte Breitenausdehnung von kugliger Gestalt mit einem Durchmesser von 4 cm hatte er in seiner Mitte und ein wenig nach hinten davon. Diese Stelle entspricht, auf die Hirninnenfläche projiziert, der Gegend des Zusammenflusses der Fissura parieto-occipitalis und der Fissura calcarina zur Fissura hippocampi. Nach vorn und hinten zu verjüngt sich dann der Tumor sehr schnell wie zwei, dem kugligen Mittelteil aufgesetzte Pyramiden von kleinerer Basis. Die nach vorn gelegene ist von innen her eingedellt, so daß sie in Halbmondform, mit der Konkavität nach innen, sich der äußeren Wand des Ventrikels anpaßt....

Die Geschwulst, ein wohl von subendothelialem Gewebe ausgedehntes Fibrosarkom, entwickelte sich zwischen äußerer Ventrikelwand und der Sehbahn zu einer starken Verlagerung und Deformation derselben führend, die naturgemäß dort, wo der Tumor seine größte Ausdehnung hatte, also am vorderen Ende der Fiss. calc. bzw. am Anfange der Fiss. hippoc. ihren höchsten Grad erreicht. Hier begann offenbar die primäre Entwicklung und hier setzte die funktionelle Schädigung der Sehbahn zuerst ein, die nicht zu vollständiger Leitungsunterbrechung, sondern nur zu einer relativ leichteren Leitungserschwerung unter dem Bilde einer Farbenhemianopsie führte. Der Fall ist somit auch wieder ein typisches Beispiel einer Hemiachromatopsie durch Schädigung der optischen Leitung, während die perzipierende Sehsphäre als solche intakt ist.

Die weitere Entwicklung des Tumors erfolgte nun, wie seine Gestalt ergibt, nach vorn und hinten zu. Speziell auch liegt ein Beweis für das erst relativ späte Wachstum nach vorn zu in dem erst ganz gegen Ende der Beobachtung aufgetretenen Symptom der Dyspraxie der linken Hand, während den größten Teil der zweijährigen Beobachtung hindurch trotz dauernder genauester Kontrolle der neurologische Befund völlig normal war.

Dieses spätere Wachstum nach vorn zu ist nun von prinzipiellster Bedeutung für das uns hier interessierende, so prägnante Symptom des Verschwindens einer typischen Maculaaussparung. Folgen wir der Anschauung von der zentralen Doppelversorgung, so mußte, solange der Herd noch auf die Gegend des vorderen Teils der Fiss. calc. bzw. der Fiss. hippoc. beschränkt blieb, bei Schädigung des ganzen Querschnittes der Sehbahn konstant eine typische Maculaaussparung bestehen. Das war nun lange Zeit hindurch tatsächlich der Fall, nicht nur, als es sich um eine bloße Farbenhemianopsie handelte, sondern auch dann, was nach Rönnes Theorie, wie schon erwähnt, kaum zu erklären wäre, als offenbar infolge akut gesteigerter Druckwirkung die Hemianopsie auf einem Auge fast, auf dem anderen Auge völlig komplett war.

Erst durch Progreß nach vorn in den Parietallappen hinein konnte der Tumor eine schädigende Wirkung auf die, wie angenommen, hier abzweigenden, die Maculaaussparung garantierenden Commissuren ausüben. Als erstes Zeichen leichtester Leitungserschwerung in denselben litt zunächst die empfindlichste Funktion, die Grünempfindung, indem die Maculaaussparung für Grün zugrunde ging. Nicht lange Zeit später wurden auch die anderen Farben betroffen, und schließlich, als die Hemianopsie eine absolute wurde, ging auch die Trennungslinie für Weiß durch den Fixierpunkt.

Das Verschwinden der Maculaaussparung erklärt sich somit in einfachster Weise durch Ausschaltung der die Doppelversorgung der Macula bedingenden Commissuren, die, wie ich schon früher gezeigt habe, im mittleren Drittel des Parietallappens von der Sehbahn abzweigen, um durch den Balken nach der anderen Hemisphäre hinüberzuziehen. Wie nun in diesem Fall tatsächlich die Verbindung der Sehbahn, namentlich des funktionell besonders wichtigen basalen Teiles derselben mit dem Balken in schwerer Weise gestört ist, zeigt sich besonders bei einem Vergleich mit der gesunden Seite in aller Deutlichkeit.

Der außerordentliche Wert dieses Falles ist somit darin begründet, daß er uns zum ersten Male die anatomische Grundlage eines von der Theorie (der zentralen Doppelversorgung der Macula) geforderten pathologischen Vorganges direkt vor Augen führt und damit eine wertvolle Bestätigung für die tatsächliche Richtigkeit derselben darstellt.“

Diese Angaben schließen Erklärungsmöglichkeiten der eigenen anatomischen Befunde in sich und werden deshalb ebenso hervorgehoben wie die nachfolgenden Schlußfolgerungen von Lenz über die Maculaprojektion aus der Beobachtung von Mißbildungen des Auges. Lenz bringt den cytoarchitektonischen Aufbau der Rinde zur Darstellung bei Anophthalmus congenitus, Microphthalmus congenitus und Chorioidalkolobom in normal großem Auge und schließt aus dem Verhalten der corticalen Sehsphäre auf die Projektion der Macula. Wir müssen „die Macula dorthin projizieren, wo wir die Defekte am Grund der Calcarina finden, d. h. in den hinteren Abschnitt des Sehsphärengebietes, das hier zudem infolge mangelnder Tiefenausbreitung eine ausgesprochene Flächenreduktion nach oben und unten von dem Grunde aufweist. Weiter nach vorn zu wäre dann die Netzhautperipherie und in den vordersten Teil der sogenannte periphere Halbmond zu lokalisieren.

Es handelt sich dabei naturgemäß nur um eine mehr allgemeine Lokalisation. Exakte Grenzen vermögen meine Befunde nicht zu geben, da ja zweifellos die zentrale Vertretung der Macula nicht etwa den — relativ zu kleinen — Defekten im Calcarinatypus gleichzusetzen ist; zu diesen kommt vielmehr noch die Flächenreduktion an der Occipitalspitze, die als solche sicher nachweisbar, exakt aber schwer auszumessen ist.

Im ganzen habe ich jedoch den Eindruck, daß die corticale Vertretung der Macula etwa in der Mitte der Fissura calcarina beginnt in Form eines nach hinten sich verbreiternden Keiles, der zunächst noch von der Vertretung für die peripheren Retinalabschnitte umfaßt wird, während das Sehsphärengebiet am Occipitalpol wohl fast ausschließlich makulares Gebiet darstellt.

Die vorliegenden Untersuchungen erbringen somit auf einem ganz anderen Wege als bisher eine willkommene Bestätigung der von mir immer vertretenen Ansicht, daß die corticale Macula nicht in den vorderen, sondern in den hinteren Abschnitt der Fissura calcarina zu lokalisieren sei, einer Ansicht, die, wie Wilbrand hervorhebt, zudem auch durch die Kriegsverletzungen eine wesentliche Stütze erfahren hat.“

11. Die mutmaßliche Lokalisation der sog. temporalen Sichel des Gesichtsfeldes im Gehirn nach Fleischer (Abb. 9—17).

Es handelt sich um die bedeutungsvolle Defektform nach Schußverletzungen des Hinterhaupts, bei welcher ein isolierter Ausfall der sichelförmigen peripheren

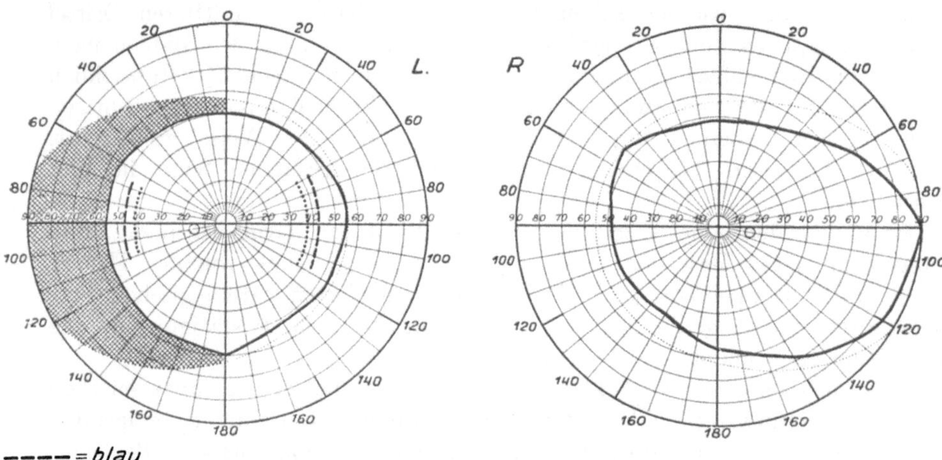

Abb. 9. Gesichtsfeldaufnahme zum Fall I von Fleischer mit isoliertem Ausfall der temporalen Sichel links.

Grenzschicht auf der temporalen Gesichtsfeldhälfte (temporaler Halbmond) gefunden wurde.

Fall I. Verletzung durch Minensplitter am rechten Hinterhaupt. Einschuß an der rechten Hinterhauptsschuppe 4½ cm seitlich von der Mittellinie des Schädels, etwas oberhalb der horizontalen Verbindungslinie des oberen Ohransatzes. Im Röntgenbild ca. 2 cm in der Tiefe radiärwärts vom Einschuß etwa fingernagelgroßer rechteckiger, etwas zackiger Geschoßsplitter. Mehrfache genaue Gesichtsfeldprüfungen innerhalb von vier Monaten ergaben stets dasselbe Resultat, rechtes Auge normales Gesichtsfeld, auf dem linken Auge fällt der temporale Halbmond aus. „Es ist bei diesem Falle von Interesse, daß trotz der starken lateralen Lage der Schädelverletzung, bei geringer Tiefe des Geschosses unter derselben

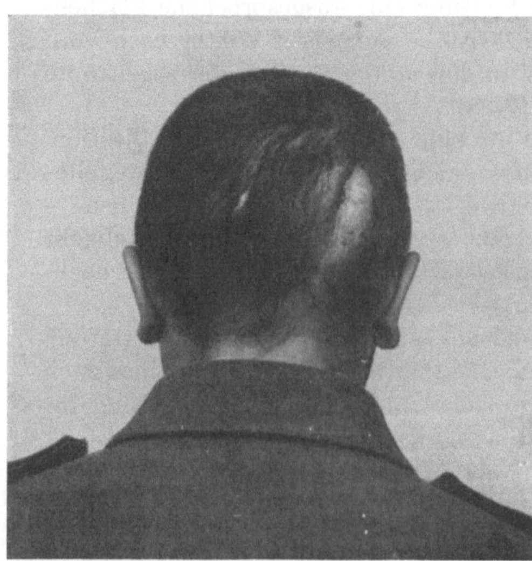

Abb. 10. Rückwärtige Kopfaufnahme mit der Verletzungsstelle zum Fall I von Fleischer.

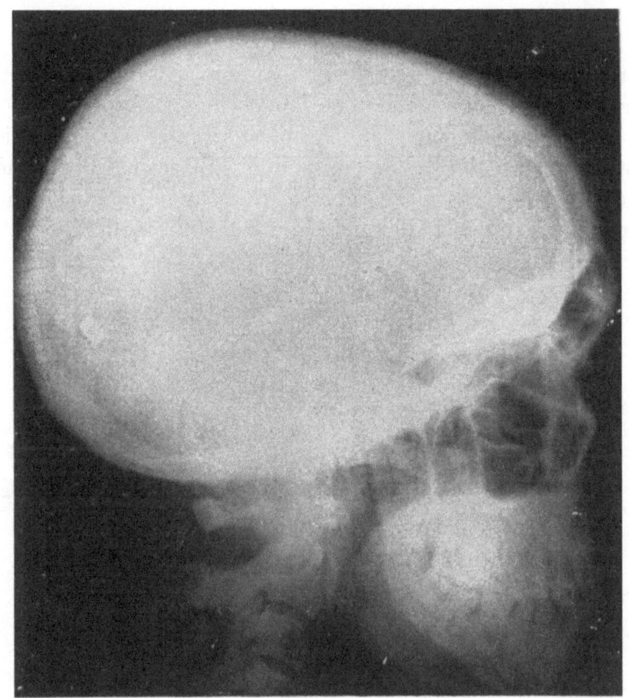

Abb. 11. Seitliche Röntgenaufnahme zum Fall I von Fleischer.

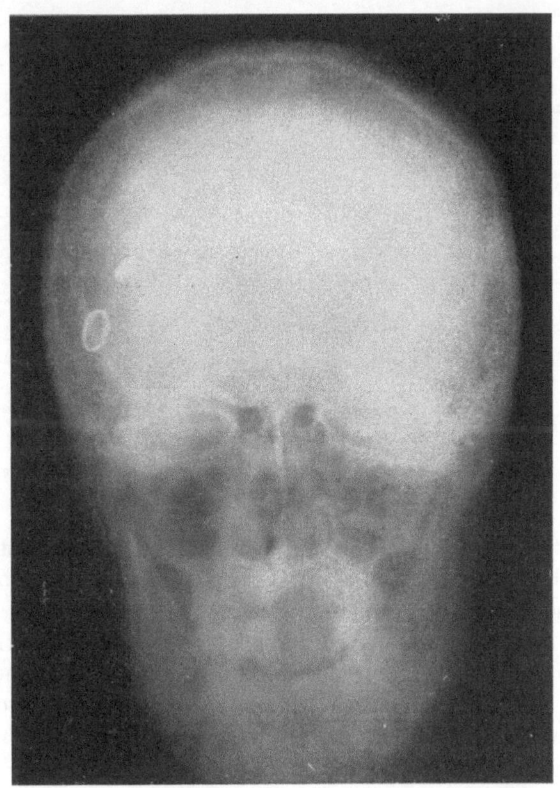

Abb. 12. Röntgenaufnahme von vorn zum Fall I von Fleischer.

überhaupt noch eine Verletzung der Sehbahnen zustande gekommen ist. Denn man darf ja nach den neueren Forschungen annehmen, daß beim Menschen das Sehrindenfeld in der Hauptsache an der medialen Fläche des Hinterhauptslappens gelegen ist und den hinteren Pol desselben nur wenig nach der lateralen Seite zu überragt. Daher möchte ich auch annehmen, daß im vorliegenden Falle nicht die Sehrinde selbst verletzt wurde,

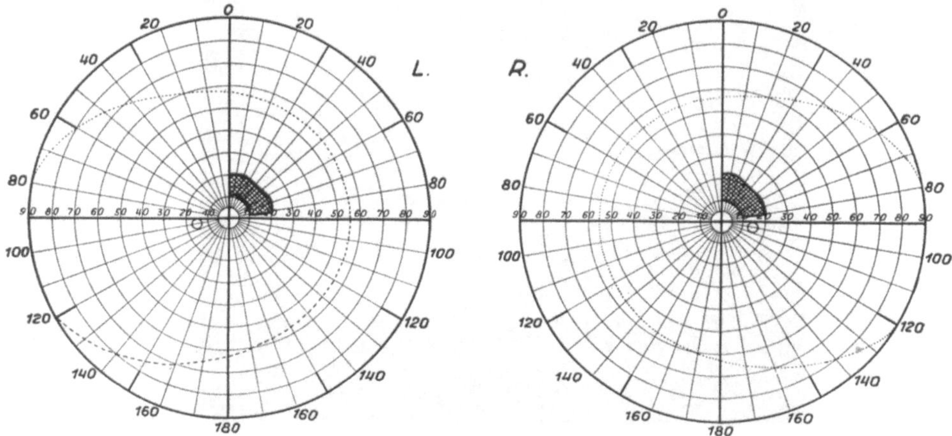

Abb. 13. Gesichtsfeldaufnahme vor der Operation zum Fall II von Fleischer.

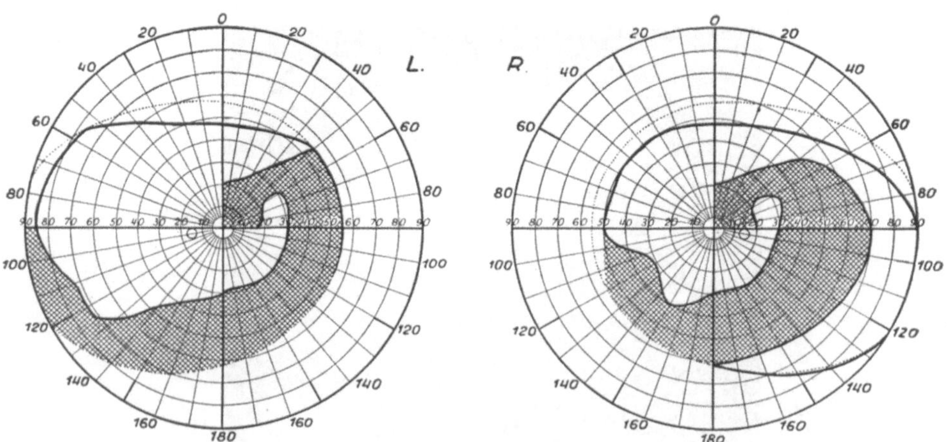

Abb. 14. Gesichtsfeldaufnahme nach der Operation zum Fall II von Fleischer. Freibleiben der temporalen Sichel rechts.

sondern nur die etwas tiefer verlaufende Sehstrahlung in ihrer lateralen Partie. Also wird man selbstverständlich nur mit Vorsicht, da ja auch von der medialen Seite her tief einschneidende Furchen verletzt sein könnten, den Schluß ziehen können, daß die den temporalen Halbmond versorgenden Fasern weit lateral in der Sehbahn verlaufen. Und man wird daher auch vermuten dürfen, daß der Rindenbezirk des temporalen Halbmonds, zu dem die lateral gelegenen Fasern der Sehstrahlung ziehen, lateralwärts, oder weit hinten am hinteren Pol des Hinterhauptslappens gelegen ist.

Jedenfalls beweist der Fall, daß die verletzten, den temporalen Halbmond versorgenden Fasern isoliert von der übrigen Sehbahn verlaufen und auf ziemlich engem Raum vereinigt sein müssen. Und aus der nach der Operation eingetretenen völligen Hemianopsie geht hervor, daß die übrigen Sehbahnen dem verletzten Randbündel dicht benachbart verlaufen müssen."

Fall II. „... Maschinengewehrschuß in den Hinterkopf.... Verheilter Einschuß links etwa 3 cm nach hinten und 2 cm nach oben vom oberen Ohransatz. Im seitlichen stereoskopischen Röntgenbild französisches Infanteriegewehrgeschoß, im linken Hinterhauptslappen etwa 2—3 cm unter der Oberfläche des Schädels. Geschoß liegt schräg, Basis desselben hinten unten lateral, Spitze vorn oben medial, so daß die Spitze in der Mittellinie des Schädels liegt, vielleicht

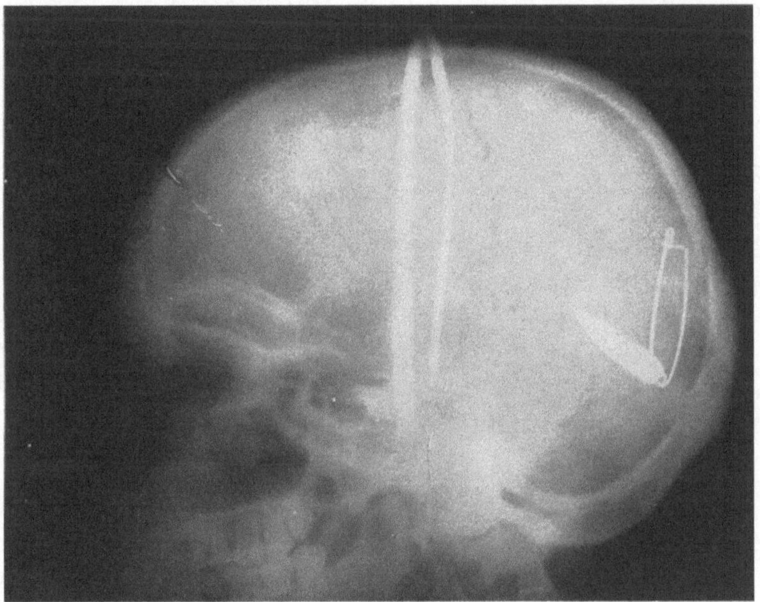

Abb. 15. Seitliche Röntgenaufnahme zum Fall II von Fleischer.

dieselbe etwas nach rechts zu überragt. Keine neurologischen Ausfallssymptome außer des Gesichtsfelddefekts. Augen äußerlich und ophthalmoskopisch normal. Normale Sehschärfe. Normale periphere Gesichtsfeldgrenzen für weiß und Farben. Dagegen parazentrales bogenförmiges absolutes und etwas größeres relatives Skotom im rechten oberen Quadranten zwischen 10 und 25 Grad den Fixationspunkt umkreisend (Abb. 13).

Nach genauer Lokalisation des Geschosses durch Umstechung mit feinen Nadeln Extraktion: 4 cm langer Schnitt über der dem Geschoß nächstliegenden Stelle des Schädels. Etwa zwei Finger breit nach links und etwa einen Querfinger breit oberhalb der Tub. occip. pfennigstückgroße Trepanationsöffnung. Entfernung des Geschosses ohne gröbere Nebenverletzung mit der Pinzette. Glatte Heilung.

Fünf Tage nach der Extraktion aufgenommenes, später öfters kontrolliertes Gesichtsfeld ergibt Vergrößerung des parazentralen Skotoms bis in den

Fixierpunkt; außerdem hat sich das Skotom peripherwärts vergrößert und reicht auf dem linken Auge in die nasale Gesichtsfeldhälfte bis zur Peripherie und umkreist die Peripherie nach unten zu peripherwärts von 30 Grad und geht unten auch auf die linke Gesichtsfeldhälfte über, in dieser nach oben zu sich verschmälernd. Auf dem rechten Auge reicht das Skotom jedoch nicht bis zur Peripherie, sondern nur bis 70 Grad und hat so eine periphere Randzone zwischen 70 und 90 Grad freigelassen (Abb. 14).

Offenbar ist also durch die Operation die linke Sehstrahlung ausgedehnt verletzt worden, doch so, daß auf dem rechten Auge ein Teil des temporalen Halbmondes erhalten geblieben ist, während auf dem anderen Auge das Gesichtsfeld bis in die äußerste Peripherie zerstört ist. Der periphere Defekt auch in der linken Gesichtsfeldhälfte ist offenbar dadurch entstanden, daß die Spitze des Geschosses, die sehr wahrscheinlich die Mittellinie schon vorher etwas

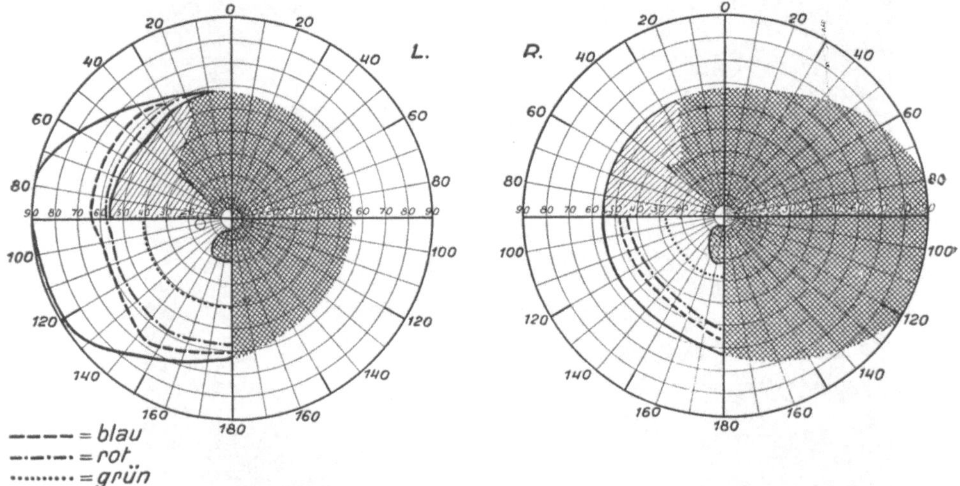

Abb. 16. Gesichtsfeldaufnahme zum Fall III von Fleischer. Freibleiben der temporalen Sichel links.

überragt hat, bei dem Fassen und bei der Heraushebelung des Geschosses auch den rechten Hinterhauptslappen mit verletzt hat.

Der Fall beweist, wie der erste, daß das temporale Randbündel isoliert nach der Spitze des Hinterhauptslappens verläuft, eng angelagert an die Fasern, die die Nachbarteile des Gesichtsfeldes versorgen.“

„Fall III. ... Granatverletzung. Bewußtlos. Nach Befund des Kriegslazaretts drei Tage später: Drei Wunden am Schädel, eine anscheinend nicht perforierende am Scheitel, eine über dem linken Parietalbein und schließlich eine Wunde über der linken Hinterhauptsschuppe, nahe der Mittellinie, welche anscheinend schon auf dem Verbandsplatz durch Einschnitt erweitert ist und eine Länge von 5 cm hat. Sie sieht schmierig aus. Röntgenbild ergibt das Vorhandensein von drei Splittern innerhalb des Gehirns. Im Kriegslazarett wird operiert. Die Wunde im Hinterhaupt vergrößert, die Knochenlücke auf etwa Zweimarkstückgröße erweitert, man gelangt mit dem Finger in eine über taubeneigroße Abszeßhöhle, auf deren Grund neben kleineren Knochensplittern ein Granatsplitter gefühlt wird. Entleerung von Eiter und mit diesem der Splitter.

Einlieferung in Tübingen am 8. VI. 1916. Befund: Granulierende und eiterig sezernierende Wunde am Hinterhaupt, mit ihrem unteren Ende die Mittellinie etwas nach rechts überschreitend, pulsierend, Abb. 17. Außerdem die beiden anderen noch nicht geschlossenen Schädelwunden. Röntgenaufnahme ergibt zwei linsen- bis erbsengroße Splitter über der Felsenbeinpyramide links, der eine lateral, der andere mehr medial hinten liegend. Außer rechtsseitiger Facialisschwäche und Schwindel keine neurologischen Ausfallserscheinungen. Augen: Leichte Trübung der Papillen, normale Sehschärfe. Aber totale rechtsseitige homonyme Hemianopsie und kongruente partielle Defekte auch in der linken Gesichtsfeldhälfte, insbesondere des oberen Quadranten, mit scharfer Grenze gegen den unteren Quadranten. Der obere Quadrant fehlt fast ganz, aber es ist von ihm der temporale Rand sicher erhalten mit scharfer Grenze gegen die inneren Teile des Gesichtsfeldes. In der temporalen Sichel werden Farben in größeren Proben noch erkannt, während in den inneren Teilen des Gesichtsfeldes des oberen Quadranten die Farben vollkommen fehlen. Der untere Quadrant zeigt normale periphere Grenzen für weiß und Farben, scharfe Grenzen gegen den oberen Quadranten, ein umschriebenes, von der Mittellinie ausgehendes Skotom zwischen 10 und 25 Grad, ca. 30 Grad breit (Abb. 16).

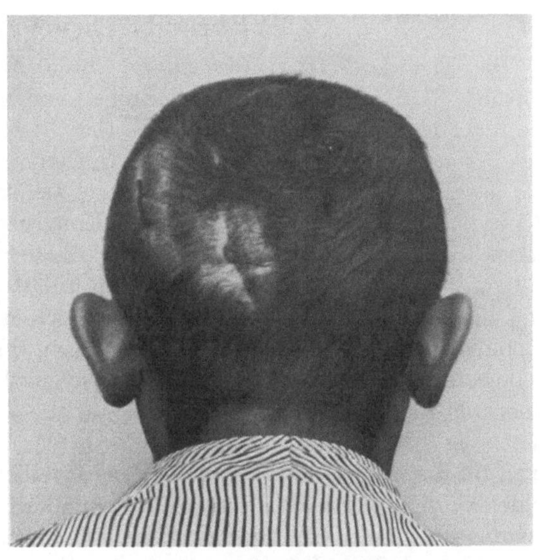
Abb. 17. Rückwärtige Kopfaufnahme mit der Verletzungsstelle zum Fall III von Fleischer.

Der Fall ist noch in Behandlung. Der Befund hat sich in den fast zwei Monaten der Behandlung nicht verändert."

„Offenbar handelt es sich in diesem Falle um eine Zerstörung der Rinde; das linke Sehzentrum ist völlig verloren gegangen und das rechte Zentrum ist in seiner unteren Hälfte schwer, in der oberen nur in geringer Ausdehnung verletzt worden. Wichtig ist die fast völlige Erhaltung des temporalen Halbmondes im oberen Quadranten. Offenbar ist hier nur das Zentrum für die inneren Teile des oberen Quadranten verletzt worden. Man wird auch für diese Teile annehmen dürfen, daß, da der untere Quadrant sich ganz scharf in der horizontalen Mittellinie gegen den oberen abgrenzt, nicht die Sehstrahlung, sondern die Rinde selbst verletzt worden ist, was auch bei der Lage des Abszesses hauptsächlich im anderen Hinterhauptslappen, wodurch der rechte Lappen nur oben tangiert wurde, wahrscheinlich ist.

Der Fall beweist also die isolierte Lage des Areals des temporalen Halbmonds auch in der Rinde. Und er läßt die Vermutung, die aus dem ersten Fall gemacht wurde, als richtig erscheinen, daß das Areal des temporalen Halbmonds mehr lateral gelegen ist, da eben in diesem Fall nur die medialen Teile des rechten Lappens betroffen werden konnten, die Halbmondfasern erhalten geblieben sind, im anderen Fall, bei Verletzung der lateralen Teile des Hinterhauptslappens, der Halbmond ausgefallen ist.

Diese drei Fälle ergänzen sich in schönster Weise: Erstens beweisen sie die isolierte, aber den übrigen Fasern benachbarte Lage der temporalen Halbmondfasern im hinteren Teil der Sehstrahlung und eine isolierte Lokalisation des Halbmonds in der Rinde des Hinterhauptslappens, und zweitens lassen sie vermuten, daß die Halbmondfasern den übrigen Fasern lateral angelagert sind, und daß ihr Rindenareal etwas lateral vom übrigen Zentrum liegt, wahrscheinlich den hinteren Pol des Hinterhauptslappens lateralwärts umgreift. Schließlich sind die Beobachtungen ein weiterer Beweis für die Auffassung von Wilbrand und Henschen, daß eine strenge Projektion der Retina auf die Rinde des Hinterhauptslappens stattfindet[1])."

12. Wilbrands Theorie des Sehens.

Die Theorie Wilbrands nimmt ihren Ausgang von der klinischen Erfahrung, daß es kleinste inselförmige, homonyme Gesichtsfelddefekte gibt, die nicht nur im peripheren Teil des Gesichtsfeldes vorkommen, sondern auch, was besonders wichtig ist, das makuläre Gebiet betreffen. Diese Defekte zeigen, wie das auch bei größeren homonymen Defekten außerordentlich häufig zur Beobachtung kommt, oft weitgehende Kongruenz in der Form. Zur Erklärung dieser Tatsache dient die Theorie der Faszikelfeldermischung, die darin bestehen soll, daß je eine, einer bestimmten Retinastelle entsprechende, ungekreuzte und die analogen gekreuzten Sehfasern sich nebeneinander legen und nebeneinander in der corticalen Sehsphäre endigen. „Es werden so die sich deckenden Teile homonymer Gesichtsfeldhälften streng mathematisch schachbrettartig durch eine kontinuierliche isolierte Leitung auf die — umgrenzte — Sehrinde projiziert. Es gilt dies auf Grund der kleinsten makulären Defekte ganz speziell auch für die makulären Fasern. Der bei Übereinanderlegen der beiden Gesichtsfelder übrig bleibende, jederseits temporalwärts gelegene Gesichtsfeldrest (temporale Sichel) hat seine corticale Vertretung neben diesem Feld. Die Tatsache aber, daß die Kongruenz mitunter eine unvollständige, bis zu erheblicher Unähnlichkeit gehende ist, nötigt zu der weiteren Annahme, daß individuell verschiedene Verlagerungen teils innerhalb der Leitung, teils in der corticalen Nebeneinanderlagerung vorkommen müssen" (Lenz: Zur Pathologie der cerebralen Sehbahn). Das außerordentlich häufig vorkommende Freibleiben des zentralen Sehens (Aussparung der Macula) bei sonst kompletter einseitiger und auch doppelseitiger Hemianopsie beruht nach Wilbrand auf einer Doppelversorgung der Macula. „Wir haben uns diese Anlage so vorzustellen, daß von allen im foveamakulären Bereiche der Netzhaut gelegenen Ganglienzellen immer je zwei mit einem gemeinschaftlichen Retinalzapfen in Konnex stehen. Von diesen zwei Ganglienzellen gehen dann die beiden Achsenzylinderfortsätze aus, die, nebeneinander verlaufend, im Chiasma sich trennen, wobei der eine mit dem gekreuzten papillomakulären Faserbestandteile in das foveamakuläre Gebiet des corticalen Sehzentrums der gegenüberliegenden Seite einstrahlt, während der andere mit dem ungekreuzten Faserbestandteil des papillomakulären

[1]) Man vergleiche des weiteren hierzu die von Wilbrand, Rübel, Rönne, Poppelreuter, Behr, Löwenstein und Borchardt mitgeteilten Fälle von isoliert ausgefallener bzw. erhalten gebliebener temporaler Sichel.

Bündels das corticale Sehzentrum der gleichen Seite erreicht. Für diese Anordnung spricht auch der Umstand, daß im makulären Gebiete der Netzhaut die Ganglienzellenschicht eine dickere ist, als im übrigen Teile der Retina.

Man kann sich die Sache aber auch so vorstellen, daß von dem foveamakulären Faserzuge je eine Faser sich im Chiasma teilt, und der eine Schenkel in gleicher Weise, wie oben erwähnt, mit dem gekreuzten papillomakulären Bündel das gegenüberliegende Sehzentrum erreicht, während der andere Schenkel mit den Fasern der ungekreuzten Komponente dasselbe auf der gleichen Seite erstrebt. Daher bilden die foveamakulären Fasern im papillomakulären Bündel einen besonderen Strang.... Wird in einer Hemianopsie die optische Leitung zerstört, dann bleibt doch die Funktion im Bereiche der Aussparung des Gesichtsfeldes erhalten, weil die Leitung nach dem anderen Sehzentrum entweder auf den Zwillingsfasern bzw. den anderen Schenkeln der gespaltenen Fasern von der retinalen Macula noch erhalten ist."

„Die Sehsphäre setzt sich im groben aus zwei resp. drei physiologisch zu trennenden Rindenbezirken zusammen:

1. Aus dem optischen Wahrnehmungszentrum,
2. aus dem optischen Erinnerungsfelde und
3. aus den dazu gehörigen Assoziationsbahnen. Die letzteren zerfallen wieder in zwei Kategorien:

a) In die zwischen dem optischen Wahrnehmungszentrum und dem optischen Erinnerungsfelde und in dem letzteren selbst verlaufenden und

b) in diejenigen, welche die beiden Sehzentren miteinander verknüpfen und zu anderen von der Sehsphäre funktionell verschiedenen Zentren und Sinnessphären hinziehen.

Wenn auch unter normalen Verhältnissen das optische Wahrnehmungszentrum und das optische Erinnerungsfeld, in welchem das Gedächtnis für die im ersteren stattgehabten Seheindrücke bewahrt wird, aufs innigste miteinander verknüpft funktionieren, so daß Sehen und Erkennen ein physiologischer Akt zu sein scheint, so müssen wir doch aus physiologischen und klinischen Gründen die Funktion des optischen Wahrnehmungszentrums von der des optischen Erinnerungsfeldes sondern, zumal durch krankhafte Zustände die Funktion des einen bei Intaktheit des anderen Zentrums und vice versa behindert sein kann." „Das optische Wahrnehmungszentrum ist in der Rinde der oberen und unteren Lippe der Fissura calcarina und in der Rinde der Tiefe dieser Fissur auf der Medianseite beider Hinterhauptslappen zu suchen, und zwar wie vorhin erwähnt, in der Art, daß auf der linken Hemisphäre die obere Lippe der Fissur mit dem oberen Quadranten der linken Netzhauthälfte, die untere Lippe mit dem unteren Quadranten der linken Netzhauthälfte eines jeden Auges korrespondiert; ferner daß die Tiefe der Fissura calcarina mit einer dem horizontalen Meridiane entsprechenden gürtelförmigen Retinalzone der linken Netzhauthälfte eines jeden Auges zusammenhängt. Alle von den jeweiligen oben bezeichneten Netzhautpartien aufgenommenen optischen Erregungen treten lediglich nur durch Vermittlung der jeweilig mit ihnen in Konnex stehenden obenbezeichneten Rindenpartie in unser Bewußtsein. Eine andere Rindenpartie kann für dieselbe vikariierend nicht eintreten, und eine Zerstörung des ganzen linken corticalen auf die oben beschriebene Gegend beschränkten Sehzentrums, oder einzelner Teile desselben, ruft einen dauernden Ausfall seiner Funktion hervor.

Für das optische Wahrnehmungszentrum in dem rechten Hinterhauptslappen bestehen mit den entsprechenden Quadranten und Zonen der rechten Netzhauthälfte die analogen Beziehungen.“

„Die beiden optischen Wahrnehmungszentren bilden die Pforte, durch welche die retinalen Erregungen als Wahrnehmungen von Helligkeiten, von Farben, und von hellen und farbigen Formen in unser Bewußtsein gelangen, um von da als Erreger psychischer Vorgänge im Gehirn weiter zu wirken.“

Aus den Kriegserfahrungen zieht Wilbrand mit Rücksicht auf die Organisation des corticalen Sehzentrums folgende Schlüsse:

1. „Daß bei bestimmten Schußrichtungen, z. B. bei geraden Querschüssen symmetrische, bei anderen, z. B. bei schrägen Querschüssen, unsymmetrische Defekte auf den beiden Hälften des binokularen Gesichtsfeldes auftreten;

2. daß demnach die Anlage beider Sehzentren und Bahnen die gleiche ist;

3. daß bestimmte Gesichtsfeldformen sich nur aus bestimmten Schußrichtungen erklären lassen, während andere sich aus der Schußrichtung nicht erklären lassen, und daß die letzteren, da sie bei Apoplexie, Embolie und Encephalomalacie tatsächlich beobachtet sind, auch lediglich nur bei den letzterwähnten Krankheiten vorkommen, oder mit anderen Worten, daß gewisse Defektformen aus einer geraden Schußrichtung nicht erklärt werden könnten;

4. daß ausnahmslos die durch eine gerade Schußlinie hervorgerufenen doppelseitigen inkompletten homonymen Gesichtsfelddefekte in der vertikalen Trennungslinie des Gesichtsfeldes so zusammenstoßen, daß sie kontinuierlich ineinander übergehen.“

Aus der Zusammenfassung dieser Tatsachen erscheint ihm der Versuch gerechtfertigt, die einzelnen Gesichtsfeldbezirke bezüglich ihrer Vertretung und Begrenzung auf der Fläche des corticalen Sehzentrums näher zu bestimmen. Zu diesen Bezirken gehört:

„a) Die Lage der vertikalen Trennungslinie beider Gesichtsfeldhälften an der (äußeren) Grenze der Fläche des corticalen Sehareals,

b) die Lage des horizontalen Meridians auf der Fläche (also innerhalb) des corticalen Sehzentrums,

c) die Lage der Fovea resp. des makulären Areals auf der Fläche des corticalen Sehzentrums, sowie das Gebiet der makulären Aussparung, wenn eine solche vorhanden ist (in caudalen Abschnitten der Fissura calcarina),

d) der Bezirk für den oberen Gesichtsfeldquadranten (Unterlippe der Fissura calcarina),

e) der Bezirk für den unteren Gesichtsfeldquadranten (Oberlippe der Fissura calcarina),

f) der Bezirk für den Teil der im binokularen Gesichtsfelde sich deckenden homonymen Gesichtsfeldhälften (mittlerer Abschnitt der Fissura calcarina),

g) der Bezirk des peripheren Halbmondes, d. h. derjenigen peripheren Partie beider temporaler Gesichtsfeldhälften, welche durch die nasalen Gesichtsfeldhälften im binokularen Gesichtsfelde nicht gedeckt wird (oraler Abschnitt der Fissura calcarina).“

In dem im Original von Wilbrand beigegebenen Schema ist die makuläre Aussparung für die linken Gesichtsfeldhälften weggelassen, weil es bekanntlich auch Fälle gibt, bei denen die vertikale Trennungslinie der Gesichtsfeldhälften durch den Fixierpunkt geht. Würde also nach diesem Schema das rechte

Sehzentrum bzw. seine Hemisphärenleitung zerstört, dann würde eine linksseitige komplette und absolute homonyme Hemianopsie auftreten mit einer makulären Aussparung in die ausgefallenen Gesichtsfeldhälften hinein, weil eben dieses Gebiet in Relation steht zu dem makulären Cortexgebiet in der linken Hemisphäre, welches demgemäß einen integrierenden Bestandteil der erhalten gebliebenen rechten homonymen Gesichtsfeldhälften bildet. Würde jedoch das linke Sehzentrum, bzw. seine Hemisphärenleitung, zerstört, dann würde rechtsseitige komplette und absolute homonyme Hemianopsie auftreten, bei welcher die Trennungslinie der Gesichtsfeldhälften durch den Fixierpunkt ginge, weil in dem corticalen Sehzentrum die Anlage einer makulären Aussparung nicht verhanden ist.

Anhangsweise gebe ich nun noch einige Quellennotizen aus der älteren Vergangenheit, die mir ein ganz besonderes Interesse zu verdienen scheinen. Es betrifft die Autoren Gratiolet, Vicq d'Azyr, Burdach und Huguénin.

13. Die Quellennotiz über den Vicq d'Azyrschen Streifen und die älteste hirnpathologische Begründung eines Zusammenhanges der Area striata mit der Sehfunktion.

Vicq d'Azyr erwähnt jene schon makroskopisch am frischen Gehirn sichtbare feine Liniierung der Rinde des Hinterhaupts rein deskriptiv. Er bildet in seinem Atlas vom Gehirn einen horizontalen Durchschnitt ab und trägt darin die Beobachtung des eben erwähnten Streifens gewissenhaft ein. Abb. 18 gibt den hinteren Abschnitt dieser bei Vicq d'Azyr in natürlicher Größe vorhandenen Abbildung wieder. Die Erklärung dazu lautet: „Circonvolutions de l'extrémité postérieure du cerveau, dans l'épaisseur desquelles la substance blanche est distribuée en stries flexueuses à la manière les rubans rayées. Cette disposition", fügt er hinzu, „est très ordinaire à la partie postérieure du cerveau." Welchen ungemein wichtigen Rindenbezirk er damit erstmalig abgegrenzt hatte, dessen konnte sich Vicq d'Azyr nicht bewußt sein. Seine Angaben über die Radiatio optica sind überaus dürftig. In der Literatur der letzten 40 Jahre haben nun mehrere Autoren auf die Priorität Anspruch erhoben in bezug auf die Erkenntnis des Zusammenhanges eben jenes mit dem Vicq d'Azyrschen Streifen ausgestatteten Rindenbezirkes mit dem optischen System. Meines

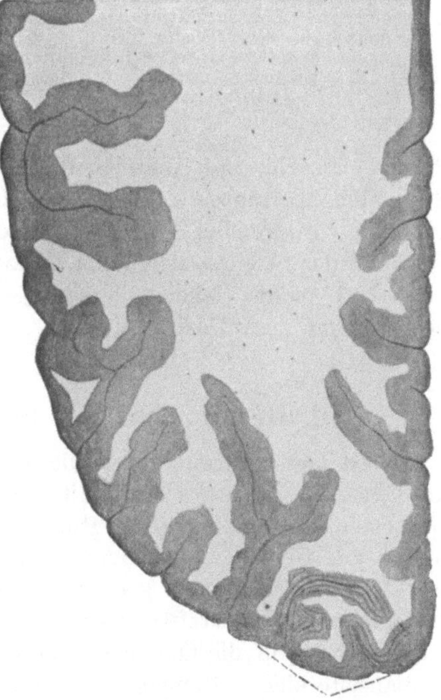

Abb. 18. Hintere Hälfte des Horizontalschnittes durch die linke Hemisphäre eines menschlichen Gehirns nach Vicq d'Azyr. Circonvolutions de l'extrémité postérieure du cerveau, dans l'épaisseur desquelles la substance blanche est distribuée en stries flexueuses à la manière les rubans rayées. Cette disposition est très ordinaire à la partie postérieure du cerveau.

Wissens findet sich die älteste Notiz darüber in einer durch Haab mitgeteilten Krankengeschichte Huguénins, so daß Huguénin das Verdienst zukäme, zuerst auf diesen funktionellen Zusammenhang hingewiesen und gleichzeitig eine pathologisch-anatomische Begründung gegeben zu haben. Die Krankengeschichte Huguénins behandelt einen Fall von Hemianopsie, der zur Sektion kam. Der Befund war ein Tumor (gefäßloser Käseherd) von Walnußgröße inmitten der Fissura calcarina der rechten Hemisphäre so situiert, daß er die beiden Lippen der

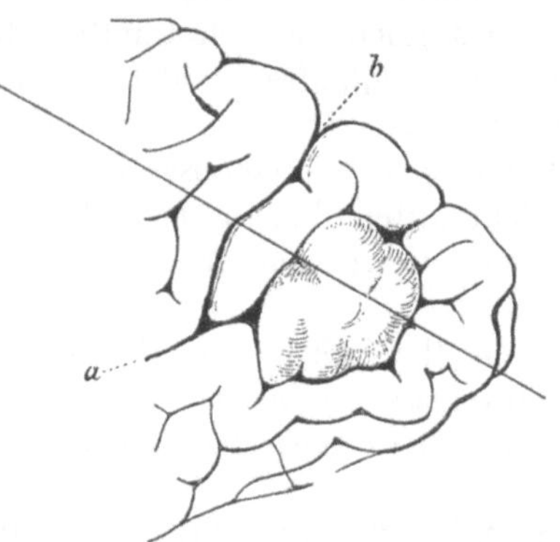

Abb. 19. Ein in der rechten Fossa calcarina implantierter Tumor (gefäßloser Käseherd) mit Hemianopsie im Gefolge nach Huguénin (1882). Die in der Literatur der letzten 40 Jahre älteste Angabe und Begründung der Ansicht, daß die mit dem Vicq d'Azyrschen Streifen ausgestattete Rinde des Occipitalhirns dem Sehakt diene. a Zusammenfluß der Fissura parieto-occipitalis mit der Fissura calcarina. b Fissura parieto-occipitalis.

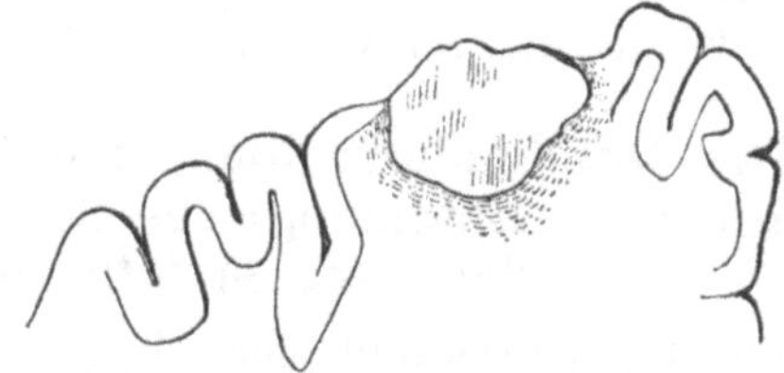

Abb. 20. Dasselbe Präparat Huguénins auf dem in der vorigen Abbildung mit einer Linie angegebenen schrägen Durchschnitt. Partielle Zerstörung der mit dem Vicq d'Azyrschen Streifen ausgestatteten Occipitalrinde.

Fissura calcarina auseinander drängte und das Hirnniveau nur um einige Millimeter überragte. „Es ist von Interesse, zu sehen," sagt Huguénin, „daß im vorliegenden Fall der Tumor gerade das Zentrum des Gebietes, in welchem der Streifen von Vicq d'Azyr in der Rinde sich findet, vernichtet hat. Hat nicht vielleicht doch diese besonders gebaute Rinde bestimmte Beziehungen zum Gesichtssinn?" Soweit Huguénin 1882.

14. Der Verlauf der Sehstrahlung nach Gratiolet.

Noch heute erfreuen sich die anatomischen Arbeiten Gratiolets großen Ansehens. Er hat wohl auch mit der von ihm gepflegten Abfaserungsmethode die besten Resultate erzielt. Ihm zu Ehren hat man die durch den Schläfenlappen des Gehirns nach dem Hinterhaupt ziehenden Strata sagittalia Gratioletsche Strahlungen genannt. Zur Gewinnung einer klaren Ansicht über die Auffassung Gratiolets über die Sehstrahlung schien mir auch hier ein Zurückgehen auf die Quelle unerläßlich. Abb. 21 zeigt die Facies interna der Medianseite eines Affengehirns. Schichtenweise sind eine Menge Fasersysteme abgetragen und Bandelette (Tractus) sowie Couche optique (Sehstrahlung) in ihrem Gesamtverlauf dargestellt. Ein weiteres Übersichtspräparat nach Gratiolet gibt die Basisansicht des Gehirns vom Pavian in Abb. 22.

„Afin de décrire avec plus de clarté cette disposition curieuse, nous reprendrons la description de la bandelette optique à partir du chiasma; nous la suivrons de là, soit vers les tubercules quadrijumeaux, soit vers le cerveau.

Nous verrons, en premier lieu, cette bandelette cheminer d'avant en arrière et de dedans en dehors, dans la gouttière de l'anneau pédonculaire et se diviser presque immédiatement en deux branches.

La première, l'interne, est aplatie en forme de ruban; elle se dirige en arrière vers le corps genouillé interne, s'applique intimement, mais sans y adhérer, à son côté inférieur et de là se prolonge jusqu'au sommet de la pointe occipitale de l'hémisphère.

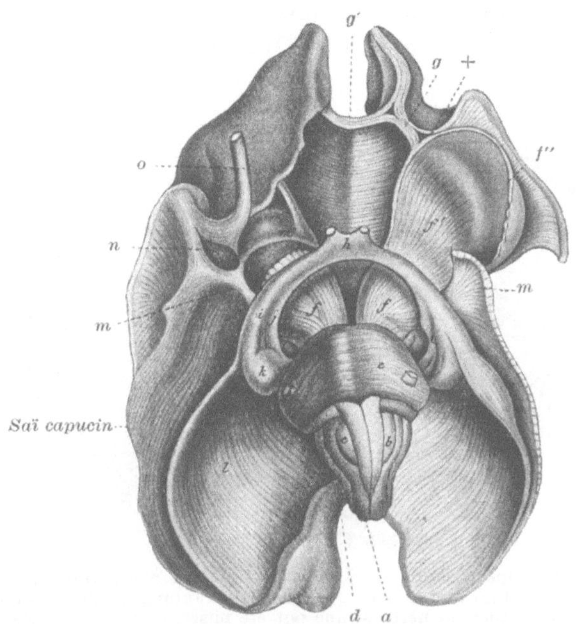

Abb. 21. Basisansicht eines von Gratiolet präparierten Affengehirns (Abfaserungsmethode). Ensemble des expansions cérébrales du nerf optique dans le Saï Capucin. a Bulbe. b, c Olives. d trapèze. e Protubérance annulaire. f f Pédoncules cérébraux. f' Prolongement des fibres du pédoncule constituant l'éventail pédonculaire. f'' Enveloppe externe du corps strié externe qui a été énucléé. g Fibres radiculaires du corps calleux. g Partie moyenne du corps calleux. h Chiasma des nerfs optiques. i Racine externe de ces nerfs. j Racine interne de mêmes nerfs. k Corps genouillé externe. l Expansion du nerf optique dans l'hémisphère droit. m m Plan des fibres directes du pédoncule. m' Ses rélations avec l'anse du pédoncule. n Petit noyau gris qui se confond avec le corps strié externe. o Commissure antérieure.

La seconde, l'externe, est plus épaisse et plus arrondie; arrivée au niveau du corps genouillé interne, elle croise la précédente, passe au-dessous d'elle, puis en dedans, s'engage sous l'écorce blanche de la couche optique et s'enroule d'arrière en avant autour de son noyau gris. Cette branche contient une assez grande proportion de matière grise dont les amas forment ce que nous avons appelé les corps genouillés externes et les corps genouillés antérieurs.

Du côté interne de cette partie enroulée, au-devant du corps genouillé interne, naît une division remarquable. C'est un petit faisceau blanc qui se porte immédiatement dans l'angle inférieur des tubercules quadrijumeaux antérieurs. Cette division, beaucoup plus grande dans les mammifères quadrupèdes que dans l'homme et dans les singes, est de toutes les racines du nerf optiques la plus apparente et la mieux connue. Les productions du côté externe sont encore plus remarquables; ce sont des fibres rayonnantes très-rapprochées les unes des autres qui se terminent dans le bord supérieur de l'hémisphère, et continuent d'arrière en avant le plan commencé, si je puis ainsi dire, par les expansions cérébrales de la racine interne. Ainsi, d'une manière générale, l'éventail résulte typiquement d'une expansion continue des bandelettes optiques, mais l'ensemble des faisceaux de la bandelette, avant de s'étaler, subit une torsion d'où résulte une inversion des fibres de l'éventail. C'est ainsi que les externes, qui se dirigeaient d'abord en arrière, se portent en avant, tandis que les internes, qu'un mouvement de développement direct eût conduites vers les parties antérieures de l'hémisphère, se distribuent en arrière. Ce changement de direction des fibres

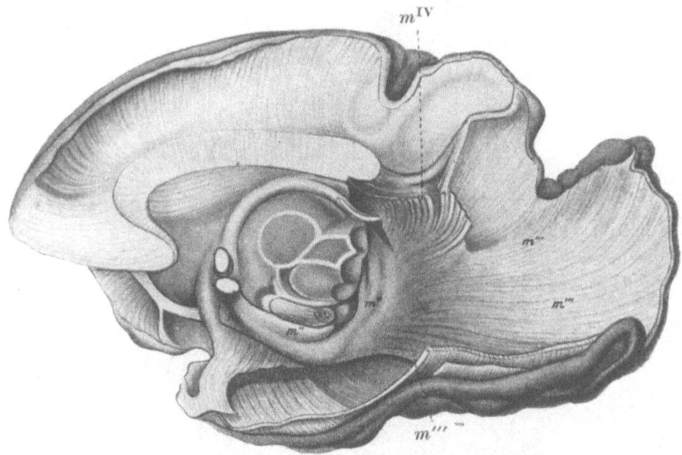

Abb. 22. Facies interna der Medianseite eines Affengehirns nach Gratiolet. Durch schichtenweise Abfaserung sind Bandelette (Tractus) und Couche optique (Sehstrahlung) in ihrem Gesamtverlauf dargestellt. Les expansions cérébrales du nerf optique ont été mises de la sorte à découvert dans toute l'étendue de leurs rayonnements postérieurs. m Nerf optique. m' Sa racine interne. m'' Sa racine externe avec le renflement connu sous le nom du corps génouillé externe. m''', m''' Expansions et rayons de cette racine dans l'extrémité postérieure de l'hémisphère et plus particulièrement dans son bord supérieur. m^{IV} Rayons antérieur de cette expansion s'engageant dans les interstices des racines du corps calleux.

dans l'expansion cérébrale du nerf optique me paraît un fait très-important, et digne d'être signalé d'une manière toute spéciale."

Wir lesen also: Der Tractus opticus spaltet sich zentralwärts in zwei Äste (Wurzeln), von denen der eine direkt auf den inneren Kniehöcker zu verläuft, ihn von unten hinten her umgreift und ohne mit ihm zu verschmelzen, auf dem Scheitel angelangt sich in einem nach vorn konvexen Bogen über den äußeren Kniehöcker hinweg in die Sehstrahlung begibt. Der andere (äußere) Ast unterkreuzt den soeben beschriebenen Verlauf des inneren Astes an der Grenze zwischen äußerem und innerem Kniehöcker und erfährt nun seinerseits wieder eine Zweiteilung. Der eine (innere) Gabelast verläuft nach dem oberen Vierhügel, der andere steigt hinter der corticalen Fortsetzung der oben beschriebenen inneren Tractuswurzel auf, dringt von hinten in sie ein, durchsetzt sie von hinten nach vorn, nimmt den größten Teil der grauen Masse des äußeren Kniehöckers in sich auf und zieht nun ebenfalls in der sagittal gestellten Sehstrahlungsschicht durch den Schläfenlappen nach dem Hinterhaupt. Man gewinnt durchaus den Eindruck, daß der Verfolg dieses Faserverlaufes Gratiolet bis in das Calcarinagebiet gelang, aber nicht ausschließlich. „On peut suivre aisément les rayons de cette grande expansion cérébrale du nerf optique dans toutes les parties du bord supérieur de l'hémisphère qui sont en arrière du genou postérieur du corps calleux. Mais, à partir de ce point, il devient très-difficile d'en démontrer l'existence. Ils s'engagent, en effet, dans la masse du corps strié supérieur, et, pour arriver à leur destination dernière, traversent toute l'épaisseur des racines convergentes du corps calleux; dès lors on ne peut les disséquer que fibre à fibre, à force de soins et d'attention; mais ici la patience a son prix, et, en ne s'y épargnant pas, on parvient à démontrer à peu de chose près l'existence de ces fibres dans toute l'étendue du bord supérieur de l'hémisphère, de son extrémité occipitale à son extrémité frontale; ainsi les expansions radiculaires du nerf optique correspondent avec toute l'étendue de la bande de plis qui longe ce bord supérieur, plis dont le développement excessif caractérise essentiellement le cerveau humain."

Er zieht nun die Tierreihe zum Vergleiche heran und fährt fort: „Dans les singes, dont le nerf optique est énorme, la division de la racine externe, qui se porte aux tubercules, quadrijumeaux antérieurs, est relativement assez considérable. Toutefois, l'expansion cérébrale est médiocre et proportionnée à la grandeur d'un hémisphère peu développé.

Dans l'homme, au contraire, le nerf optique et la racine qui se porte aux tubercules nates, sont comparativement assez grêles; mais, en revanche, l'expansion cérébrale acquiert un développement prodigieux. Ces observations prouvent qu'il y a un rapport direct entre la grandeur de l'expansion cérébrale et celle de l'hémisphère, mais le volume du nerf lui-même n'y a point rapport, et correspond uniquement à la grandeur des tubercules quadrijumeaux antérieurs."

Es gibt aber auch Tierarten, z. B. die Marsupialier, die nach Gratiolets Befunden überhaupt keine direkten Fasern aus dem Nervus opticus nach der Hirnrinde entsenden. Wie gestalten sich die Verhältnisse dann?

„Le nerf optique des Marsupiaux n'a point, avec le cerveau, de connection directe.

Ces animaux cependant ont des yeux; ils voient, et se déterminent d'après ce qu'ils ont vu; et bien qu'on n'ait point répété sur eux les célèbres expériences de M. Flourens, il est probable que ces expériences seraient de nouveau justifiées. Ainsi les impressions visuelles sont vraisemblablement transmissibles au cerveau, mais par quelle voie? C'est là ce que nous allons essayer de dire.

Nous avons dit plus haut, en parlant d'Isthme, les relations des corps genouillés internes. Ces corps, dont le volume médiocre dans l'homme et dans les singes s'accroît énormément dans les carnassiers, reçoivent des faisceaux émanés des lobes optiques en général, mais plus particulièrement des tubercules nates. Les fibres qui composent ces faisceaux se terminent-elles dans les corps genouillés internes? La question est difficile à décider; seulement, si l'on détache les bandelettes des nerfs optiques, on aperçoit au-dessous d'elles un éventail de fibres qui se porte parallèlement aux irradiations de l'éventail pédonculaire, du corps genouillé interne vers le cerveau; sur la pièce que nous examinons plus particulièrement ici, on découvre immédiatement cet éventail dont les fibres ne peuvent d'ailleurs être suivies jusqu'à leur terminaison dans l'écorce des hémisphères, à cause de leur mélange avec les fibres des pédoncules; mais il est probable, par suite de ce mélange même, que leur terminaison plonge dans les étages supérieurs de l'hémisphère.

Ainsi donc, et que le lecteur veuille bien examiner cet enchaînement: a) Le nerf optique se rattache par une de ses racines aux tubercules quadrijumeaux. b) Les tubercules quadrijumeaux sont reliés au corps genouillé interne. c) Du corps genouillé interne part un éventail qui s'épanouit dans l'hémisphère."

Diese Erkenntnis veranlaßt nun Gratiolet noch zu weiteren Auslassungen über die funktionelle Bedeutung des von ihm als direkte und indirekte Wurzeln bezeichneten Faserverlaufs.

„Evidemment, dans les mammifères supérieurs, dans l'homme et dans les primates, il y a deux racines au moins, l'une direct, l'autre indirecte; la première s'épanouit immédiatement dans l'hémisphére, la seconde paraît y tendre, mais n'y va pas en droite ligne, et semble ne devoir agir sur le cerveau que par l'intermédiaire de deux masses ganglionnaires, savoir: les lobes optiques et les corps genouillés internes. Voilà ce qui paraît hors de doute. Serait-il dès lors imprudent d'appuyer sur ces faits quelques inductions, quelques hypothèses?

Dans l'homme et dans les singes, la racine directe est au maximum, l'indirecte au minimum. Dans les autres animaux il y a entre ces deux racines un rapport inverse; la racine cérébrale est au minimum, elle peut être nulle; en revanche, la racine destinée aux lobes optiques s'accroît proportionnellement; ces faits paraissent hors de doute.

Pour en tirer des conclusions certaines, il serait indispensable de déterminer avec précision quelle est la nature des impressions transmises par les masses ganglionnaires. Si nous jugions cette question d'après ce que nous savons de plus certain sur la transmissibilité des impressions dans la sphère du sympathique, on pourrait supposer que des fibres directes, conduisant des stimulations directes, éveillent dans les centres des impressions adéquates, tandis que dans ces communications indirectes de ganglions en ganglions, ces intermédiaires peuvent substituer à la stimulation primitive un stimulus nouveau, en sorte que l'impression est transformée, si elle n'est affaiblie. Dans ce cas, sans doute, c'est moins l'impression directe qui est perçue que l'effet de cette impression sur le corps intermédiaire; tels sont les effets sensoriaux qui résultent de la présence d'un ver dans l'intestin, ou d'une affection viscérale. De ces impressions ne résultent point des notions déterminées, mais des tendances générales; il n'y a point alors idée claire et volonté intelligente; il y a sentiment et instinct. Telle est la source d'un grand nombre d'idées chez les fous ou chez les gens endormis.

Ainsi, dans le cas qui nous occupe, ces impressions optiques transmises par des masses grises intermédiaires, pourraient bien réveiller des sentiments plutôt que des idées précises. Si, comme les expériences de M. Flourens semblent le démontrer, le cerveau seul est organe de sensation avec conscience, c'est-à-dire d'intelligence, si les lobes optiques sont au contraire organes d'automatisme, le cerveau est dans ce cas subordonné à l'automate; dans le cas, au contraire, oû il reçoit du monde extérieur des stimulations directes, il est le dominateur et le chef de l'automate."

Man ersieht, wie befruchtend diese Ideen auf die Folgezeit gewirkt und sie im Banne gehalten haben.

15. Der Fasciculus longitudinalis inferior von Burdach.

Burdach hat mit Hilfe der Abfaserungsmethode im Schläfenlappen des Gehirns entlang laufende Faserbündel freigelegt und über Anfang und Ende derselben Aufschluß zu gewinnen versucht. Er kam dabei zu folgendem Ergebnis. „In jeder Hemisphäre erstreckt sich nach der Basis des Stabkranzes, als dessen Grundmauer, das untere Längenbündel (Fasciculus longitudinalis inferior), von der Spitze des Hinterlappens durch den Unterlappen bis zur Spitze des Vorderlappens in ununterbrochener Stetigkeit, und bildet eine in die Länge gehende Randwulst an der unteren Fläche des großen Hirns. Es ist in die Länge etwas gekrümmt; außen leicht gewölbt, innen leicht gehöhlt und bildet auch in der Höhenrichtung einen sehr flachen Bogen, oder ist, der äußeren Kapsel entsprechend, und dem Hakenbündel entgegengesetzt, nach unten etwas gewölbt, nach oben etwas ausgehöhlt. Es kommt von der Spitze des Hinterlappens, und geht am äußeren Teile des Bodens des Unterhorns nach vorne. Am Unterlappen schlägt es sich etwas nach außen, wird die Grundlage der äußeren Wand des Unterhorns, oder der äußere Teil seines Bodens, und trägt das Ammonshorn. Es bildet ein Gleis, in welchem der Stabkranz verläuft. Sein innerer Teil, der den inneren Rand dieses Gleises bildet, hängt mit der Tapete und der Zwinge, sein äußerer Teil mit dem in die seitlichen Randwülste des Unterlappens heraufsteigenden Bogenbündel zusammen. Ein Teil von ihm geht unter dem Hakenbündel schräge nach vorne und innen in die Spitze des Unterlappens; der übrige Teil beugt sich nach vorne und innen, geht zum Stammlappen unter dem Linsenkerne hin, bildet den Boden der äußeren Kapsel, beugt sich dann etwas nach außen, geht in den Vorderlappen ein, verläuft in demselben oberhalb des Hakenbündels, und erstreckt sich bis zur äußeren Seite der Spitze dieses Lappens."

Durch Wernickes Schule erhielt diese Faserschicht die Bedeutung eines langen Assoziationssystems zwischen Hinterhaupt- und Schläfenlappen. Die Existenz eines solchen langen Assoziationssystems ist aber bereits seit einigen Jahrzehnten, zuerst von Flechsig und später von anderen Autoren, auf das heftigste bestritten worden. Da nun in der Längsrichtung des Schläfenlappens tatsächlich zahlreiche Fasern die von Burdach angegebene Richtung einschlagen, deren Anfang und Ende aber von verschiedenen Anatomen verschieden gefunden bzw. theoretisch erschlossen wurde, gibt die Bezeichnung Fasciculus longitudinalis inferior ohne vorherige Definition keinen bestimmten Sinn mehr. Der Ausdruck wird deshalb in der vorliegenden Arbeit völlig vermieden. Das Für und Wider der sich hier entgegenstehenden Ansichten ist in einer Arbeit Nießl v. Mayendorfs (55) über den gleichen Gegenstand niedergelegt, auf die ich deshalb hier verweisen kann.

C. Die eigenen Untersuchungen.

1. Anatomische Voraussetzungen.

Jede anatomische Darstellung muß sich in ihren Voraussetzungen auf anerkannte Tatsachen stützen. Bei dem corticalen Verlauf der Sehleitung kommt dafür folgendes in Frage.

a) Der zentrale Abschnitt der Sehleitung verläuft in der sogenannten Gratioletschen Strahlung, einer sagittal gestellten kugelsegmentartigen dicken Faserschicht, in deren Konkavität das Unterhorn und Hinterhorn des Seitenventrikels liegt, während dessen Konvexität sich der Form der lateralen Oberfläche der Großhirnhemisphäre anpaßt. In der Gratioletschen Strahlung liegen von innen nach außen drei Schalen übereinander geschichtet (Strata sagittalia). Für die anatomische Darstellung der zentralen optischen Bahnen im Groben ist es zunächst belanglos, in welcher Schicht wir dieselben annehmen.

b) Wir wissen mit Sicherheit, daß in der Gratioletschen Strahlung Stabkranzsysteme verlaufen, die mit der Optik nichts zu tun haben, z. B. Teile der Stabkranzversorgung des Gyrus hippocampi im ventralen Abschnitt und Teile der Stabkranzversorgung des Gyrus fornicatus im dorsalen Abschnitt. Ihre Sonderung wird wesentlich sein.

c) Der Streit zwischen Zentralisten und Dezentralisten kann als so weit geschlichtet gelten, daß als wichtigster Endausbreitungsbezirk der corticopetalen optischen Bahnen (Sehsphäre) die cyto- und myeloarchitektonisch ausgezeichnete Area striata (Bolton) auf der Medianseite des Hinterhauptlappens in Frage kommt. Die Dezentralisten (v. Monakow und seine Schule) nehmen größere Gebiete dafür in Anspruch, erkennen aber die Fissura calcarina und ihre Nachbargebiete sowie eine damit zusammenhängende Kappe des Hinterhauptpols ebenfalls als „Kernzone der Sehsphäre an.“

2. Die leitenden Gesichtspunkte.

a) Myelogenetisch anatomische Untersuchungen über das corticale Ende der Hörleitung ließen mich erkennen, daß diese Sinnesleitung in Form einer Marklamelle nach der temporalen Querwindung verläuft. Die auffallend gleichmäßige Verteilung des akustischen Fasersystems innerhalb dieser Fläche führte zu der Auffassung, daß nach Verlassen der inneren Kapsel die Hörmarklamelle nahezu die Eigenschaften einer Membran hat, sofern sie Hindernissen in ihrem Verlauf durch den Schläfenlappen elastisch ausweicht, d. h. sich durch ihr entgegenstehende Furchen und Windungen zwar deformieren aber niemals perforieren läßt. Es war für die vorliegende Arbeit eine wichtige, wenn auch zunächst hypothetische Annahme, daß es sich mit der corticalen Sehleitung ebenso verhalten könne.

b) Bei der cytoarchitektonischen Bearbeitung des Gehirns eines Neugeborenen fand ich die obere Lippe der Fissura calcarina von der Area striata, d. h. dem Vicq d'Azyrschen Streifen, völlig frei. Ich gebe Abbildungen davon wieder. Der Fall beweist die große Variationsbreite der Sehsphäre im menschlichen Gehirn. Er begrenzt gleichzeitig die Verwendbarkeit hirnpathologischer Präparate für Zwecke der Lokalisation, zumal gerade diese Variation nicht vereinzelt dasteht, wenn sie auch selten ist (Hoesel, Pfeifer). Nimmt man z. B. in einem solchen Falle die Zerstörung der Oberlippe der Fissura calcarina an, so könnte das klinisch erwiesene Fehlen einer Hemianopsie irrtümlich zur Erschütterung der Schulmeinung führen, daß im allgemeinen der untere Abschnitt des Cuneus (obere Lippe der Fissura calcarina) zur Sehsphäre gehört. Der Nachweis, daß im zerstörten Gebiet die Area striata fehlte, kann gar

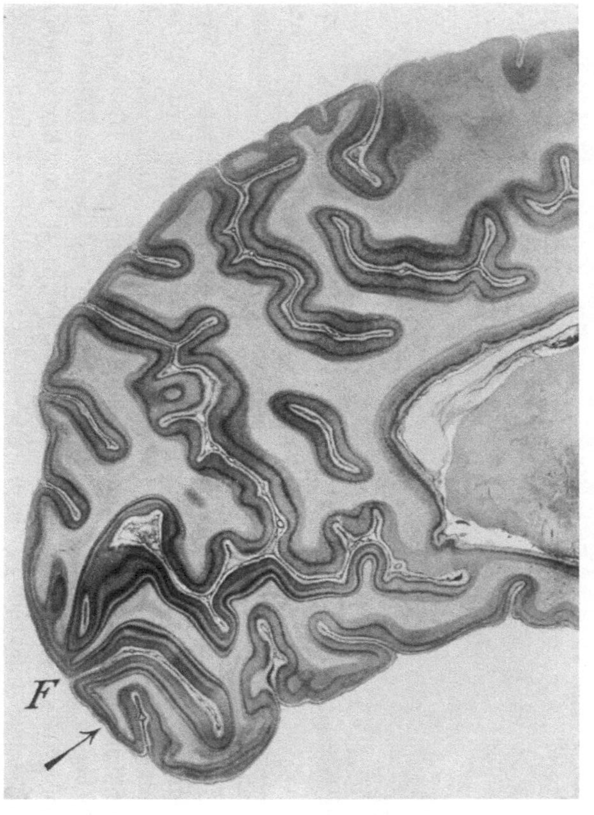

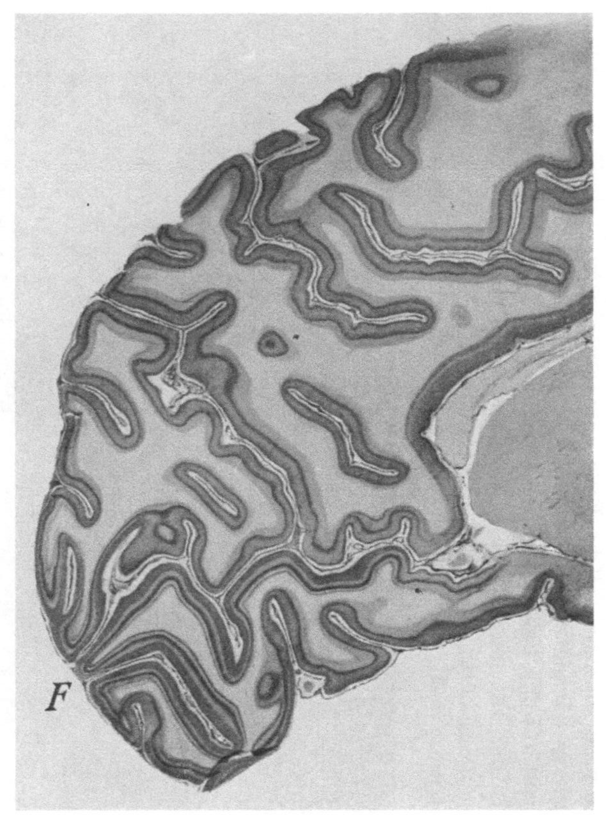

Abb. 23 und 24. Sagittalschnitte aus dem Gehirn eines Neugeborenen. Zellfärbung nach Carazzi. Ausbreitung der Area striata über die Unterlippe der Fissura calcarina und dem Gyrus cuneolingualis. F Fissura calcarina. Abgesehen von einer kleinen Kappe am Pol völliges Freibleiben der Oberlippe der Fissura calcarina von der Area striata. (Selten!)

nicht erbracht werden. Wehrli mögen bei der Verteidigung der Dezentralisationslehre v. Monakows solche Fälle unterlaufen sein.

c) Flechsig hat mit Recht seine myelogenetische Untersuchungsmethode mit Rücksicht auf den Faserverlauf eine von der Natur gebotene Autoanatomie genannt. In der Tat muß ein Fasersystem, welches man im myelogenetischen Präparat ganz isoliert verlaufend hier entspringen und dort endigen sieht, wirklich existieren. Man kann nicht einwenden, daß man nicht wissen könne,

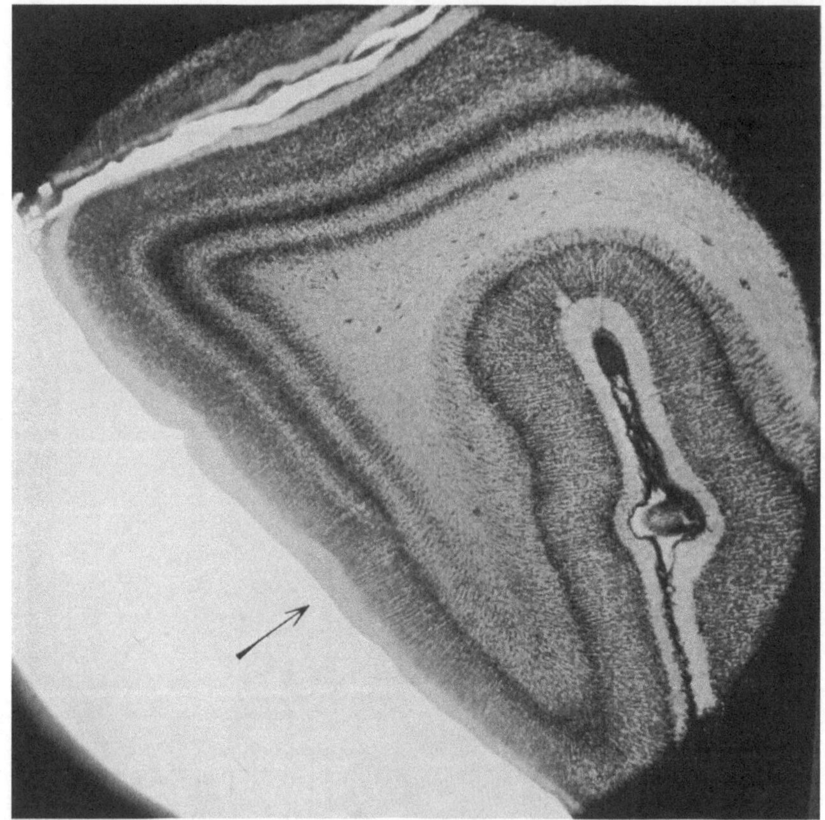

Abb. 25. Ausschnitt aus dem Präparat in Abb. 23 in stärkerer Vergrößerung. Haarscharfe Demarkation der Area striata gegen die Umgebung an der Stelle der Pfeilmarke.

was später zu diesem System noch hinzukomme. Wesentlich ist, daß der Verlauf des Systems in seinen Grundzügen zunächst richtig erkannt wird. Es ist eine sekundäre Frage, um wieviel sich später das System noch anreichert, wo die Verhältnisse im Faserverlauf unübersichtlich geworden sind. Hier müssen andere Methoden ergänzend zur Seite treten. Sicher und ganz auffallend ist nun so viel, daß im stark entfärbten Weigert-Pal-Präparat vom Erwachsenen dieselben Systeme in gleicher Konfiguration wie im jugendlichen Gehirn wieder hervortreten. Die im myelogenetischen Präparat von Flechsig als Sinnesleitungen angesprochenen Fasersysteme dokumentieren also lebenslänglich ihre Eigenart durch eine besondere Tinktionsfähigkeit. Das hat unter anderen auch v. Monakow anerkannt.

d) Das pathologisch-anatomische Degenerationspräparat steht in seiner Verwendbarkeit für die normale Anatomie dem myelogenetischen Präparat nicht selten dadurch nach, daß bei alten Herden nicht nur ein Abtransport der Gewebstrümmer durch den Lymphstrom erfolgt, sondern auch eine dementsprechende Verlagerung intakter Fasern in die Lichtungszone hinein, so daß Faserverteilungen entstehen, wie sie im gesunden Gehirn nicht vorkommen. Dagegen verdanken wir dem Degenerationspräparat autochthon die Erkenntnis, daß Fasersysteme, sofern nur Ursprungsstelle und Endstätte intakt blieben, trotz des Verlaufes auf weiter Strecke durch Trümmerherde hindurch funktionsfähig bleiben können, so daß solche Fälle ergänzend schon deshalb herangezogen werden müssen, weil man anatomisch der Faser nie ansehen wird, was sie leistet. Die myelogenetische Methode findet durch die zunehmende Faserdichte bei fortschreitendem Alter ihre natürliche Grenze. Die Ausschaltung einzelner Teile aus kombinierten Systemen durch einen Krankheitsprozeß ist deshalb ein wichtiges Hilfsmittel weiterer Erkenntnis. Die Eleganz dieser Methode kann ich durch eigenes Material belegen. Im ventralen Teile der Gratioletschen Strahlung verlaufen Stabkranzanteile des Gyrus hippocampi. Sie von der Sehstrahlung zu sondern ist im myelogenetischen Präparat nicht immer leicht. Dagegen wird eben dieser Anteil im Degenerationspräparat deutlich hervortreten bei Totalunterbrechung der Sehstrahlung im Hinterhaupt bzw. durch Ausrottung der Ober- und Unterlippe der Fissura calcarina. Unvergleichlich instruktiv können Bifrontalschnitte sein, wenn die andere Hemisphäre intakt blieb und nunmehr die eine Hemisphäre die Sehstrahlung und den Stabkranz des Gyrus hippocampi additiv kombiniert und die andere Seite subtraktiv den Stabkranz des Gyrus hippocampi isoliert und zur Kontrolle des positiven Bildes von der Sehstrahlung der anderen Seite hier im Degenerationsfeld das Negativ der Sehstrahlung wiedergibt, wie das in Abb. 69 und 70 der Fall ist.

3. Die Methode.

Ein wissenschaftlicher Hilfsarbeiter der hiesigen Universitätsinstitute, F. J. Steger, der Bildhauer von Beruf war, hat nach dem Plattenmodellierverfahren ein menschliches Gehirn in achtfacher Vergrößerung (linear 1:2) dargestellt, und zwar unter Auslassung des Markkörpers. Die Präparate wurden mit Hilfe des Storchschnabels in der linearen Vergrößerung 1:2 umrissen und ebenso die innere Kontur des Rindengraues. Danach hergestellte Schablonen von angemessener Dicke ergaben die Rinde eines menschlichen Gehirns in der kubischen Vergrößerung 1:8 als Hohlkörper. In diesen Hohlkörper sind später nach dem Plattenmodellierverfahren auch die basalen Ganglien eingebaut worden. Das Gehirnmodell hatte früher bereits eine ausreichend exakte Grundlage abgegeben für meine Modellierversuche zur Hörmarklamelle. Der gute Erfolg ließ mir auch diesmal dieses Verfahren als Methode der Wahl erscheinen. Nun gewährt die Innenseite des eben genannten Hohlkörpers einen ganz sonderbaren Anblick. Die Insel ist wie das Hochplateau eines Gebirges in den Binnenraum vorgetrieben. Die Fissuren und Sulci bilden Cristae internae, die wie Gebirgskämme mit Gipfelerhebungen und Sätteln verlaufen. Der Sulcus interparietalis hängt als Tasche wie ein Tropfsteingebilde von der Decke herab. Vergegenwärtigt man sich innerhalb dieses bizarr gegliederten Hohlraumes den Verlauf der Gratioletschen Strahlung, so lehrt der erste Blick, daß ein einfaches Kugelsegment, als welches wir uns die Strata sagittalia nach Horizontal- und Frontalschnitten in der Regel vorstellen, gar nicht untergebracht werden kann. Es sind stellenweise dafür nur ganz schmale Spalten vorhanden, durch welche sich die Sehstrahlung hindurch winden muß, von allen Seiten gezwängt und gepreßt, eingedellt und verworfen, im Gesamtverlauf wesentlich komplizierter als die Hörmarklamelle schon mit Rücksicht auf die unmittelbare Nachbarschaft des Unter- und Hinterhorns vom Seitenventrikel.

Erinnern wir uns doch, daß die Fissura collateralis an der Basis des Schläfenhinterhauptlappens das Rindengrau so weit nach oben in den Markkörper vortreibt, daß sie das Unterhorn des Seitenventrikels erreicht und als Impression die Eminentia collateralis ventriculi hervorruft. Denken wir doch daran, daß die Fissura calcarina in das Mark hinein eine Crista interna entstehen läßt, deren höchster Gipfel wiederum eine Einbuchtung der Ventrikelwand von der medialen Seite her hervorruft, die wir als Calcar avis kennen. Durch diese verwickelten Verhältnisse werden die so weit auseinander gehenden Angaben der Autoren über den Verlauf der Sehstrahlung begreiflich. Die größte Schwierigkeit ergab sich aber aus folgendem. Wenn man nun schon einmal die Existenz einer Sehmarklamelle erwog, mußte man sich konsequenterweise rein theoretisch ein Bild von ihrer räumlichen Ausdehnung machen. Flach ausgebreitet konnte sie ganz im Groben nur die Form einer Fläche von der Abgrenzung eines Trapezes mit verworfenen Rändern haben, dessen schräge Seiten den oberen und unteren Rand der Lamelle bilden, während die kleine Parallele am Kniehöcker und die große Parallele entlang der Fissura calcarina gelegen sein mußte. Mit der Realisierung dieser Vorstellung kommt man so leicht nicht zu Ende. Den Ursprung der Sehstrahlung aus dem äußeren Kniehöcker (Stiel desselben) denken wir uns am einfachsten in einer Linie, die im Gehirn eine schräge Stellung von hinten-oben-innen nach unten-außen-vorn hat und ca. 6—8 mm lang ist. Es steht nichts im Wege zunächst nach dem Prinzip der kürzesten Wegstrecke anzunehmen, daß der obere und gleichzeitig mediale Abschnitt des Stieles seine Fasern in den dorsalen Abschnitt der Gratioletschen Strahlung und damit der Sehmarklamelle schickt, während die Fasern aus dem unteren und zugleich lateralen Abschnitt des Stieles dann in ventralen Teilen der Sehmarklamelle verlaufen mußten, zunächst einmal ganz abgesehen von der Möglichkeit einer Stieldrehung, wie ich sie beim inneren Kniehöcker und der Hörmarklamelle für nicht ausgeschlossen halte und die dadurch zustande kommen könnte, daß bei Hund und Katze dem äußeren und inneren Kniehöcker des Menschen noch ein oberer und unterer Kniehöcker entspricht und eine Verdrängung des einen Kniehöckers (oberer Kniehöcker beim Hund) nach außen (äußerer Kniehöcker beim Menschen) phylogenetisch durch die Entstehung des Neopulvinars am Thalamus gedacht werden kann. Eine Korrektur in dieser Hinsicht würde sich auf den Verlauf des Stieles aus dem äußeren Kniehöcker durch die innere Kapsel beschränken und soll hier vorläufig außer acht bleiben. Wir nehmen also der Einfachheit halber an, die oberen Fasern bleiben oben, die unteren unten. Wie aber nun weiter? Henschen gibt an, die oberen Fasern verlaufen nach der oberen Lippe der Fissura calcarina, die unteren Fasern nach der unteren Lippe der Fissura calcarina (vertikale Gliederung der corticalen Sehsphäre),

v. Monakow gibt an, die oberen Fasern endigen in oralen und die unteren in caudalen Abschnitten der Fissura calcarina (horizontale Gliederung der corticalen Sehsphäre). Man ersieht sofort, daß nur noch die dritte Permutationsmöglichkeit übrig bleibt: die ventralen Fasern endigen in vorderen Abschnitten, die dorsalen Fasern in hinteren Abschnitten der Fissura calcarina, eine Auffassung, die der v. Monakowschen konträr ist und tatsächlich Beobachtungen von A. Meyer und Nießl v. Mayendorf gerecht wird. Was die Situation weiter noch erschwerte, war die Tatsache, daß der Faserverlauf im konisch zugespitzten Markraum des Occipitalhirns besonders zwischen dem Ependymzipfel des Hinterhorns vom Seitenventrikel bis zum Occipitalpol am allerwenigsten bekannt ist, vielleicht eben wegen des hier so komplizierten Verlaufs der Sehstrahlung. In zeitraubenden Versuchen habe ich alle drei Verlaufsformen als möglich angenommen und ihre plastische Darstellung durchgeführt. Ich beschreibe jetzt den Weg genauer, auf dem ich zur Wahl der dem Faserverlauf wirklich entsprechenden Sehmarklamelle gelangt bin.

In dem mir zur Verfügung stehenden Hohlkörper des Rindengraues, in den auch die Stammganglien nach dem Plattenmodellierverfahren eingebaut waren, habe ich aus Plastolin zunächst eine Lamelle entsprechend der Gratioletschen Strahlung einmodelliert. Der orale Abschnitt machte wenig Schwierigkeiten. Aus myelogenetischen Präparaten ist unschwer zu erkennen, daß der Stiel aus dem äußeren Kniehöcker seinen linearen Querschnitt schon in der inneren Kapsel aufgibt und mit großer Apertur ausstrahlt (Stielfächer nach Pfeifer), um aus der inneren Kapsel in den Markkörper des Schläfenlappens einzutreten. Der seitliche Austritt aus der inneren Kapsel geschieht gemeinsam mit der Hörmarklamelle durch den Spalt hindurch, den die dorsale Umgrenzung (Cauda) des Linsenkerns mit dem zirkulär verlaufenden und sich zunehmend verjüngenden dorsalen Ende des Nucleus caudatus bildet (Abb. 32). In dieser Gegend erscheint der Querschnitt des Stielfächers schon steil aufgerichtet gegenüber der viel flacher gestellten Ursprungsleiste des Stieles aus dem äußeren Kniehöcker. Im weiteren Verlauf paßt sich die Sehmarklamelle von selbst der vertikalen Stellung der Gratioletschen Strahlung an. Der Stielfächer bildet eine Sattelfläche, welche dadurch zustande kommt, daß die oberen Fasern dem der inneren Kapsel zugekehrten ventrolateralen Teil des Thalamus aufliegen, ihn von innen nach außen umkreisen und bis zur Höhe des oberen Inselrandes steil aufsteigen, während die unteren Fasern mit der Hörmarklamelle nach unten außen schwimmen, sich von ihr aber alsbald dadurch trennen, daß an der Basis des Linsenkerns die vordere Kommissur sich zwischen beide einlagert. Die Hörmarklamelle läuft darüber, die Sehmarklamelle darunter hinweg. Der dorsale Saum der Sehmarklamelle liegt dem Stabkranz des Gyrus fornicatus untrennbar an und isoliert sich erst nach Überbrückung des Unterhorns dicht unterhalb dessen Ursprung aus dem Seitenventrikel, um als freier Rand (Margo superior) nach der Fissura calcarina zu gelangen. Der ventrale Saum verläuft sublentikulär nach vorn-außen-unten dem Pol des Schläfenlappens zu, umkreist das orale Ende des Unterhorns (temporales Knie der Sehstrahlung nach Flechsig) und nimmt alsbald seinen weiteren Verlauf in jenem vorgebildeten Spalt, der zwischen der basalen Wand des Unterhorns einerseits und der Crista interna fissurae collateralis andererseits liegt (Abb. 33). Der ventrale Saum der Sehmarklamelle liegt dem Stabkranz des Gyrus hippocampi untrennbar an und isoliert sich erst an der Basis des Unterhorns vom Seitenventrikel, um als freier Rand (Margo inferior) nach der Fissura calcarina zu gelangen. Zwischen dem obereren und unteren Saum liegt das Kontinuum der Sehmarklamelle ausgespannt. Von den mannigfachen Verwerfungen und Impressionen, welche die Sehmarklamelle erfährt, abstrahiere ich vorläufig noch. Für die Endausbreitung der Fasern in der Fissura calcarina sind die oben angegebenen drei Verlaufsmöglichkeiten ausschlaggebend, die ich nunmehr diskutiere.

Erster Verlaufstypus.

Wenn Henschen recht hat, daß der oberen Netzhauthälfte der obere Teil des äußeren Kniehöckers und weiterhin die Oberlippe der Fissura calcarina

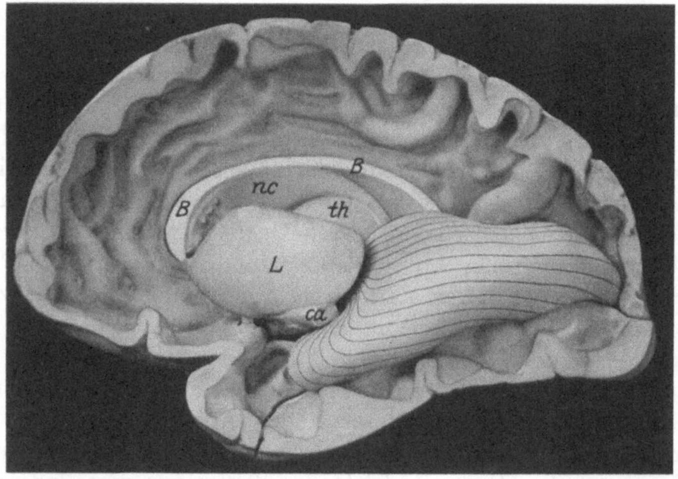

Abb. 26. Erwägungen über Verlaufsmöglichkeiten der Sehstrahlung. Realisierung der Verlaufsform mit hufeisenförmigem Eintritt in den Cortex: Obere Etage nach oralen Abschnitten der Oberlippe, mittlere Etage nach caudalen Abschnitten der Ober- und Unterlippe, untere Etage nach oralen Abschnitten der Unterlippe der Fissura calcarina. (Vertikale Gliederung der corticalen Sehsphäre im Sinne von Henschen.) B Balken. L Linsenkern. nc Nucleus caudatus. th Thalamus opticus. ca Commissura anterior.

zugeordnet ist und gleicherweise der unteren Netzhauthälfte der untere Teil des äußeren Kniehöckers und weiterhin die Unterlippe der Fissura calcarina entspricht, mit anderen Worten eine vertikale Gliederung der corticalen Sehsphäre angenommen werden muß, so steht der Annahme nichts im Wege, daß die dorsalen Abschnitte der Gratioletschen Strahlung, soweit sie überhaupt optische Bahnen enthält, die zuführenden Fasern für die Oberlippe und der ventrale Abschnitt die zuführenden Fasern für die Unterlippe der Fissura calcarina abgibt. Unter der Voraussetzung, daß die Sehstrahlung sich dann noch zum Kontinuum der Sehmarklamelle zusammenordnet, ergibt sich zwangsläufig als Einfallspforte in den Cortex die Hufeisenform mit dem oberen Schenkel in der oberen Lippe der Fissura calcarina, die Rundung im Gyrus descendens nahe dem Occipitalpol und dem Unterschenkel entlang der Unterlippe der Fissura calcarina. Der dorsalste Saum der Sehmarklamelle müßte dann in den oralen Abschnitt der Oberlippe der Fissura calcarina einmünden, der ventralste Saum in den oralen Abschnitt der Unterlippe der Fissura calcarina, während die caudalen Abschnitte der Ober- und Unterlippe ihre Faserversorgung mittleren Bezirken der Sehmarklamelle entnehmen müßten. Diese Auffassung hat vom Standpunkt des Anatomen aus etwas sehr Verlockendes. Myelogenetische Präparate zeigen auf Sagittalschnitten sinnenfällig den Eintritt der Sehstrahlung in das Gebiet der Fissura calcarina in Hufeisenform (Abb. 71 u. 78). Es würde dies zu der Vorstellung führen, daß in dem konisch zugespitzten Occipitalhirn die Sehmarklamelle entsprechend der Konvexität der lateralen Hirnoberfläche im Markkörper darin auch eine dazu parallel gerichtete konvexe Form annimmt, um sich letzten Endes glockenförmig auf die vertikal gestellte Facies interna der Medianebene des Hinterhaupthirns, also vom Markkörper her auf die Fissura calcarina aufzustülpen. Den kürzesten Weg würde dann der dorsale Saum der Sehmarklamelle nach dem oberen Pol des Hufeisens (oraler Abschnitt der Oberlippe) und der ventrale Saum der Sehmarklamelle nach dem unteren Pol des Hufeisens (oraler Abschnitt der Unterlippe) darstellen, während die Fasern der mittleren Etage den weitesten Weg parallel zur Konvexität der lateralen Außenfläche des Gehirns nach dem Occipitalpol zu nehmen müßten (Abb. 26).

Diese Auffassung erwies sich anatomisch überaus schwer darstellbar, und zwar deshalb, weil bei geeigneter Schnittrichtung eine schwalbenschwanzförmige bzw. digammaartige Gabelung der Sehmarklamelle, mit der einen Verlaufsrichtung nach der Oberlippe und mit der anderen nach der Unterlippe, nachweisbar ist (Abb. 83), weil ferner im Cuneus ganz einwandfrei zwei Lamellenschichten im Sagittalschnitt sichtbar sind (Abb. 84), Tatbestände, die unter keiner Bedingung mit Schnittrichtungen durch eine so geformte Sehmarklamelle zu erzielen sind.

Zweiter Verlaufstypus.

Wenn v. Monakow recht hat, daß die in der oberen Etage der Gratioletschen Strahlung verlaufenden optischen Bahnen nach vorderen Abschnitten der Fissura calcarina, die in der unteren Etage enthaltenen dagegen nach hinteren Abschnitten der Fissura calcarina verlaufen, mit anderen Worten, die horizontale Gliederung der corticalen Sehsphäre bzw. deren „Kernzone“ zu Recht besteht, so ergibt sich daraus eine wesentlich andere Einstrahlungsart der optischen Leitungen in das Gebiet der Fissura calcarina. Der dorsale Saum der Sehmarklamelle würde dann die oralen Abschnitte der Ober- und Unterlippe, der ventrale Saum die caudalen Abschnitte der Ober- und Unterlippe versorgen müssen. Eine solche Auffassung würde von vornherein der in Präparaten nachweisbar schwalbenschwanzförmigen Aufteilung mit der Faserrichtung nach der Ober- und Unterlippe der Fissura calcarina gerecht werden.

Beim Versuch der plastischen Darstellung einer so gestalteten Sehmarklamelle ergaben sich schon bei der Einmodellierung in das Rindengrau große Schwierigkeiten. Von der Ursprungsleiste am äußeren Kniehöcker aus strahlt der Stiel der Sehmarklamelle fächerförmig auseinander und ist beim seitlichen Austritt aus der inneren Kapsel bereits fast vertikal derart aufgerichtet, daß der dorsale Saum, der dem ventrolateralen Teil des Thalamus aufliegt und ihn umkreist, fast senkrecht bis zur Höhe des oberen Inselrandes aufsteigt, horizontal nach hinten verläuft, das Unterhorn an seiner Ursprungsstelle aus dem Seitenventrikel überbrückt und nun von oben her in das Calcarinagebiet eindringt. Er müßte dann nach der durch v. Monakow gegebenen Auffassung in oralen Abschnitten der Oberlippe endigen. Das ist nachweislich nicht der Fall. In myelogenetischen Präparaten sieht man diesen Saum auf weiter Strecke durch den Cuneus ungeschmälert verlaufen und in dorsalen Gebieten endigen.

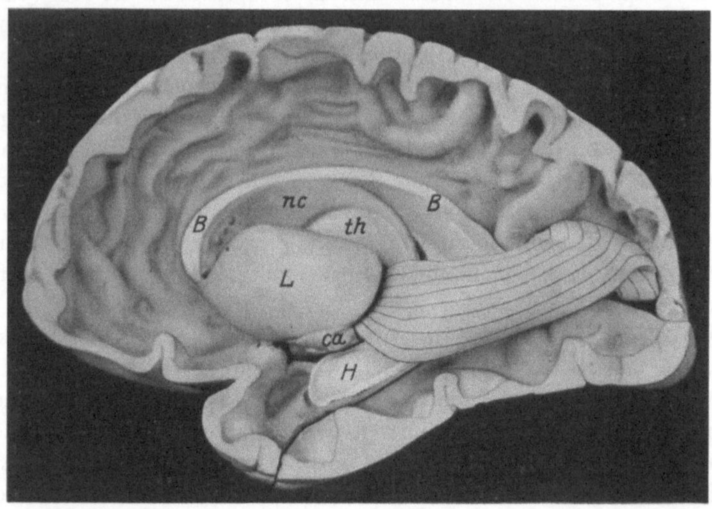

Abb. 27. Erwägungen über andere Verlaufsmöglichkeiten der Sehstrahlung. Realisierungsversuch der Auffassung v. Monakows von der horizontalen Gliederung der corticalen Sehsphäre mit einer entsprechenden Verlaufsform der Sehstrahlung: Obere Etage nach oralen, untere Etage nach caudalen Abschnitten der Fissura calcarina. Kein schleifenförmiger Verlauf des basalen Anteils der Sehstrahlung nach dem Schläfenpol hin. (Gegen Flechsig, Meyer u. a.) B Balken. L Linsenkern. nc Nucleus caudatus. th Thalamus opticus. ca Commissura anterior. H Hippocampus im geöffneten Unterhorn des Ventrikels.

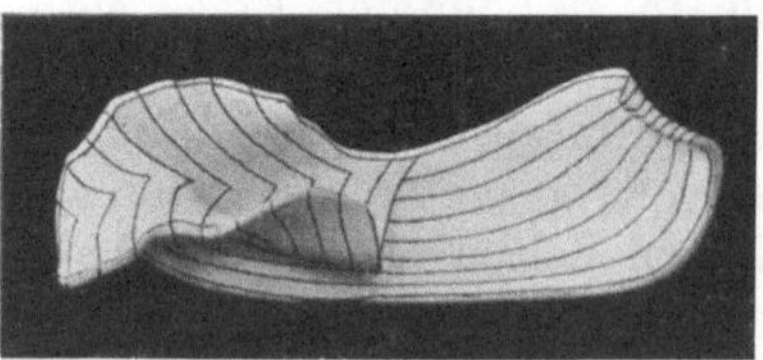

Abb. 28. Die der horizontalen Gliederung der Sehsphäre nach v. Monakow entsprechende Verlaufsform der Sehstrahlung von innen betrachtet.

Wie dieser dorsale Saum nach oralen Abschnitten der Unterlippe der Fissura calcarina gelangen soll, bliebe ein weiteres Problem, da einer solchen Verlaufsrichtung das Hinterhorn des Seitenventrikels im Wege steht. Die Bahn müßte dann das Hinterhorn von oben her medial oder lateral umgreifen, ein auf myelogenetischen Präparaten nicht beobachteter Verlauf, zumal sich die Unterlippe der Fissura calcarina, soweit sie mit der Area striata ausgestattet ist, beträchtlich weiter oralwärts erstreckt als die Oberlippe (Abb. 30 und 31).

Dritter Verlaufstypus.

Es ist denkbar, daß entgegengesetzt der Annahme v. Monakows der ventrale Saum nach oralen Abschnitten des Calcarinagebietes und der dorsale Saum nach caudalen Abschnitten desselben verliefe. Dafür gibt es mannigfaltige anatomische Anhaltspunkte. Es wurde oben schon darauf hingewiesen, daß A. Meyer und Nießl v. Mayendorf diesbezügliche Beobachtungen mitgeteilt haben. Wir wissen, daß der ventrale Saum zunächst untrennbar Stabkranzteilen des Gyrus hippocampi anliegt und sich erst in oralen Abschnitten der Unterlippe der Fissura calcarina davon isoliert, zunehmend höher gelegene Faseranteile der Sehmarklamelle müßten dann mit ihrem Endigungsbezirk zunehmend caudalwärts rücken, bis mit dem Beginn der Fissura calcarina, also da, wo Ober- und Unterlippe sich paarig gegenüberstehen, die Gabelung nach oben und unten hin erfolgen müßte, während der dorsale Saum der Sehmarklamelle, welcher mit Stabkranzteilen des Gyrus fornicatus nach oben steigt, den Cuneus durchquerend, die Faserversorgung des caudalen Restes der Fissura calcarina und der Kappe am Occipitalpol, die wir in der Regel noch mit der Area striata ausgestattet finden, zu übernehmen hätte. Der Verlauf der Verbindungsstücke zwischen jenen beiden Anteilen, die vorläufig als getrennt angenommen wurden, mußte sich aus der Herstellung der Kontinuität der Sehmarklamelle von selbst ergeben. Diese Auffassung war anatomisch darstellbar und an myelogenetischen Präparaten zu verifizieren.

Bei der Kontrolle der Richtigkeit dieser Auffassung erwies sich folgende Methode als besonders empfindlich. Die Sehmarklamelle wurde zunächst nach einem der drei Verlaufstypen mit Plastolin in den Hohlraum des Rindengraus einmodelliert und die oberen und unteren, vorderen und hinteren Begrenzungen an myelogenetischen Präparaten rein topographisch in bezug auf die Stammganglien, das Ventrikelsystem, die Schläfen-, Scheitel- und Hinterhauptwindungen und zur Lage der Fissura calcarina ermittelt. Digitationen und Impressionen, Ausbiegungen bei entgegenstehenden Hindernissen erstanden von selbst aus der Unebenheit des Hohlkörpers.

Ob eine auf diesem Wege entstandene Form der Sehmarklamelle im groben und allein als räumliches Gebilde der Wirklichkeit entspricht und auch wie weit das der Fall ist, ließ sich dadurch ermitteln, daß man mit einem langen anatomischen Messer Schnitte durch die halbstarre Plastolinlamelle machte und kontrollierte, ob der Querschnitt davon in Präparaten überhaupt vorkommt. Zum Ausgang dienten Schnittserien myelogenetischer Präparate verschiedenster Entwicklungsstufen in 11 verschiedenen Schnittrichtungen, deren Lage die folgende war: 1. Horizontalschnitte; 2. lateral schräg abfallende Horizontalschnitte (je eine Serie mit einem Neigungswinkel von 45^0 und 60^0); 3. caudal schräg abfallende Horizontalschnitte; 4. Frontal- und Bifrontalschnitte; 5. geneigte Frontalschnitte (je 2 Serien mit Neigung von oben vorn nach unten hinten und eine Serie mit Neigung von hinten oben nach vorn unten); 6. Sagittalschnitte; 7. abgedrehte Sagittalschnitte (je eine Serie mit der Schnittrichtung von außen vorn nach innen hinten und eine solche mit der entgegengesetzten Schnittrichtung von innen vorn nach außen hinten).

Sehr zustatten kamen auch stark entfärbte Weigert-Pal-Präparate verschiedenster Schnittrichtung aus Gehirnen Erwachsener, in denen sich bekanntlich die Gratioletsche Strahlung überaus markant abhebt. Diese Methode allein schon ergab nun mit großer Wahrscheinlichkeit die Richtigkeit des dritten Verlaufstypus.

Um nun über die Verlaufsweise und Verteilung der Fasern innerhalb der Sehmarklamelle näheren Aufschluß zu gewinnen, wurde jene Form der Sehmarklamelle, die sich aus der Korrektur nach Präparaten ergeben hatte und bei welcher Abweichungen sich aus dem Vergleich mit Faserpräparaten nur noch innerhalb einer gewissen Variationsbreite nachweisen ließen und die letzten Endes als persönliche Differenz in Kauf genommen werden mußten, wurde jene Form in Gips abgegossen und nach rein mathematischen Gesetzen eine möglichst gleichmäßige Verteilung einer in begrenzter Zahl angenommener Fasern über die bizarr geformte Fläche vorgenommen und aufgezeichnet. Die Einzeichnung des Faserverlaufs erfolgte nach dem Prinzip des geometrischen Ortes für alle gleichen Teilpunkte auf Verbindungslinien, welche zwischen entsprechenden (konjugierten) Teilpunkten der äußersten dorsalen und ventralen Begrenzungslinie gezogen wurde, mit anderen Worten der Weg vom äußeren Kniehöcker bis zum Occipitalpol einerseits (dorsaler Saum der Sehmarklamelle) und vom äußeren Kniehöcker nach dem oralen Beginn der Area striata in der Unterlippe der Fissura calcarina (ventraler Saum der Sehmarklamelle) andererseits wurden ausgemessen, in gleiche Teile geteilt und die entsprechenden (konjugierten) Punkte mit einander verbunden, alle diese Strecken halbiert, geviertelt, geachtelt usf. ergaben nun den Verlauf der zwischen den Extremen gelegenen Fasern.

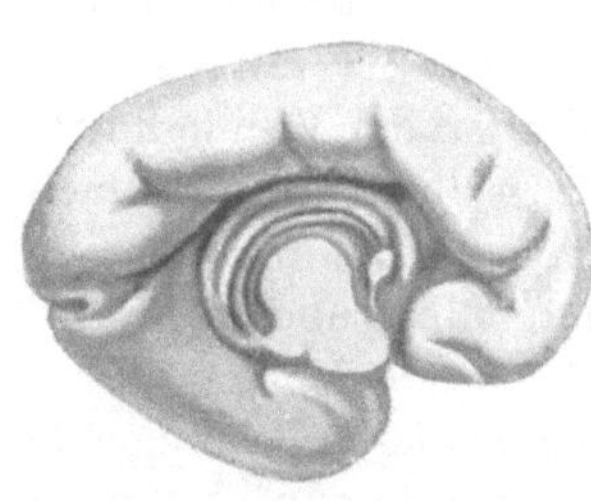

Abb. 29. Fötalgehirn aus dem 5. Monat. Nach J. Kollmann. Entwickelungsmechanisches Zustandekommen der Fissura calcarina und ihrer Cuneo-lingualfalte im hinteren Drittel.

Die Aufgabe wurde durch einen Glücksumstand noch wesentlich vereinfacht. Die Fissura calcarina verläuft bekanntlich auf der Medianseite des Gehirns als untere Abgrenzung des Cuneus horizontal und geradlinig von vorn nach hinten, um sich nahe dem Occipitalpol, wie der Name sagt, spornförmig aufzuteilen mit einem Ast nach oben, mit dem anderen nach unten (Abb. 113). Über die Variationen dieses Verlaufs berichte ich an anderer Stelle. In der naturgetreuen Nachbildung des von mir verwendeten Gehirns lag die Aufgabelung direkt am Occipitalpol. Nun wissen wir, daß die Fissura calcarina analog der Fissura Sylvii nur den Eingang zu einer Grube oder Tasche von recht erheblicher Tiefe bildet. Das Abloten dieser Tasche ergab eine horizontale Stellung und eine fast klassische Form derselben. Der durch die Fissura calcarina gelegte horizontale Querschnitt ist ein rechtwinkliges Dreieck mit der großen Kathete entlang der Fissura calcarina, der Hypothenuse entlang der Crista interna fissurae calcarinae (Vortreibung des Rindengraus in den Markkörper hinein) und der kleinen Kathete als Lot, welches man vom Cuneusstiel nach dem tiefsten Punkt der Grube, dem Calcar avis, fällen kann, also jener Einstülpung, die das Hinterhorn an der Ursprungsstelle aus dem Seitenventrikel medial einbuchtet und in welchem die Fissura calcarina mit der schräg von hinten oben als vordere Abgrenzung des Cuneus herabkommenden Fissura parietooccipitalis zusammenfließt. Verschafft man sich durch Ausbreiten beider Lippen Einblick in diese Fossa calcarina, so gewahrt man auf ihrem Grunde in der Regel eine vertikal

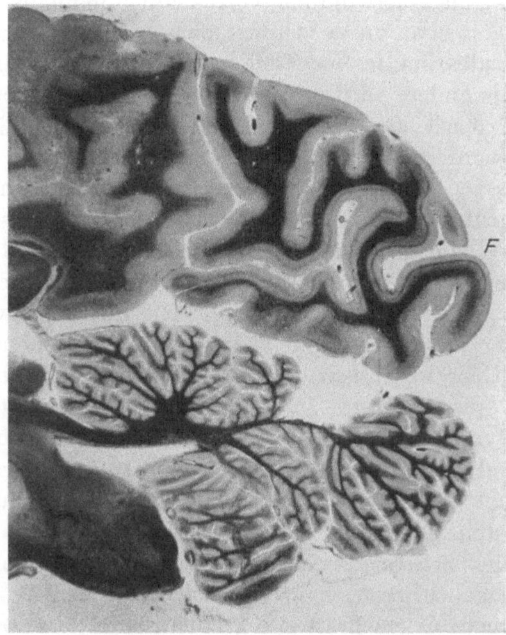

Abb. 30. Sagittalschnitt aus dem Gehirn eines Erwachsenen (Weigert-Pal-Färbung). Regelrechte Überbrückung der Ober- und Unterlippe der Fissura calcarina auf dem Furchengrunde im hinteren Drittel durch eine Vertikalfalte (Gyrus cuneo-lingualis). F Fissura calcarina. In der Besetzung mit dem Vicq d'Azyrschen Streifen überragt die Unterlippe die Oberlippe nur unwesentlich.

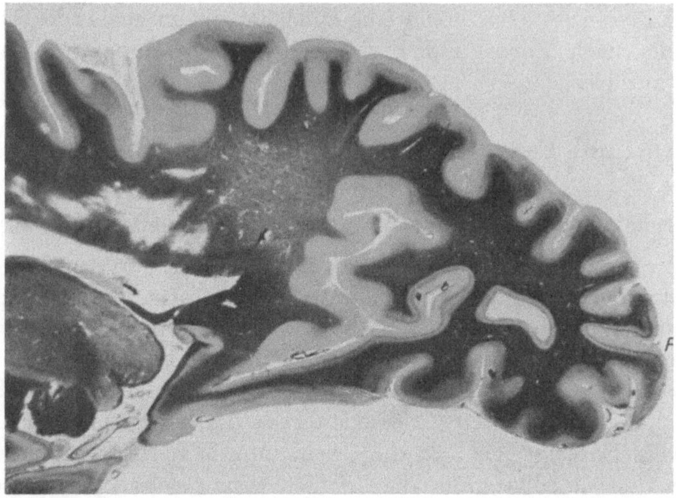

Abb. 31. Seltenere, doppelte Überbrückung der Ober- und Unterlippe der Fissura calcarina auf dem Furchengrunde durch zwei Vertikalfalten (Gyrus cuneo-lingualis anterior et posterior). In der Besetzung mit dem Vicq d'Azyrschen Streifen überragt die Unterlippe die Oberlippe oralwärts beträchtlich.

gestellte, also den Raum zwischen Ober- und Unterlippe auf dem Grunde der Furche überbrückende Querwindung (Gyrus cuneo-lingualis nach Cunningham). Diese Falte sitzt etwa an der Grenze zwischen mittlerem und hinterem Drittel der Fissura calcarina in der Tiefe verborgen (Abb. 30). Sehr häufig sind es deren zwei, die andere wird dann an der Grenze zwischen vorderem und mittlerem Drittel in der Tiefe verborgen aufgefunden (Abb. 31). Wir unterscheiden also eine vordere Vertikalfalte der Calcarinagrube (Gyrus cuneo-lingualis anterior fossae calcarinae) und eine fast konstante hintere Vertikalfalte der Calcarinagrube (Gyrus cuneo-lingualis posterior fossae calcarinae). Nicht selten tritt die eine oder die andere an der Medianfläche des Hinterhaupts zutage, um an dieser Stelle dann die Lippen der Fissura calcarina auseinander klaffen zu lassen. Mit diesen Vertikalfalten ist nicht zu verwechseln der Gyrus descendens, der am Occipitalpol den Spornteil halbmondförmig und an der Oberfläche sichtbar abschließt. Beide Vertikalfalten sind fast immer mit der Area striata ausgestattet. In bezug auf die Faserverteilung der Sehmarklamelle auf die Gyri cuneo-linguales hätte ich mir anfangs keinen Rat gewußt. Das von mir verwendete Gehirn besaß, ohne sonst vom Normaltypus abzuweichen, keine solchen Querfalten und ermöglichte dadurch zunächst die Gewinnung der einfachsten Verlaufsform der Sehstrahlung.

Schnitte durch die Sehmarklamelle mit Faseraufzeichnnug ergaben nun sofort wieder erhebliche Differenzen im Vergleich mit den Präparaten, sofern an Stellen, wo nach dem Querschnitt der konstruierten Sehmarklamelle längs-, schräg- oder quergetroffene Fasern sichtbar werden mußten, dies in den entsprechenden Präparaten nicht der Fall war. Die Sehmarklamelle wurde demgemäß neu modelliert, wieder abgegossen, die Fasern aufgezeichnet, wieder kontrolliert und das so lange fortgesetzt, bis sich wesentliche Differenzen nicht mehr ergaben. Dieses Studium belehrte gleichzeitig über die Breite individueller Variationen, die größer war, als ich ursprünglich angenommen hatte. Letzten Endes kam ein Schema zustande, welches die Mitte hielt innerhalb engerer persönlicher Differenzen. Ich beschreibe zunächst die so zustande gekommene Sehmarklamelle nach Form und Faserverlauf und komme auf Variationen weiter unten zurück.

4. Form und Faserverlauf der Projektionsmarklamelle der Fissura calcarina.

a) Morphologie und Topographie der Sehmarklamelle im Groben.

Die Beschreibung der Sehmarklamelle des Großhirns, in welcher die Sehstrahlung verlaufend gedacht werden muß, geht am besten aus von topographischen Beziehungen. In den Binnenraum jenes Hohlkörpers, der das Rindengrau einer Hemisphäre in achtfacher Vergrößerung darstellt, ragen die Furchen der Hirnoberfläche als freistehende erhabene Leisten hinein, die ich jeweils als vorspringende Binnenleisten (Cristae internae der entsprechenden Furchen) bezeichnen will. So zeigt Abb. 32 die Crista interna fissurae hippocampi, die Crista interna fissurae collateralis, die Crista interna fissurae parieto-occipitalis und die Crista interna fissurae calcarinae. Die letzten beiden Fissuren fließen bekanntlich, zwischen sich den Cuneus fassend, im Calcar avis zusammen, jenem Leistenknopf, der am weitesten an der Binnenwand (Facies interna)

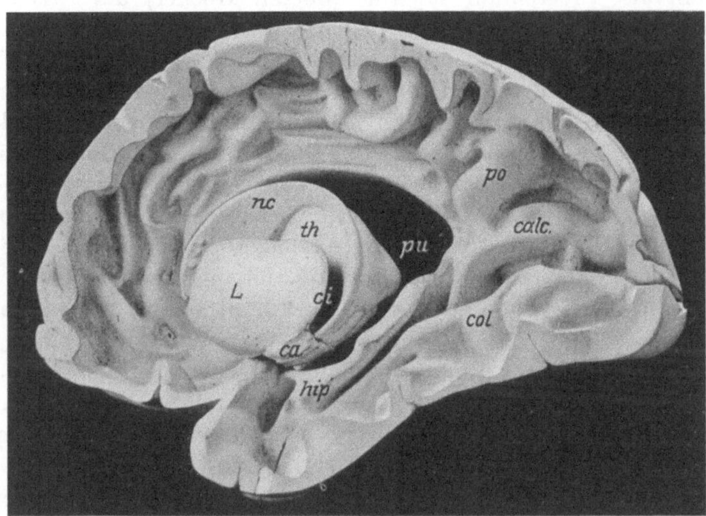

Abb. 32. Rindengrau eines menschlichen Gehirns von innen gesehen (Facies interna der Medianseite). Die Furchen der Hirnoberfläche erscheinen als freistehende erhabene Leisten (Cristae). calc Crista interna fiss. calcarinae. po Crista interna fiss. parieto-occipitalis. hip Crista interna fiss. hippocampi. col Crista interna fiss. collateralis. L Linsenkern. nc Nucleus caudatus. th Thalamus opticus. pu Pulvinar. ca Commissura anterior. ci Capsula interna.

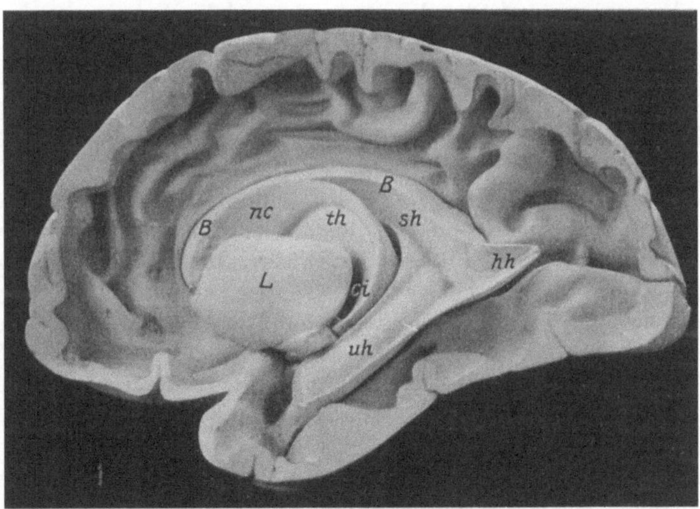

Abb. 33. Die topographischen Beziehungen des Rindengraues und der Stammganglien zu Ventrikelsystem und Balken. B Balken. L Linsenkern. nc Nucleus caudatus. th Thalamus opticus. uh Unterhorn. sh Seitenhorn. hh Hinterhorn des Ventrikels. ci Capsula interna.

der Medianseite des Gehirns lateralwärts vorspringt. Dicht oberhalb von diesem Vorsprung befindet sich ein zweiter Leistenknopf von geringerer Größe. Ich bezeichne ihn als Tuberculum superius (oberen Höcker) der Crista interna fissurae parieto-occipitalis zum Unterschied von dem eben genannten Tuberculum inferius (unteren Höcker), welch letzteres sich regelmäßig in den Ventrikel vorbuchtet und, mit Ventrikeltapete überzogen, den klassischen Namen Calcar avis trägt. Zwischen dem großen unteren und den kleinen oberen Höcker liegt stets eine sattelförmige Einsenkung, die ich das untere Joch (Jugulum inferius) nennen will. Dicht oberhalb des oberen Höckers befindet sich fast regelmäßig auch ein Sattel in der Crista interna fissurae parieto-occipitalis: das obere Joch (Jugulum superius). Diese Jochbildungen sind topographisch wichtig. Der dorsale Saum der Sehmarklamelle (Margo superior radiationis opticae) benutzt entweder das obere oder das untere Joch als Eintrittspforte in den Markraum des Cuneus.

Ich lasse nunmehr eine Formbeschreibung der nach dem Plattenmodellierverfahren hergerichteten Basalganglien des Gehirns folgen. Entsprechend dem Grundsatz, die Bestandteile des Markkörpers auszulassen, gähnt dicht unterhalb des Rindengraus vom Gyrus fornicatus in Abb. 32 ein großes Loch: die Durchtrittsstelle des Balkens. Außerdem fehlt auch noch das Ventrikelsystem. Die innere Kapsel erscheint als breiter Spalt, dorsolateral begrenzt vom Nucleus caudatus in seinem ganzen Verlauf von der Verschmelzungsstelle mit dem vorderen Teil des Linsenkerns, zirkelförmig nach hinten verlaufend und sich fortgesetzt verjüngend bis zu der Stelle des unteren Teiles der Cauda des Linsenkerns, wo die vordere Commissur die Basis desselben schräg kreuzt und wo er sich mit dem Schwanzende zwischen Opticus und vordere Commissur hineinzwängt. Parallel zu diesem sichelförmigen Verlauf des Nucleus caudatus wird der breite Spalt, als welcher hier die innere Kapsel erscheint, unten und zugleich nach vorn abgegrenzt durch die dorsale und caudale Begrenzung des Linsenkerns.

Der Thalamus erscheint schalenförmig und flach gedrückt, dem mittleren und hinteren Abschnitt des Nucleus caudatus medial angesetzt und sich in der lateralen Abgrenzung dessen Verlaufsform durchaus fügend. Nur das Pulvinar springt medial weit vor. Das ventro-caudale Ende des Thalamus ist zapfenförmig ausgezogen und folgt, den äußeren und inneren Kniehöcker zum großen Teil in sich aufnehmend, dem zirkelförmigen Verlauf des Endes vom Nucleus caudatus. Dem äußeren Kniehöcker bleibt oben und vorn noch Substanz des Thalamus vorgelagert, die in der zunehmenden Verjüngung nach unten hin auf Horizontalschnitten mondsichelförmig dem Kniehöcker vorn aufgesetzt erscheint (Substantia grisea praegeniculata). Der Teil des ventralen Zapfens vom Thalamus opticus, welcher der inneren Kapsel zugekehrt ist, bildet eine Sattelfläche und geht unmittelbar in den Tractusteil des äußeren Kniehöckers über.

Die Beschreibung des feineren Baues der Ursprungsleiste des Stieles aus dem äußeren Kniehöcker soll hier vorläufig unterbleiben und der Verlauf der Sehstrahlung innerhalb der Sehmarklamelle erst da aufgenommen werden, wo diese aus der inneren Kapsel seitlich austritt (Stielfächer der Sehstrahlung). Von größter Bedeutung für die Form der Sehmarklamelle und den Verlauf der Sehstrahlung in derselben ist das Ventrikelsystem. Abb. 33 gibt den

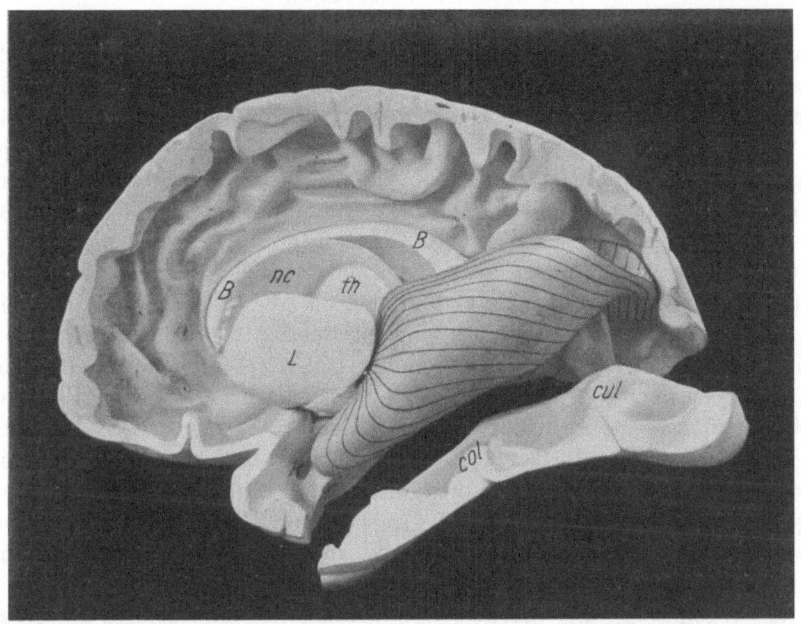

Abb. 34. Form und Faserverlauf der Sehmarklamelle. Ursprung des Stielfächers aus der inneren Kapsel. K Temporales Knie der Sehstrahlung (Flechsig). Verlauf des dorsalen Saumes der Sehmarklamelle nach caudalen Abschnitten der Sehsphäre. B Balken. L Linsenkern. nc Nucleus caudatus. th Thalamus opticus. col von der Basis des Gehirns aus vorgetriebenes Rindengrau der Fissura collateralis. cul Höchste Erhebung (Culmen) der eben genannten Crista interna fissurae collateralis.

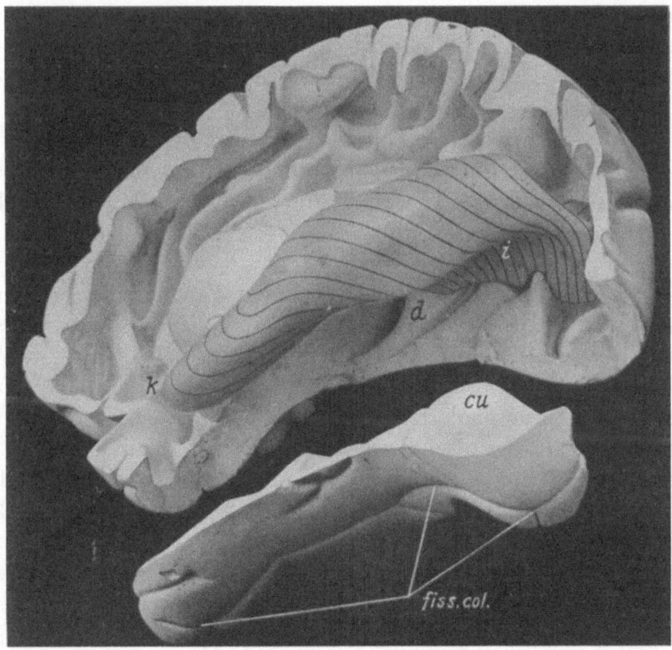

Abb. 35. Sehmarklamelle von außen — vorn — unten gesehen. Demonstration der basalen Duplikatur (d) und basalen napfförmigen Impression (i) der Sehmarklamelle. Verlauf des ventralen Saumes der Sehmarklamelle nach oralen Abschnitten der Sehsphäre. K Temporales Knie der Sehstrahlung. Fiss. col Fissura collateralis. cu der die napfförmige Impression bedingende höchste Punkt (Culmen) der Fissura collateralis.

Ventrikel nach dem Plattenmodellierverfahren wieder. Unter Fissur verstehen wir eine Hirnfurche, die sich bis in den Ventrikel hinein einstülpt und dort entsprechend plastisch vorwölbt. Demzufolge erscheint jetzt mit der Ventrikeltapete überzogen die Crista interna fissurae hippocampi als Hippocampus, der Zusammenfluß der Christae internae fissurae parieto-occipitalis et fissurae calcarinae in dem oben bereits erwähnten Tuberculum inferius als Calcar avis und der vordere kleinere Höcker auf der Crista interna fissurae collateralis als Eminentia collateralis im Innern des Ventrikels. Zwischen dem Ventrikelboden des Unterhorns vom Seitenventrikel und dem vorderen Abschnitt der Crista interna fissurae collateralis sehen wir einen schmalen Spalt, prädestiniert zur Aufnahme des ventralen Saumes der Sehmarklamelle (Margo inferior radiationis opticae). Zur Vermeidung jeden Mißverständnisses wird der Name Fasciculus longitudinalis inferior geflissentlich nicht gebraucht. Am Hinterhorn des Seitenventrikels ist der Ependymfortsatz, welcher nach Form, Länge und Lage bekanntlich stark variiert, fortgelassen. Sein caudales Ende ragt nicht selten bis in die Oberlippe der Fissura calcarina hinauf. Im hinteren Drittel der Crista interna fissurae collateralis erhebt sich eine Kuppe von über Walnußgröße (Culmen cristae internae fissurae collateralis), welche im basalen Teile der Sehmarklamelle fast regelmäßig eine mächtige Eindellung, die napfförmige Impression (Impressio lanciformis) hervorruft.

Nach diesen topographischen Vorbemerkungen gestaltet sich die Darstellung der Sehmarklamelle relativ einfach. Um die Einstrahlung der optischen Bahnen in die Unterlippe der Fissura calcarina zu zeigen, mußte am Modell noch ein Hilfsschnitt angelegt werden. Die langgestreckte Crista interna fissurae collateralis fällt medialwärts steil ab nach dem Gyrus lingualis. Der Schnitt wurde diesem Talgrunde entlang geführt und das losgetrennte Stück ein wenig abgerückt. Der orale Beginn und das caudale Ende sind in den Abb. 34 und 35 sichtbar gemacht worden.

Der Stiel der Sehstrahlung aus dem äußeren Kniehöcker wird dadurch zum Stielfächer, daß sich die Sehstrahlung der Sattelfläche des oben beschriebenen ventralen Zapfens vom Thalamus untrennbar auflagert. Nicht allein dadurch, sondern auch weil Ursprungsfasern aus oberen Teilen des äußeren Kniehöckers Sehhügelsubstanz durchsetzen müssen, um nach vorn zur Sattelfläche zu gelangen und dieselbe in bogenförmigem Verlauf nach außen zu umkreisen, entsteht auf Schnittpräparaten leicht der Eindruck des Ursprunges gewisser Anteile der Sehstrahlung aus dem Thalamus selbst, was in Wirklichkeit nicht so leicht nachweisbar ist. Man ersieht, daß selbst sekundäre Degenerationen aus der Sehstrahlung nach dem Thalamus hin für den Ursprung derselben aus dem Sehhügel nicht beweisend zu sein brauchen. Am lateralen Austritt aus der inneren Kapsel sehen wir die Sehstrahlung in der Sehmarklamelle bereits fächerförmig breit ausgezogen und im Querschnitt der Vertikalstellung angenähert (Stielfächer).

Der dorsale Saum der Sehmarklamelle steigt ganz steil auf und verläßt die innere Kapsel in der Regel in Höhe des oberen Inselrandes, Stabkranzanteile des Gyrus fornicatus als Leitseil benutzend. Individuell variierend verläuft dieser Saum nun entweder horizontal oder leicht ansteigend oder im Bogen (mit der Konvexität nach oben) caudalwärts, überbrückt den Ventrikel an der Ursprungsstelle des Unterhorns aus dem Seitenventrikel und passiert entweder das obere oder das untere Joch der Crista interna fissurae parieto-occipitalis, in dieser Gegend nicht selten in winkliger Abknickung die letzten Stabkranzfasern zum Gyrus fornicatus abgebend, um nunmehr bald flacher, bald steiler, je nachdem das „obere Joch" (Abb. 72) oder das „untere Joch" (Abb. 71) als Eintrittspforte benutzt wurde, durch das Mark des Cuneus hindurch schräg von vorn oben nach hinten unten abzufallen und die Crista interna fissurae calcarinae etwa dort zu erreichen, wo das Ende des Ependymzipfels vom Hinterhorn des Seitenventrikels liegt, es sei denn, daß dieser nach oben oder unten variierend verlagert ist, was sofort zu Modifikationen führt. Dieser dorsale Saum versorgt caudale Abschnitte der Fissura calcarina und die Kappe des Occipitalpols, soweit sie mit der Area striata ausgestattet ist.

Der ventrale Saum der Sehmarklamelle liegt in der inneren Kapsel ventralen Teilen der Hörstrahlung dicht an und verläuft mit diesen sublentikulär, beim seitlichen Austritt aus der inneren Kapsel zwischen sich und der Hörstrahlung die vordere Commissur durchlassend und nunmehr getrennt von ihr mit Stabkranzanteilen des Gyrus hippocampi nach vorn—außen—unten, also in der Richtung nach dem Schläfenpol, abzusteigen, das orale Ende des Seitenventrikels in scharfem Bogen zu umkreisen (temporales Knie der Sehstrahlung) und sich alsbald in den vorgebildeten Spalt einzulegen, der zwischen dem Ventrikelboden des Unterhorns und dem vorderen Abschnitt der Crista interna fissurae collateralis vorhanden ist, auf diesem Wege sich ständig entlastend durch Abgabe von Stabkranzanteilen zum Gyrus hippocampi. Die Fasern des ventralen Saumes der Sehmarklamelle finden ihr frühzeitiges Ende in oralsten Abschnitten der Area striata, jenem unpaarigen Teil der Calcarinalippen, durch den der vordere Abschnitt der Unterlippe den mehr zurückstehenden vorderen Abschnitt der Oberlippe weit überragt. Zwischen diesen extremen Grenzen des dorsalen und ventralen Saumes liegt das Kontinuum der Sehmarklamelle ausgespannt. Ihr Verhalten gleicht völlig dem einer elastischen Membran. In der Gegend des Stielfächers formt sie die Sattelfläche des der inneren Kapsel zugekehrten Teiles vom Sehhügel völlig ab, sie erhält sublentikulär eine Impression von der vorderen Commissur, von allen Seiten wird sie durch die in den Markkörper vorspringenden Höcker und Leisten des Rindengraues eingedellt und eingebeult: Von unten her durch die Collateralfurche (vgl. Abb. 35), von der Seite her durch die obere Temporalfurche (vgl. Abb. 47), von oben her durch die Interparietalfurche (vgl. Abb. 41) und von hinten her durch die Occipitalfurche (vgl. Abb. 39). Nirgends aber kommt es dabei zu einer Perforation, immer entstehen nur Digitationen und Impressionen. In oralen Abschnitten erhält sie eine löffelförmige Gestalt dadurch, daß sie durch das Inselgrau, welches wie ein Hochplateau in den von uns modellierten Hohlkörper hineinragt, der Außenfläche des Ventrikels so dicht aufgepreßt wird, daß sie das Unterhorn desselben als Matrize abformt. Caudalwärts vom hinteren Inselrande weitet sich der Raum beträchtlich, und dementsprechend nähert sich die Sehmarklamelle in Anpassung an die Konvexität der Hirnoberfläche mehr der Hohlschale einer Kugel. In diesem Abstand vom äußeren Kniehöcker liegt nun schon der dorsale Saum der Sehmarklamelle im oberen bzw. im unteren Joch der Binnenleiste der Scheitel-Hinterhauptfurche. Der ventrale Saum hat sich bis dahin in den schmalen Spalt unter den Ventrikelboden hineingerollt und mit der Faserversorgung jenes Teiles der Fissura calcarina begonnen, wo der orale Teil der Unterlippe der Oberlippe noch nicht paarig gegenübersteht. In der Höhlung dieser mächtigen Schale, die in der Form sich der Hemisphärenoberfläche anpaßt und zu ihr parallel verläuft, liegt das Ventrikelsystem eingebettet. Die Einstrahlung der optischen Fasern aus dem ventralen Saum in oralste Abschnitte der Unterlippe der Fissura calcarina ist ganz natürlich und unkompliziert. Je höher in der Sehmarklamelle gelegen, desto mehr caudalwärts liegt in der Fissura calcarina der Einstrahlungsort für die Fasern. Von dem Punkte an, wo der Unterlippe die Oberlippe paarig gegenübersteht, wird der Verlauf aus zwei Ursachen kompliziert. Einmal verjüngt sich die Hemisphäre caudalwärts durch Verkürzung der Breiten- und Höhendimension und wird zum langausgezogenen Konus, zum anderen ragt in diesen Konus hinein als Verkehrshindernis das Hinterhorn des Ventrikels. Beides führt zu einer mächtigen Verwerfung des gesamten Fasersystems bzw. einer bizarren Deformation der Sehmarklamelle. Als sei die schalenförmige Lamelle für den konischen Bau des Occipitalhirns zu groß angelegt, erhält sie von unten her nicht nur durch die Gipfelhöhe der Binnenleiste der Parallelfurche (Culmen cristae internae fissurae collateralis) ihre große napfförmige Impression (Impressio lanciformis), sondern hängt in einer Duplikatur sogar lateralwärts von dieser Kuppe oft weit noch herab (basale Duplikatur der Sehmarklamelle). Die Entstehung dieser Falte hat möglicherweise entwicklungsgeschichtliche Bedeutung. Die Sehmarklamelle muß in ihren Achsenzylindern embryonal früh angelegt sein. Solange im fötalen Zustande die Insel offen steht, hängt der Schläfenlappen mit seiner Längsachse steil herab. Mit zunehmendem Alter rückt der Schläfenpol, die Fossa Sylvii schließend, nach oben vorn, wobei der gesamte Schläfenlappen um seine Längsachse gleichzeitig eine Rotation in dem Sinne erfährt, daß sein ventraler Rand gehoben und sein dorsaler Rand in die Fossa Sylvii hineingerollt wird. Dabei entsteht offenbar die oben beschriebene basale Duplikatur der Sehmarklamelle als Quetschfalte.

Mag nun der Weg auch verschlungen sein, es ist ersichtlich, wie die Einstrahlung der optischen Bahnen zur Unterlippe der Fissura calcarina gelangt. Die vertikal gestellte Sehmarklamelle rollt sich spiralig in den Konus des Occipitalhirns hinein, um auf kürzestem Wege nach der horizontal gestellten Binnenleiste der Crista interna fissurae calcarinae mit der Anordnung „untere Fasern vorn, obere Fasern hinten“ zu gelangen. Wie aber erfolgt die Faserversorgung der Oberlippe? Zum Teil möglicherweise individuell variierend durch gabelförmige Aufteilung der Sehmarklamelle entlang einer mit den Fasern für die Unterlippe gemeinsamen Markleiste, die man sich auf die Crista interna fissurae calcarinae aufgesetzt denken kann. Dabei kompliziert sich nun der Aufstieg der Fasern nach der Oberlippe der Fissura calcarina ungemein durch das Dazwischentreten des Ventrikelhinterhorns und der Bildung des Calcar avis an der Stelle des Zusammenfließens der Crista interna fissurae parieto-occipitalis mit der Crista interna fissurae calcarinae. Der Faserzustrom nach der Oberlippe erfolgt unter der Basis des Hinterhorns hinweg. Gleich im oralen Beginn der Aufteilung ist aber den Fasern für die Oberlippe der Zugang von unten her dadurch gesperrt, daß der Calcar avis, also der Anfang jenes Teiles der Fissura calcarina, wo Ober- und Unterlippe paarig übereinander stehen, dem Hinterhorn so dicht anliegt, daß ein Faserdurchtritt von unten her nicht möglich erscheint. Caudalwärts erst gewährt der Raum zwischen Hinterhorn und Binnenleiste der Fissura calcarina zunehmend bessere Durchtrittsmöglichkeit, so daß die Fasern für den oralsten Abschnitt der Oberlippe vorerst zu weit nach hinten geraten, sich im Bogen um den caudalen Abhang des Calcar avis herumschwingen und wieder nach vorn ziehend an ihren Bestimmungsort gelangen, damit oft auf weiter Strecke auch den anderen Fasern für die Oberlippe die Verlaufsform aufprägend. Von oben her treten erst, nachdem sich das Hinterhorn des Ventrikels im Ependymzipfel geschlossen hat, Fasern an die Crista interna fissurae calcarinae heran, um nicht nur Ober- und Unterlippe der Retrocalcarina in gleicher Weise auszustatten, sondern sich auch horizontal fächerförmig auszubreiten und jene bis auf die Konvexität des Occipitalpols reichende Kappe zu versorgen, die noch mit der Area striata ausgestattet ist. Am schwierigsten

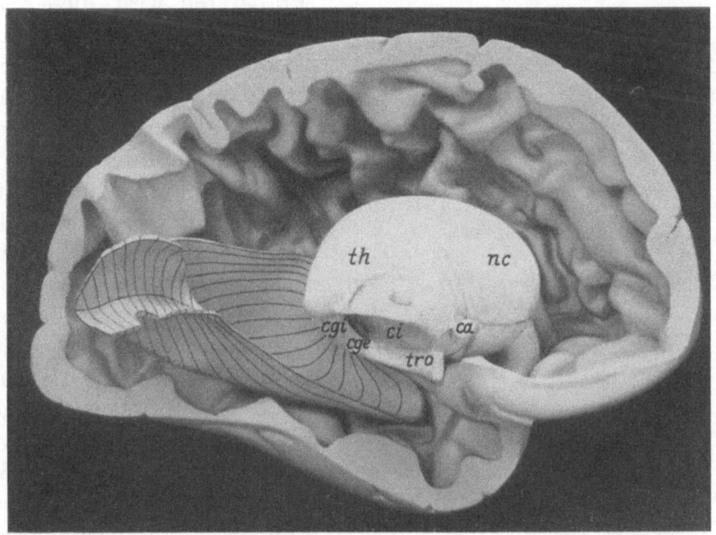

Abb. 36. Blick in das als Hohlkörper dargestellte Rindengrau einer linken Hemisphäre. Die Medianwand ist abgetragen, vom Markkörper einzig und allein die Sehmarklamelle stehen geblieben. th Thalamus opticus. nc Nucleus caudatus. ca Commissura anterior. ci Capsula interna. cgi Innerer Kniehöcker. cge Äußerer Kniehöcker. tro Tractus opticus.

ist der Faserverlauf an jener Stelle zu entwirren, wo der dorsale Saum der Sehmarklamelle die Crista interna fissurae calcarinae erreicht bzw. überschneidet. Dieser Ort befindet sich etwa in der Mitte des retroventrikulären Occipitalhirnabschnittes. Die Sehmarklamelle bildet hier eine markante Umschlagstelle im Markraum des Hinterhauptlappens. Ihre Entstehung ist begreiflich. Legt man durch die Sehmarklamelle am hinteren Ende der Insel einen Frontalschnitt, so liegen ihre Fasern in einem Stratum sagittale übereinander geschichtet. Derselbe Querschnitt liegt später kurz vor der Einstrahlung in die Fissura calcarina mit den unteren Fasern vorn und mit den oberen Fasern hinten. Die Lageveränderung vollzieht sich innerhalb einer spiralig gewundenen Fläche. Nicht selten faßt die Fissura calcarina wie der Griff eines Hirtenstabes um den Occipitalpol nach der Konvexität des Gehirns herum. Der dorsale Saum der Sehmarklamelle muß dann die „Umschlagstelle" in einer wunderlichen Kurve überschneiden, um nach dem Griffende des Stabes zu gelangen. Man macht sich diese komplizierten Verlaufsverhältnisse am besten an einem fingierten Experiment klar. Denkt man sich die Sehmarklamelle als eine elastische Membran, trennt man sie ferner am Stiel aus dem äußeren Kniehöcker durch, und strafft nun ihre Fasern durch einen Zug nach vorn—oben—innen, so müßte an einer ganz bestimmten Stelle die eben genannte „Umschlagsstelle“ deutlich hervortreten wegen des Ausgezogenseins der caudalsten Abschnitte der Sehstrahlung zu einem horizontal gespreizten Fächer. Abb. 37 gibt diese Verhältnisse in graphischer Darstellung wieder. Diese „Umschlagstelle“ müßte auf Sagittalschnitten unverkennbar sein, könnte sich aber auf Horizontal- und Frontalschnitten der Beobachtung bisher entzogen haben. Die Verifikation des Verlaufs der Sehstrahlung innerhalb der Sehmarklamelle an Präparaten wird diese Tatsache bestätigen. Man ersieht auch schon die Größe der Variationsbreite, die zum Teil wenigstens davon abhängt, wie groß die Kappe ist, mit der die Area striata den Occipitalpol und Teile der Konvexität des Gehirns lateralwärts noch besetzt, ganz abgesehen davon, wieweit die Area striata den Gyrus lingualis in Anspruch nimmt. Aber auch im Cuneus entsteht für die Einstrahlung der optischen Bahnen ein recht komplizierter Faserverlauf. Es gibt Fälle, wo ein großer Teil der Vorderwand des Cuneus entlang der Fissura parieto-occipitalis bis hinauf zum oberen Joch der Crista interna dieser Furche mit Area striata ausgestattet ist. Man ersieht alsdann an Sagittalschnitten, wie die Sehstrahlung nach der Oberlippe der Fissura calcarina die Faserbesetzung dieses Bezirkes mit übernimmt, gleichzeitig den dorsalen Saum der Sehmarklamelle nach oben drängend, so daß nunmehr dessen Einlagerung in „das obere Joch“ erfolgt, während sonst in den weitaus meisten Fällen sein Weg durch „das untere Joch“ geht. Den Weg des dorsalen Saumes der Sehmarklamelle verfolgt man am besten auf Abb. 34. Nicht mit dargestellt oder doch nur in seinem allerersten Anfangsteil ist dort der horizontal gespreizte Fächer des caudalsten Abschnittes der Sehstrahlung. Dagegen zeigt die schwalbenschwanzförmige Aufteilung der Sehmarklamelle nach der Ober- und Unterlippe der Fissura calcarina besser die Abb. 36. Man achte dabei auf den spiraligen Verlauf nach den oralsten Abschnitten der Oberlippe. Alle weiteren Einzelheiten werden aus dem Studium der Präparate ersichtlich sein.

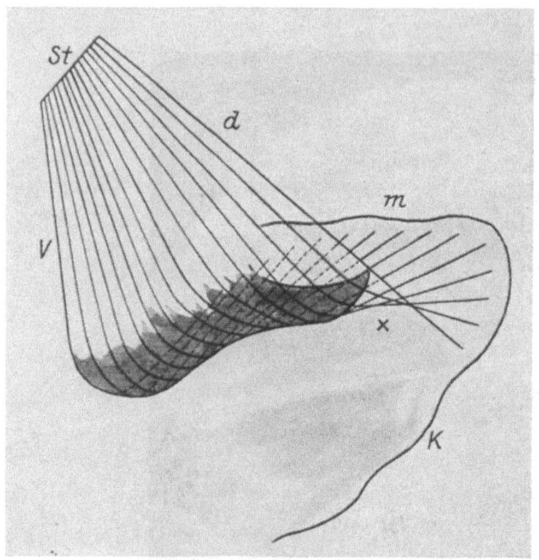

Abb. 37. Schematische Darstellung der Umschlagstelle der Sehmarklamelle im retroventrikulären Markraum (×). St Stiel aus dem äußeren Kniehöcker. v Ventraler Saum. d Dorsaler Saum der Sehmarklamelle. m Medianseite. k Konvexität des Gehirns. Ventrikel dunkel gefärbt.

b) Die feinere Anatomie des Faserverlaufs innerhalb der Sehmarklamelle.

Es liegt in der Natur der Sache, daß die gröbere makroskopische Anatomie eines Organs oder Organbestandteiles Ungenauigkeiten enthalten muß, die nur durch eine gründliche mikroskopische Anatomie wett gemacht werden kann. Das gilt ganz besonders von dem Faserverlauf innerhalb der Sehmarklamelle. Zunächst die Sehstrahlung als Ganzes. Faserpräparate jeglicher Schnittrichtung erweisen die Annahme berechtigt, daß die Sehstrahlung in einer zusammenhängenden Markfaserlamelle verläuft (Projektionsmarklamelle der Regio calcarina). Am eindringlichsten lehren dies Sagittalschnittserien. Zur Veranschaulichung dienen Sagittalschnitte aus dem Gehirn eines 9 Wochen alten Knaben (Abb. 38—45). Die Schnitte liegen zunehmend medial. Die Schnittrichtung ist aus der idealen Sagittalebene ein wenig in dem Sinne abgedreht, daß sie von außen vorn nach hinten innen verläuft, d. h. der linke Bildrand muß dem Beschauer angenähert werden, um dem Schnitt seine natürliche Lage zu geben. Auf den ersten Blick treten vordere und hintere Zentralwindung, temporale Querwindung einschließlich Hörstrahlung und die zur Sehmarklamelle geschlossene Sehstrahlung intensiv gefärbt hervor. Die topischen Beziehungen der Hörstrahlung zur Sehstrahlung fesseln die ganze Serie hindurch die Aufmerksamkeit. In lateralen Schnitten weit getrennt nähert sie sich medianwärts mehr und mehr entsprechend ihres benachbarten Ursprungs aus dem äußeren (Sehstrahlung) und inneren Kniehöcker (Hörstrahlung). Nimmt man die Durchsicht der Präparate von außen nach innen zu vor, so stößt man auf die Sehmarklamelle zuerst in punktförmigem, dann in scheibenförmigem und endlich in kalottenförmigem Anschnitt, der hier im temporo-occipitalen Markraum gelegen ist. Wie in allen anderen Schnitten dieser Serie hebt sich in Abb. 38 die Sehstrahlung tiefschwarz ab von einer Markfolie zarteren Faserkalibers und schwächerer Tinktionsfähigkeit, ohne ihr streng parallel orientiert zu sein. Diese die Nachbarschaft des Markraumes ausfüllenden Fasern tauchen bald darüber, bald darunter, bald innen, bald außen von der Sehmarklamelle auf, so daß die letztere darin eingebettet erscheint. Wenig medial davon erscheint das Hohlkugelsegment der Sehmarklamelle ringförmig angeschnitten (Abb. 39). Von oben hinten her erzeugt eine tiefere Occipitalfurche eine deutliche Impression, die sich in Abb. 40 noch vertieft. Innerhalb des Ringes taucht bereits im eröffneten Ventrikel der Calcar avis auf. Der Ring selbst besteht im wesentlichen aus parallel gerichteten und horizontal verlaufenden Faserstutzen verschiedener Länge, nur im basalen Teil sind auf langer Strecke Fasern längs getroffen. In Abb. 40 und 41 hebt sich besonders im dorsalen Teil des Ringes die intensiv gefärbte Sehmarklamelle von einem Marklager geringerer Tinktion und daher wohl auch anderer Dignität ab. Von unten her erhält die Sehmarklamelle alsbald zahlreiche Digitationen durch von der Basis des Gehirns aus aufsteigende Furchen. Der Stielfächer der Sehstrahlung in seinem dorsalen Teil wird sichtbar. Oralwärts entwickelt die Sehstrahlung zunehmend mehr das temporale Knie mit mikroskopisch massenhaft nachweisbaren Fasern von hakenförmigem Verlauf. Die Hörstrahlung senkt sich auf die Sehmarklamelle herab. In Abb. 42 ist das temporale Knie der Sehstrahlung klassisch ausgeprägt. Der von älteren Autoren als Fasciculus longitudinalis inferior angesprochene basale Teil der Sehmarklamelle ist wegen des hier offenkundigen

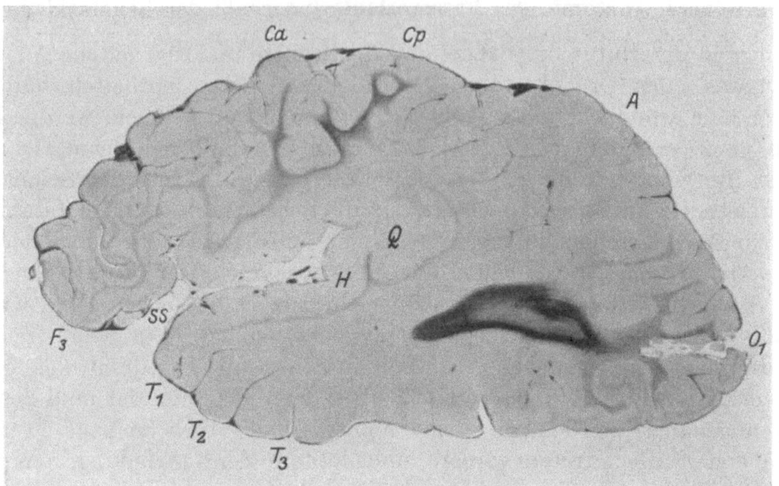

Abb. 38. **Sagittalschnitt aus dem Gehirn eines 9 Wochen alten Knaben. Diese und die folgenden** Abbildungen (38 bis 45) entstammen der gleichen Schnittserie. Die Schnitte liegen zunehmend medial. Der linke Bildrand muß dem Beschauer etwas angenähert werden, um dem Schnitt seine natürliche Lage zu geben. SS Sylvische Spalte. F_3 Dritte Stirnwindung. T_1 T_2 T_3 Schläfenwindungen. A Gyrus angularis. O_1 Erste Hinterhauptwindung. Ca vordere, Cp hintere Zentralwindung. Q Temporale Querwindung. H Hörstrahlung. Die Sehstrahlung bildet eine zusammenhängende Marklamelle, deren Kontinuität nirgends unterbrochen ist. Das Präparat zeigt den kalottenförmigen Anschnitt dieser Sehmarklamelle im temporo-occipitalen Markraum. Die Sehstrahlung hebt sich hier wie in allen anderen Schnitten dieser Serie tiefschwarz ab von einer Markfolie zarteren Faserkalibers und schwächerer Tinktionsfähigkeit, ohne ihr streng parallel orientiert zu sein. Diese, die Nachbarschaft des Markraums ausfüllenden Fasern, tauchen bald darüber, bald darunter, bald innen, bald außen von der Sehmarklamelle auf, so daß die letztere darin eingebettet erscheint.

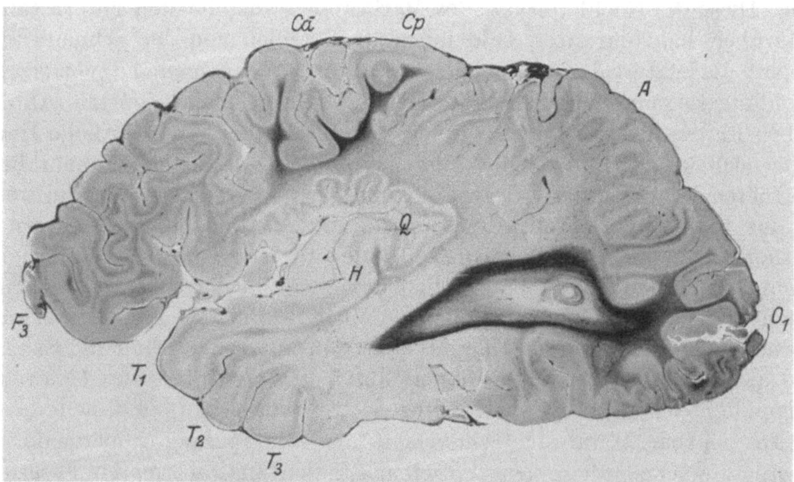

Abb. 39. **Das Hohlkugelsegment der Sehmarklamelle in ringförmigem Anschnitt. Von oben hinten** her eine Impression durch eine tiefere Occipitalfurche. Innerhalb des Ringes taucht bereits im eröffneten Ventrikel der Calcar avis auf. Ca und Cp Vordere und hintere Zentralwindung. F_3 Dritte Stirnwindung. T_1 T_2 T_3 Schläfenwindungen. A Gyrus angularis. O_1 Erste Hinterhauptwindung. Q Temporale Querwindung. H Hörstrahlung.

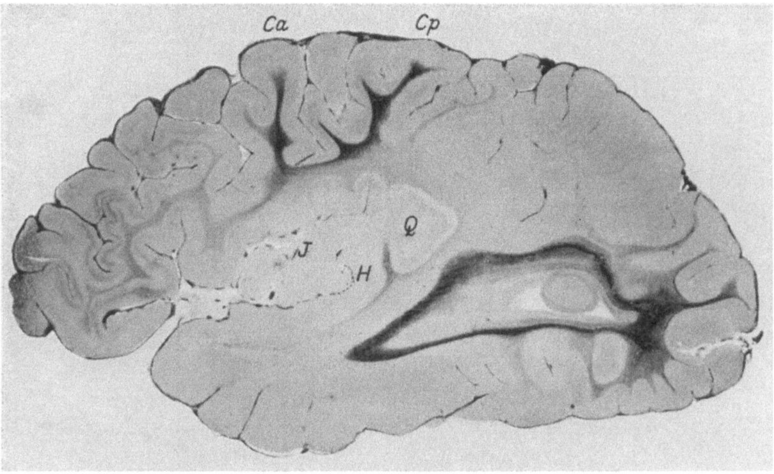

Abb. 40. Die Sehmarklamelle erhält von unten her zahlreiche Digitationen und entwickelt oralwärts das temporale Knie. Ca und Cp Vordere und hintere Zentralwindung. Q Temporale Querwindung. H Hörstrahlung. J Insel.

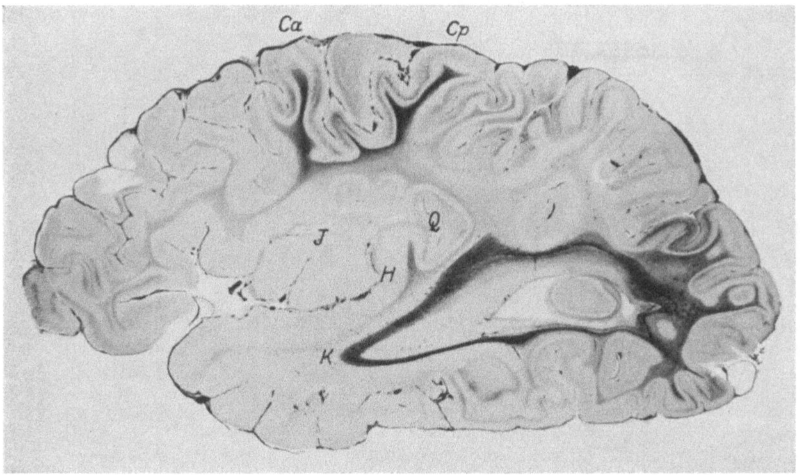

Abb. 41. Der Stielfächer der Sehstrahlung in seinem dorsalen Teil wird sichtbar. Das temporale Knie (K) erstreckt sich zunehmend weiter oralwärts. Entsprechend der Tatsache, daß die Sehstrahlung mit ihrem Stiel aus dem äußeren Kniehöcker und die Hörstrahlung mit ihrem Stiel aus dem inneren Kniehöcker entspringt, nähern sich mit dem Heranrücken dieser beiden subcorticalen Zentren Sehstrahlung und Hörstrahlung mehr und mehr: Die Hörstrahlung senkt sich auf die Sehmarklamelle herab. Ca und Cp Vordere und hintere Zentralwindung. Q Temporale Querwindung. H Hörstrahlung. J Insel.

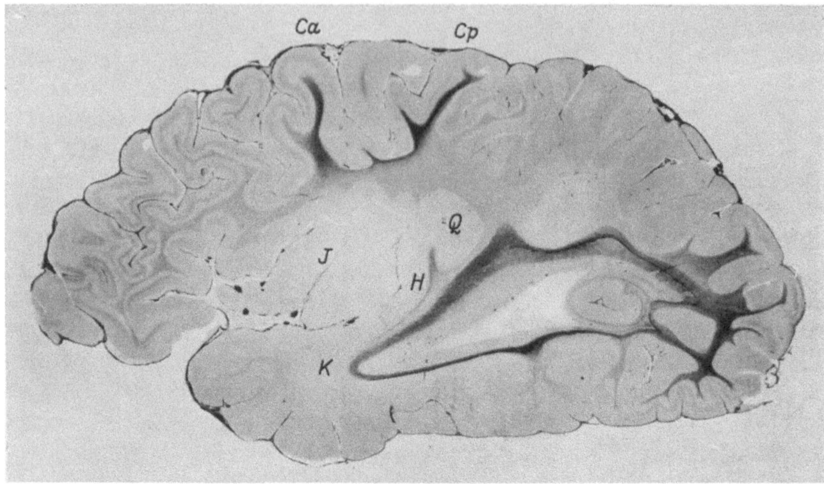

Abb. 42. Das temporale Knie der Sehstrahlung (K) klassisch ausgeprägt. Der dorsale Saum der Sehmarklamelle verläuft relativ unabhängig in Fasermassen anderer Dignität durch den Markraum des Cuneus. Q Temporale Querwindung. H Hörstrahlung. J Insel. Ca und Cp Vordere und hintere Zentralwindung.

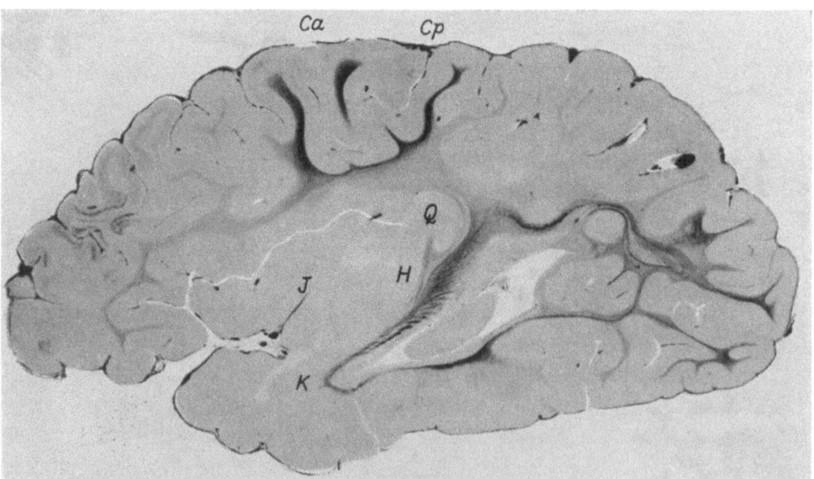

Abb. 43. Der Stielfächer ist klassisch ausgeprägt. Im dorsalen Abschnitt desselben weicht fontäneartig Sehstrahlung (caudalwärts) und Taststrahlung (oralwärts) auseinander. Q Temporale Querwindung. Die Hörstrahlung (H) liegt der Sehmarklamelle dicht auf. Das temporale Knie (K) der Sehstrahlung erreicht seine größte Ausdehnung und umgreift das Unterhorn oralwärts (ventraler Saum der Sehmarklamelle). Der dorsale Saum der Sehmarklamelle tritt über das „obere Joch“ in den Markraum des Cuneus ein und durchzieht ihn schräg von vorn oben nach hinten unten. In der Tiefe der Fossa calcarina im vorderen Drittel der Fissura calcarina eine dieselbe überbrückende Querwindung (Gyrus cuneo-lingualis). Ca und Cp Vordere und hintere Zentralwindung. J Insel.

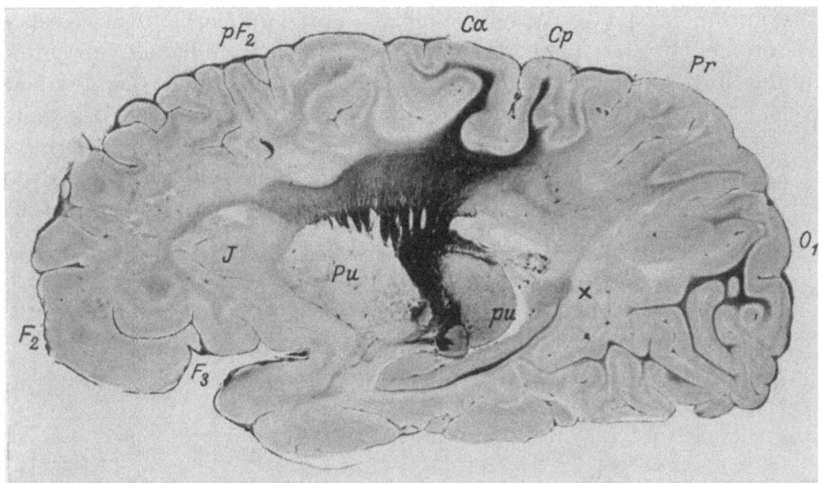

Abb. 44. Die Sehmarklamelle ist nunmehr erschöpft bis auf einen kleinen Teil ihres Stieles aus dem äußeren Kniehöcker für den dorsalen Saum. Der äußere Kniehöcker sitzt dem Thalamus ventral an. Das sog. Wernickesche Feld ist dem äußeren Kniehöcker als Faserkappe zipfelmützenförmig aufgestülpt und führt unter anderem auch die Fasern für den dorsalen Saum der Sehmarklamelle nach oben. Ca und Cp Vordere und hintere Zentralwindung. Pr Praecuneus. O_1 Erste Occipitalwindung. F_2 F_3 Zweite und dritte Stirnwindung. pF_2 Fuß der zweiten Stirnwindung. J Insel. Pu Putamen des Linsenkerns. pu Pulvinar. Vor × Splenium mit in der Markreife stehendem Sehbalken.

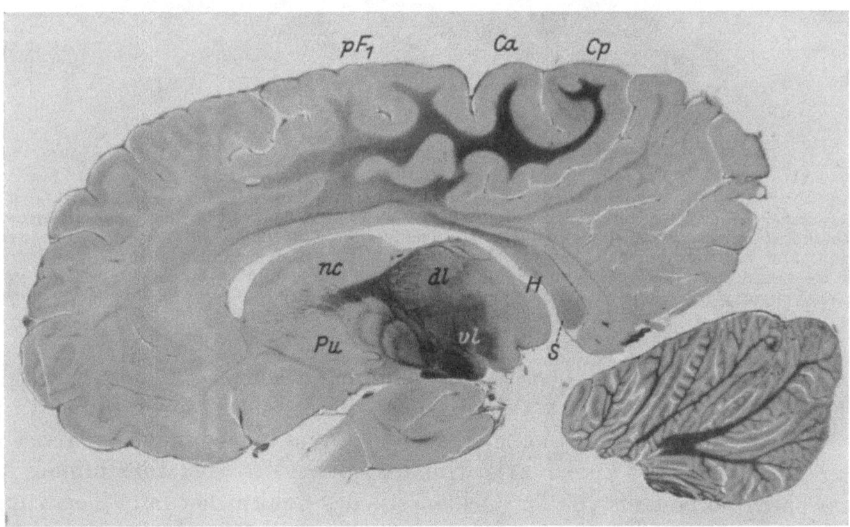

Abb. 45. Der Schnitt zeigt die Schräglage der gesamten Schnittserie. Infolge des stärkeren Zugekehrtseins des linken Bildrandes wird caudal die Fissura calcarina schon nicht mehr getroffen. Im Balken tritt gut geschwärzt die Balkenfaserung der Zentralregion hervor. Den Riesenanteil des oral davon gelegenen Balkenabschnittes nimmt das Stirnhirn für sich in Anspruch. Sehr klein erscheint im Vergleich dazu der Balken für Scheitel-, Schläfen- und Hinterhaupthirn. Hörbalken (H) und Sehbalken (S) im Beginn der Bildung. Ca und Cp Vordere und hintere Zentralwindung. pF_1 Fuß der ersten Stirnwindung. Pu Putamen des Linsenkerns. dl und vl dorsolateraler und ventrolateraler Thalamuskern. nc Nucleus caudatus.

Umbiegens der Fasern im temporalen Knie nach dem Stiel aus dem äußeren Kniehöcker zu als ventraler Saum der Sehmarklamelle zu erkennen. Im occipitalen Markraum ist ein Gyrus cuneolingualis posterior vorhanden. Noch ein wenig weiter medianwärts (Abb. 43) ist der Stielfächer völlig ausgeprägt, die Hörstrahlung liegt nunmehr der Sehmarklamelle dicht auf. Das temporale Knie erreicht seine größte Ausdehnung, indem es das Unterhorn des Seitenventrikels oralwärts umgreift (ventraler Saum der Sehmarklamelle). Im dorsalen Teil des Stielfächers weicht fontäneartig Sehstrahlung (caudalwärts gerichtet) und Taststrahlung (oralwärts gerichtet) auseinander. Der Calcar

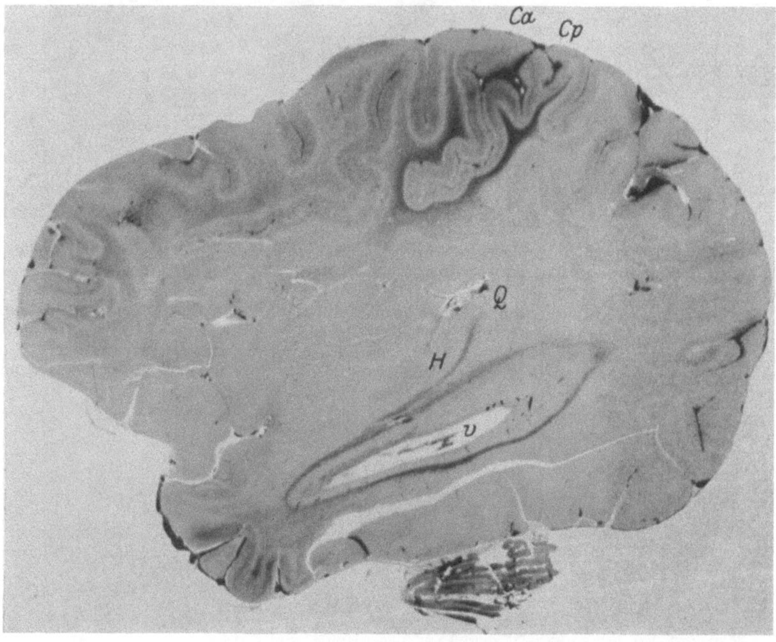

Abb. 46. Sagittalschnitt aus dem Gehirn eines neugeborenen Mädchens. Der rechte Bildrand muß dem Beschauer ein wenig angenähert werden, um den Schnitt in seine natürliche Lage zu bringen. Das Hohlkugelsegment der Sehmarklamelle ist in einer langgestreckten Ellipse ringförmig angeschnitten. Der Höhendurchmesser ist vorn entsprechend der straffen Auflage der Sehmarklamelle auf die laterale Zirkumferenz des Ventrikelunterhorns sehr gering und wird größer am Hinterrand der Insel, wo im Markraum wesentlich mehr Platz ist. Ca Vordere, Cp hintere Zentralwindung. Q Querwindung. H Hörstrahlung. v Ventrikel.

avis steht unmittelbar vor dem Zusammenfluß mit dem caudalen Abschnitt der Fissura calcarina und ist von ihr noch durch eine Brückenwindung auf dem Grunde der Fossa calcarina (Gyrus cuneo-lingualis anterior) getrennt. Oberhalb des Calcar avis wird eine besonders tiefe Einstülpung der Fissura parieto-occipitalis von der Medianseite des Gehirns her mit einer Kuppe von Rindengrau sichtbar. Zwischen eben dieser Kuppe und dem Calcar avis liegt das von mir so benannte untere Joch, weil diese Stelle, vom Markraum aus betrachtet, einer Einsenkung des in den Markkörper vorgetriebenen Rindengraues der Fissura parieto-occipitalis entspricht. Eine besondere Markierung dieser Stelle erschien zweckmäßig, weil in der Mehrzahl der Fälle sich der dorsale Saum der Sehmarklamelle in dieses untere Joch der in den Markkörper vorspringenden und von der Fissura parieto-occipitalis herrührenden Leiste von Rindengrau einlegt. Im vorliegenden Falle liegen die Verhältnisse aber ausnahmsweise anders. Der dorsale Saum der Sehmarklamelle tritt über das obere Joch in den Markraum des Cuneus ein und durchzieht ihn schräg von vorn oben und der Schnittlage entsprechend außen nach hinten — unten — innen.

Waren die Sagittalschnitte aus dem Gehirn des 9 Wochen alten Knaben in ihrer Schnittrichtung nach hinten innen abgedreht, so ist es der Sagittalschnitt aus dem Gehirn eines neugeborenen Mädchens (Abb. 46) in entgegengesetzter Richtung nach innen vorn, so daß der rechte Bildrand dem Beschauer ein wenig angenähert werden muß, um den Schnitt in seine natürliche Lage zu bringen. Das Hohlkugelsegment der Sehmarklamelle ist in einer langgestreckten Ellipse ringförmig angeschnitten. Der Höhendurchmesser ist vorn entsprechend der straffen Auflage der Sehmarklamelle auf die laterale Zirkumferenz des Ventrikelunterhorns sehr gering und wird größer am Hinterrand der Insel, wo im Markraum wesentlich mehr Platz ist. Abb. 47 zeigt einen Horizontalschnitt aus der anderen (rechten) Hemisphäre des Gehirns desselben neugeborenen Mädchens wie in Abb. 46 und soll die elastische Nachgiebigkeit der Sehmarklamelle gegenüber Einstülpungen vom Rindengrau in den Markkörper durch Furchen von der Konvexität des Gehirns her zeigen. Es ist möglich, daß die Ursache für dieses Verhalten, welches mit Eigenschaften einer elastischen Membran vergleichbar ist, in einer besonderen Struktur der Gerüstsubstanz für einzelne Faserschichten gelegen ist. Jedenfalls fand ich, trotz stellenweiser förmlicher Verbeulung der Sehmarklamelle durch von der Konvexität her vorgetriebene Furchen, niemals eine Perforation in dem Sinne, daß die Sehmarklamelle aufgespalten gewesen wäre und eine Windungskuppe so durchgeschaut hätte wie ein Knopf durch das Knopfloch. Im Sagittalschnitt tauchen innerhalb der ringförmig angeschnittenen Sehmarklamelle Windungen nur von der Medianseite des Gehirns auf. Es bedarf wohl kaum des Hinweises, daß der Vergleich der Sehmarklamelle mit einer elastischen Membran nicht dazu verleiten soll, damit die Eigenschaft der Undurchdringlichkeit verbunden zu denken.

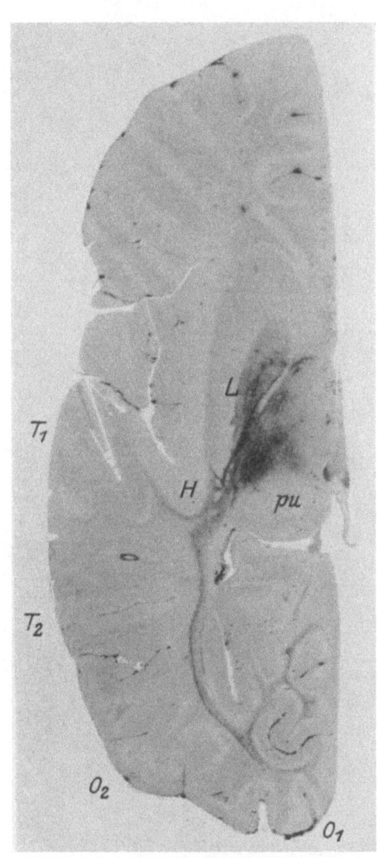

Abb. 47. Horizontalschnitt aus der anderen Hemisphäre desselben Gehirns wie in Abb. 46. Eindellung der Sehmarklamelle von der Seite her durch das vorgeschobene Rindengrau einer Hirnfurche (Sulcus temporalis superior) der Konvexität. T_1 T_2 Erste und zweite Schläfenwindung. O_1 O_2 Erste u. zweite Hinterhauptwindung. L Linsenkern. H Hörstrahlung. pu Pulvinar.

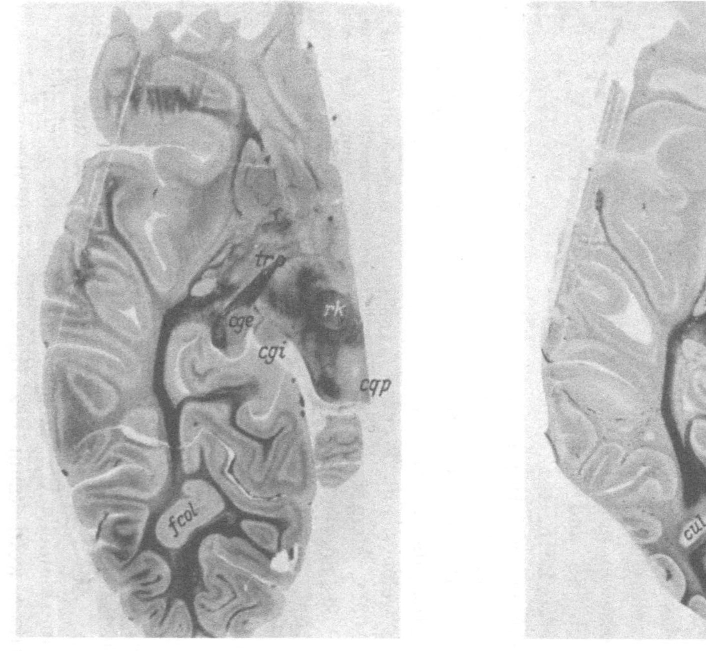

Abb. 48.

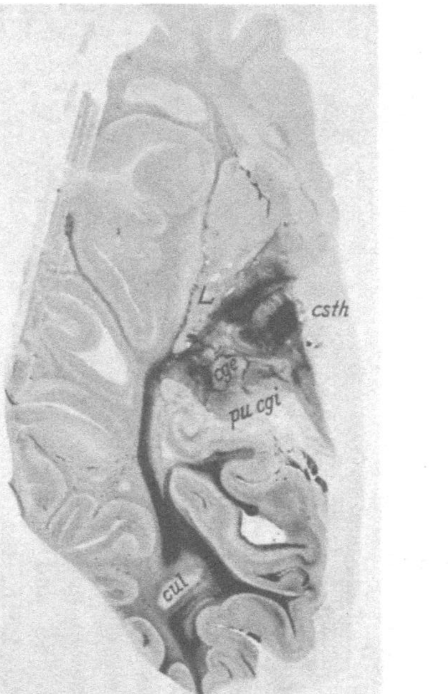

Abb. 49.

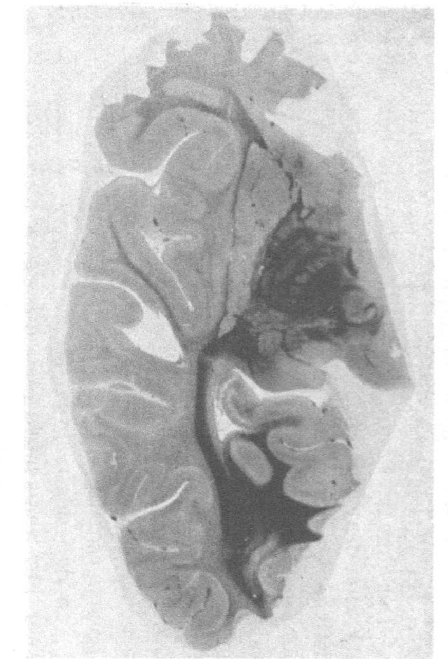

Abb. 50.

Abb. 48—50. Horizontalschnitte aus der linken Hemisphäre eines 3 Monate alten Kindes. Die Schnittebenen liegen zunehmend höher. Große napfförmige Impression (Impressio lanciformis) an der Basis der Sehmarklamelle im temporo-occipitalen Markraum, erzeugt durch den höchsten Punkt (Culmen) des in den Markkörper von der Basis des Gehirns aus vorgetriebenen Rindengraues der Fissura collateralis.

Abb. 48. Schnitt durch Tractus opticus (tro), äußeren und inneren Kniehöcker (cge und cgi), hinteren Vierhügel (cqp) und roten Kern (rk). Sehmarklamelle auf dem horizontalen Längsschnitt, anscheinend durch das von der Basis des Hinterhauptlappens aufsteigende Culmen der Fissura collateralis (fcol) unterbrochen.

Abb. 49. Schnitt durch die Basis des Linsenkerns (L), Luysschen Körper = Corpus subthalamicum (csth), äußeren und inneren Kniehöcker (cge und cgi), Pulvinar (pu). Die höchste Erhebung (cul) der Fissura collateralis beginnt unter einer von der Sehmarklamelle gebildeten Faserkappe zu verschwinden.

Abb. 50. Das Culmen vom Rindengrau der Fissura collateralis ist unter der von der Sehmarklamelle gebildeten Faserkappe völlig verschwunden.

Gerade die myelogenetische Untersuchungsmethode zeigt einen Aufbau der sogenannten Strata sagittalia des Schläfenlappens recht klar in dem Sinne, daß ein lebhafter Faseraustausch von außen nach der Sehmarklamelle innen angelagerten Faserschichten erfolgt, insbesondere sind es Balkenfasern, die von der Konvexität des Gehirns kommen, die Sehmarklamelle quer durchsetzen und so nach der Ventrikeltapete als einer ausgesprochenen Balkenschicht gelangen (Abb. 61). Der Hörbalken (Abb. 71) aus der temporalen Querwindung des Schläfenlappens nimmt z. B. so seinen Verlauf. Die größte Impression aber erhält die Sehmarklamelle an der Basis des Hinterhauptlappens durch die von dorther aufsteigende Fissura collateralis. Es gehört zum Begriff der Hirnfissur, daß sie sich bis in den Ventrikel vorbuchten muß. Es entsteht auf diese Weise die Eminentia collateralis, aber merkwürdigerweise ist diese den Boden des Hinterhorns deformierende Kuppe der Fissura collateralis für die Formgestaltung der Sehmarklamelle nicht so entscheidend als eine regelmäßig caudalwärts gelegene tiefere Bucht der parallel zur Medianlinie des Gehirns verlaufenden Fissura collateralis. Als mächtige Kuppe ragt diese Einstülpung von Rindengrau in den hier schon konisch geformten Markraum des Occipitalhirns hinein und engt ihn erheblich ein. Der Kulminationspunkt der Kuppe liegt mit der Fissura calcarina in gleicher Höhe und läßt zwischen sich und ihr einen tiefen spaltförmigen Markraum frei. In diesen hinein muß sich der ventrale Saum der Sehmarklamelle senken, um die Unterlippe der Fissura calcarina (Gyrus lingualis) mit Fasern auszustatten. Horizontalschnitte aus der linken Hemisphäre eines 3 Monate alten Kindes (Abb. 48—50), deren Schnittebene zunehmend höher rückt, zeigen die so entstehende große napfförmige Impression (Impressio lanciformis) an der Basis der Sehmarklamelle. In Abb. 48 wird die Sehmarklamelle auf dem horizontalen Längsschnitt anscheinend durch das von der Basis des Hinterhauptlappens aufsteigende Culmen der Fissura collateralis unterbrochen. In Abb. 49 beginnt die höchste Erhebung (Culmen) der Fissura collateralis unter einer von der Sehmarklamelle gebildeten Faserkappe zu verschwinden. In Abb. 50 überdeckt die Faserkappe der Sehmarklamelle das Culmen vom Rindengrau der Fissura collateralis völlig. Die napfförmige Impression zeigt mancherlei Gestaltvarietäten. Bald ist sie mehr langgestreckt wie ein umgestürztes ovales Waschbecken, bald kreisrund und schüsselförmig,

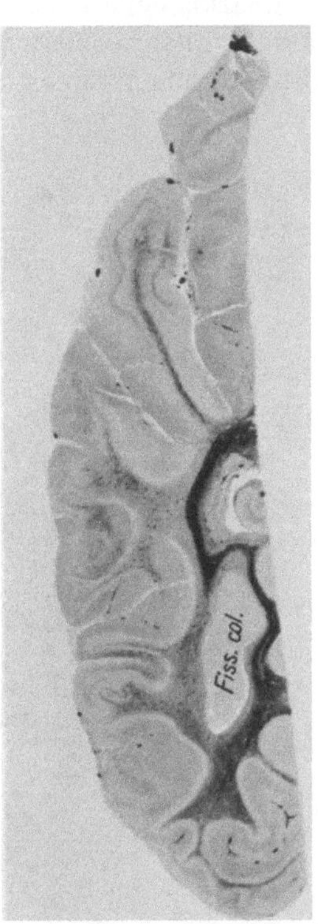

Abb. 51. Laterales Segment eines Horizontalschnittes aus dem Gehirn eines $2^1/_2$ Mon. alten Kindes. Mangels einer ausgesprochenen Duplikatur Verlauf des ventralen Saumes der Sehmarklamelle im wesentlichen am medialen Abhang des durch die Fissura collateralis von der Basis des Hinterhauptlappens aus entstandenen Vorwölbung von Rindengrau in den Markkörper hinein. Fiss. col. Fissura collateralis.

bald auch nur die Hälfte einer Schüsselform darstellend wie in Abb. 51, wo der dorsale Saum der Sehmarklamelle sich von vornherein in jenen Spalt hineindrängt, den die Fissura collateralis zwischen sich und der Facies interna der Medianseite des Gehirns im Markraum entstehen läßt. Indes ist diese Form selten. Häufiger sieht man Anteile der Sehstrahlung am lateralen Abhang des vorgetriebenen Rindengraus der Fissura collateralis dahinziehen. Als ob die Sehmarklamelle ehemals von teigiger Beschaffenheit gewesen und auf das Culmen der Fissura collateralis aufgesetzt worden wäre, hängt dann ein Abschnitt der Sehmarklamelle in einer Duplikatur seitwärts herab, bald in wohlgerundeter

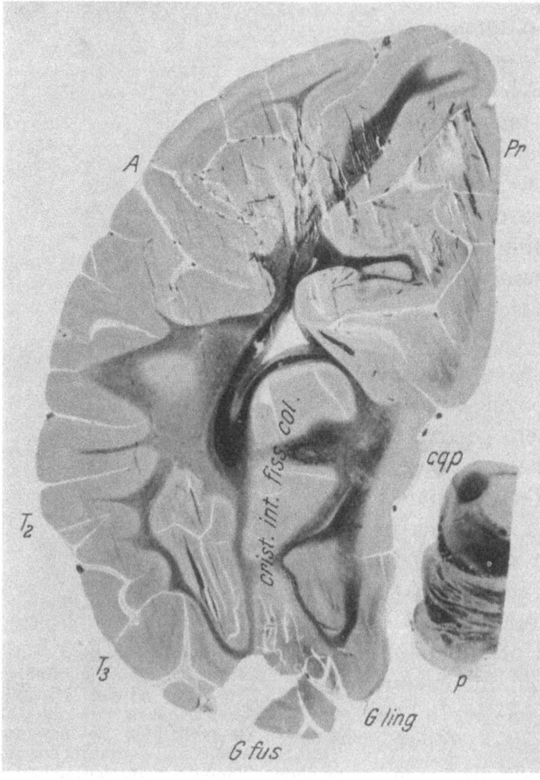

Abb. 52. Basale Duplikatur der Sehmarklamelle in einem schräg von hinten oben nach vorn unten abfallenden Frontalschnitt aus dem Gehirn eines $5^1/_2$ Monate alten Kindes. Schnittebene etwa 30 Grad zur Horizontalen geneigt, zwischen Kleinhirn und Balkensplenium hindurchgehend und hinteren Vierhügel (cqp) und die Brücke (p) schneidend. Die basale Duplikatur der Sehmarklamelle hängt lateral schwer von der Kuppe der von der Basis des Gehirns aus in den Markkörper vorgetriebenen Fissura collateralis herab (crist. int. fiss. col.). Die Hauptmasse der Fasern liegt im Gegensatz zu weiter oralwärts gelegenen Schnitten im ventralen Teil dieser Schluppe. Man beachte, daß sich ventral und ventrolateral noch Fasern anderer Dignität anlegen, die auch sagittal verlaufen. T_2 T_3 zweite und dritte Schläfenwindung. A Gyrus angularis. Pr Praecuneus. G fus Gyrus fusiformis. G ling Gyrus lingualis. crist. int. fiss. col. Crista interna des Rindengraues der Fissura collateralis.

Schluppe, wie das der schräg von hinten oben nach vorn unten abfallende Frontalschnitt aus dem Gehirn eines $5^1/_2$ Monate alten Kindes in Abb. 52 zeigt, bald eingeengt und zu einer Quetschfalte gepreßt wie in den Horizontalschnitten aus dem Gehirn des eine Woche alten Kindes in Abb. 53 und 54, wo die **basale Duplikatur** im ventralsten Abschnitt eine Kielbildung zeigt. In oberhalb des Einstülpungsbereiches der Fissura collateralis gelegenen Schnittebenen wird die Sehmarklamelle dann wieder einfach im horizontalen Längsschnitt angetroffen, wie dies Abb. 55 zeigt. Die Sehmarklamelle enthält in dieser Höhenlage die Mehrzahl der Fasern im Längsschnitt oder doch in sehr langen Stutzen getroffen. Die Faserrichtung weist sinnenfällig auf einen an der Medianseite des Hinterhauptlappens gelegenen Endausbreitungsbezirk hin. Nicht eine

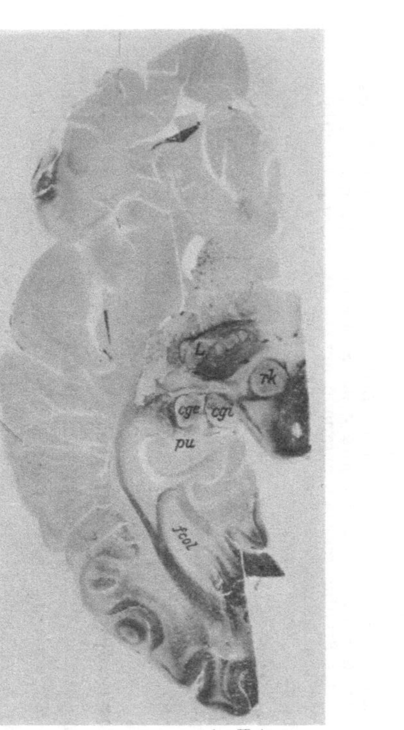

Abb. 53.

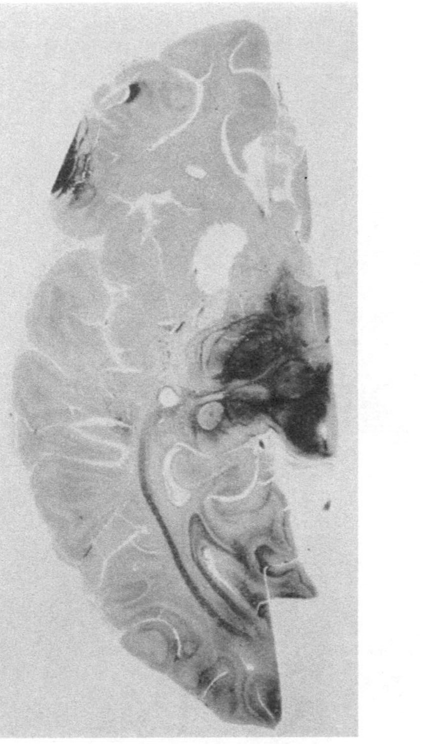

Abb. 54.

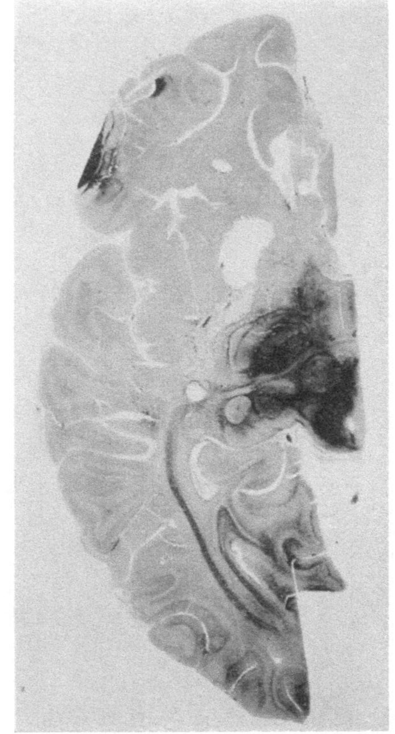

Abb. 55.

Abb. 53—55. Basale Duplikatur der Sehmarklamelle in Horizontalschnitten aus dem Gehirn eines 1 Woche alten Kindes. Oben Stirn, unten Hinterhaupt. Die Schnittebenen liegen zunehmend höher.

Abb. 53. Kielbildung (Quetschfalte) der basalen Duplikatur der Sehmarklamelle im temporooccipitalen Markraum lateralwärts und entlang der sich von der Basis des Gehirns aus in den Markkörper einstülpenden Fissura collateralis (fcol). L Basis des Linsenkerns. rk roter Kern. cge und cgi äußerer und innerer Kniehöcker. pu Pulvinar.

Abb. 54. Basale Duplikatur der Sehmarklamelle in voller Ausprägung.

Abb. 55. Einfache Sehmarklamelle in höher gelegener Schnittebene. Bei × „Umschlagstelle der Sehmarklamelle im retroventrikulären Markraum“: Plötzliche starke Faserabnahme infolge der horizontalen Auffächerung der Sehstrahlung. pu Pulvinar mit deutlichem Pulvinarstiel der Sehstrahlung, von dem aber keineswegs sicher ist, ob er nicht aus dem darunter gelegenen äußeren Kniehöcker entspringt und den Sehhügel nur durchsetzt.

Faser verläuft, entgegen der Annahme v. Monakows, nach dem Gyrus angularis. Solche Präparate lassen, wie das schon Flechsig angegeben hat, gar keinen Zweifel darüber, in welcher Gegend des Gehirns man die corticale Sehsphäre zu suchen hat. Bei genauerem Hinsehen ist die laterale Abgrenzung der Sehmarklamelle im oralen Abschnitt haarscharf, medial ist ihr eine zweite Faserschicht angelagert, von der sie sich weniger scharf abhebt. Im caudalsten Abschnitte bildet die Sehmarklamelle nicht mehr die äußerste Schicht, sondern liegt eingebettet in anders geartete Marksubstanz. Wir dürfen den Fasern in dem unmittelbar benachbarten Markraum deshalb eine andere Dignität zusprechen, weil das Faserkaliber sehr viel feiner und die Tinktionsfähigkeit

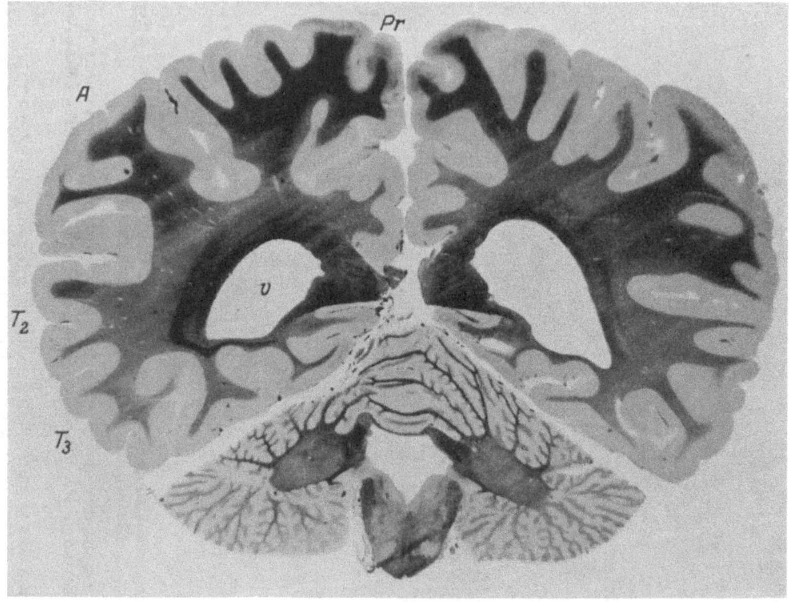

Abb. 56. Bifrontalschnitt aus dem Gehirn eines Erwachsenen. Linke Hemisphäre intakt. Rechts Occipital- und Kleinhirnherd. In der linken Hemisphäre die Strata sagittalia in typischer Färbung nach Weigert - Pal. Das Stratum sagittale externum dunkel, das Stratum sagittale internum hell imbibiert, das Tapetum ganz dicht und tief dunkel gefärbt. T_2 T_3 Zweite und dritte Schläfenwindung. A Gyrus angularis. Pr Praecuneus. v Ventrikel.

ständig eine andere ist. Um hier klar zu sehen, müssen die sogenannten Strata sagittalia ganz allgemein einmal diskutiert werden.

Am frischen Gehirn des Erwachsenen sieht man auf dem Horizontalschnitt eine 3—4 mm dicke Bahn, aus der inneren Kapsel entspringend, am Ventrikel entlang nach dem Hinterhauptlappen ziehen. Es ist dies der Querschnitt einer sagittal gestellten Faserschicht, die schon Gratiolet bekannt war und die wir als Gratioletsche Strahlung bezeichnen. Von anderen Forschern ist vielfach die Bezeichnung Gratioletsche „Seh"strahlung protegiert worden. Zu Unrecht. Die Entdeckung des Verlaufs der Sehstrahlung ist eine Errungenschaft der letzten 40 Jahre und ausschließlich der mikroskopischen Technik zu verdanken. Den Manen Gratiolets kann man auch durch die Bezeichnung „Gratioletsche Strahlung" gerecht werden mit dem Vorteil, die moderne

Terminologie dadurch zu vereinheitlichen. Gratiolet hat diese Faserschicht am frischen Gehirn gesehen und die Verlaufsrichtung der Fasern am alkoholgehärteten Präparat durch Abfaserung festgestellt. In der Neuzeit bestätigte der mikroskopische Befund das Vorhandensein dieser Markfaserschicht und erwies gleichzeitig ihre Zusammengesetztheit aus mehreren übereinander geschichteten Markblättern. Sachs prägte dafür den Ausdruck Strata sagittalia und unterschied von außen nach innen das Stratum sagittale externum, das Stratum sagittale internum und das Stratum sagittale mediale (Tapetum), die letztere Schicht wegen der dichten Auflagerung auf die Ventrikelwand auch Ventrikeltapete genannt. Es existieren zahlreiche Kontroverse darüber, in welcher Schicht die Sehstrahlung verlaufe. Flechsig hat von vornherein das Stratum sagittale externum dafür in Anspruch genommen, v. Monakow das Stratum sagittale internum. Komplizierend kam hinzu, daß Burdach für die ventrale Etage der Gratioletschen Strahlung die Bezeichnung Fasciculus longitudinalis inferior eingeführt hatte. Wernicke und seine Schule suchten und fanden dieses System, welches Burdach aus Abfaserungspräparaten erschlossen hatte, auch im mikroskopischen Hirnschnitt und sprachen es als ein langes Assoziationssystem zwischen Hinterhauptpol und Schläfenlappen an. Edinger hat dann diese Auffassung durch die Verbreitung seines Schemas von den langen Assoziationssystemen im Gehirn bis in die Neuzeit hinein sehr befestigt. Da der Fasciculus longitudinalis inferior, der übrigens einigen Forschern recht weit nach oben zu reichen schien, so daß sie ihm einen Fasciculus longitudinalis superior aufsetzen zu müssen glaubten, für ein langes Assoziationssystem gehalten wurde, und dieser Fasciculus longitudinalis inferior doch identisch mit dem Stratum sagittale externum war, so war schon theoretisch die Sehstrahlung dort nicht unterzubringen. Es blieb für sie per exclusionem nur das Stratum sagittale internum übrig, eine Auffassung, die vor allem v. Monakow durch die Identifizierung der Bezeichnung Radiatio optica mit Stratum sagittale internum Jahrzehnte hindurch aufrecht erhalten hat. Je mehr aber nun durch hirnpathologische

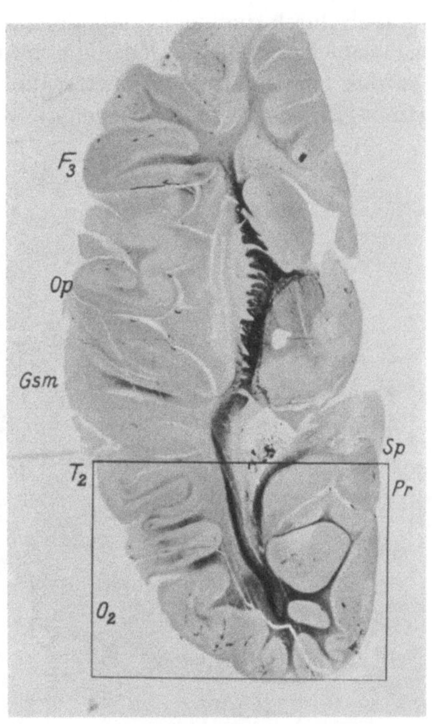

Abb. 57. Horizontalschnitt aus der linken Hemisphäre des Gehirns eines 4 Monate alten Kindes. Die Sehstrahlung verläuft oral ausschließlich im Stratum sagittale externum. Die Sehmarklamelle ist aber mit dem Stratum sagittale externum nicht durchaus identisch. Namentlich in caudalen Abschnitten des Gehirns liegt die Sehmarklamelle innerhalb der Sagittalstraten regelmäßig medial abgedrängt mitten drin in einem Block von Fasern anderer Dignität. F_3 dritte Stirnwindung. Op Operculum. Gsm Gyrus supramarginalis. T_2 zweite Schläfenwindung. O_2 zweite Hinterhauptwindung. Pr Praecuneus. Sp Splenium.

Befunde der Fasciculus longitudinalis inferior seines Charakters als eines langen Assoziationssystems entkleidet wurde, desto mehr wuchs rein theoretisch die Möglichkeit der Unterbringung der Sehstrahlung im Stratum sagittale externum. Flechsig hat von vornherein, und das schon im Jahre 1896 (Neurol. Zentralbl.), den Fasciculus longitudinalis inferior als Projektionssystem bezeichnet, und zwar als Sehstrahlung. Die Richtigkeit dieser Beobachtung wird auch durch die hier bereits demonstrierten Präparate sinnenfällig erwiesen. Gleichwohl liegen die Verhältnisse anatomisch nicht so einfach, daß man nunmehr das Stratum sagittale externum mit der Sehstrahlung identisch setzen dürfte. Auf gewissen myelogenetischen Entwicklungsstufen setzen sich die

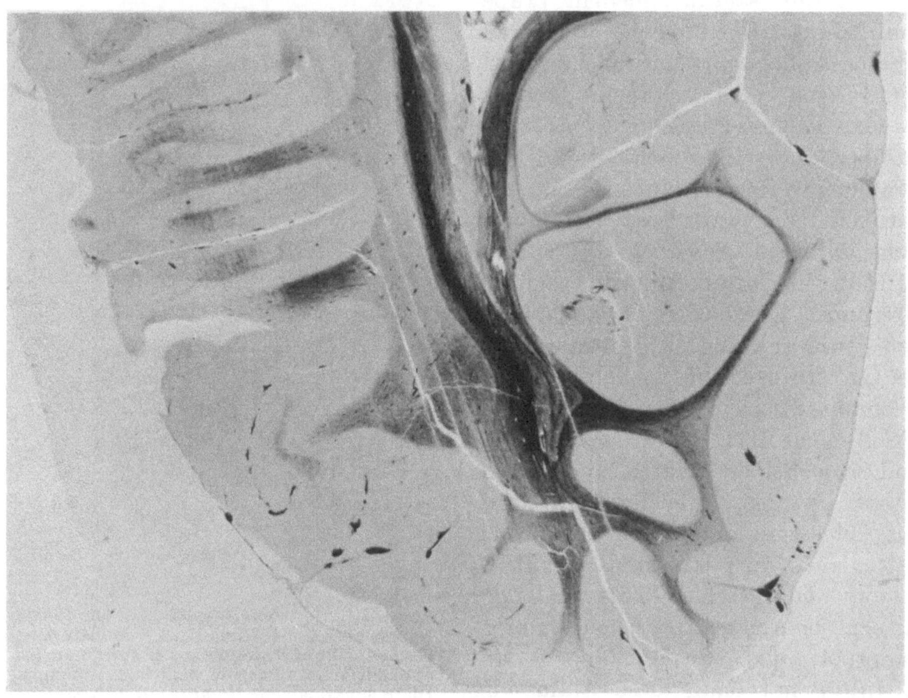

Abb. 58. Ausschnitt aus Abb. 57 in stärkerer Vergrößerung.

einzelnen sagittal gestellten Markblätter äußerst scharf gegeneinander ab, aber auch nur an bestimmten Stellen. In oralen Abschnitten schieben sich die Schichten weniger durcheinander wie in caudalen. Das gilt vor allem von dem Stratum sagittale externum und internum. Nimmt man die Sehmarklamelle als Stratum sagittale externum, so besteht kein Zweifel, daß sich an dessen Außenfläche bisweilen noch eine anders geartete Faserschicht anbaut, deren Faserverlauf ebenfalls von vorn nach hinten gerichtet ist, so daß man dann ein Stratum sagittale extremum unterscheiden müßte. In Abb. 52 kann nicht zweifelhaft sein, welche Schicht der basalen Duplikatur Burdach mit seiner Abfaserungsmethode als Fasciculus longitudinalis inferior herauspräpariert hatte, ganz offenbar jene grobfaserige kompakte Faserschicht, die sich in unseren mikroskopischen Präparaten intensiv dunkel gefärbt hat. Wir sehen aber nun in dem

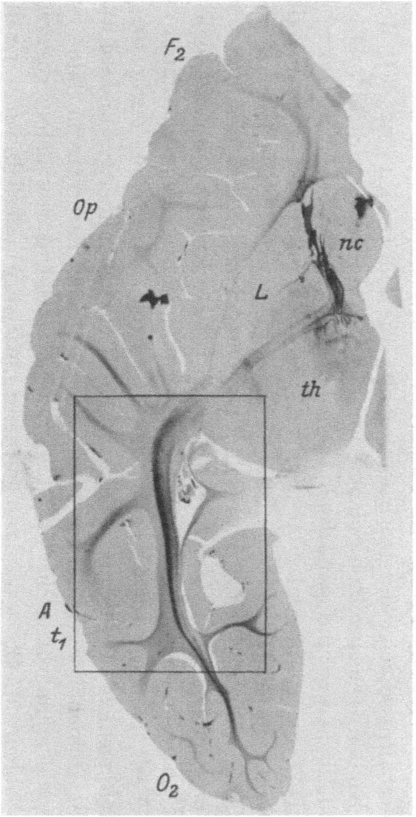

Abb. 59. Horizontalschnitt aus dem Gehirn eines $3^1/_4$ Monate alten Kindes. Sinnenfälliges Hervortreten einzelner Schichten in der Gratioletschen Strahlung. Die Sehmarklamelle ist am dunkelsten gefärbt und in oralen Abschnitten identisch mit dem Stratum sagittale externum. In caudalen Abschnitten erscheint sie medial abgedrängt und zuletzt mitten drin in einer Faserschicht anderer Färbbarkeit. Das schwächer gefärbte Stratum sagittale internum hebt sich oral von dem Stratum sagittale externum und in seiner ganzen sagittalen Ausdehnung vom Stratum sagittale mediale (Tapetenschicht) scharf ab. Das Stratum sagittale internum schiebt caudal zunehmend mehr Fasern lateralwärts durch die Sehmarklamelle hindurch und bettet sie ganz ein. In einem mittleren Bezirk erscheint das Stratum sagittale internum auffallend dunkel schattiert. Es ist dies eine durch Balkenfasern, welche von der Konvexität her kommen, erzeugte Schraffur. F_2 zweite Stirnwindung. Op Operculum. A Gyrus angularis. O_2 zweite Hinterhauptwindung. nc Nucleus caudatus. L Linsenkern. th Thalamus opticus. t_1 Sulcus temporalis superior.

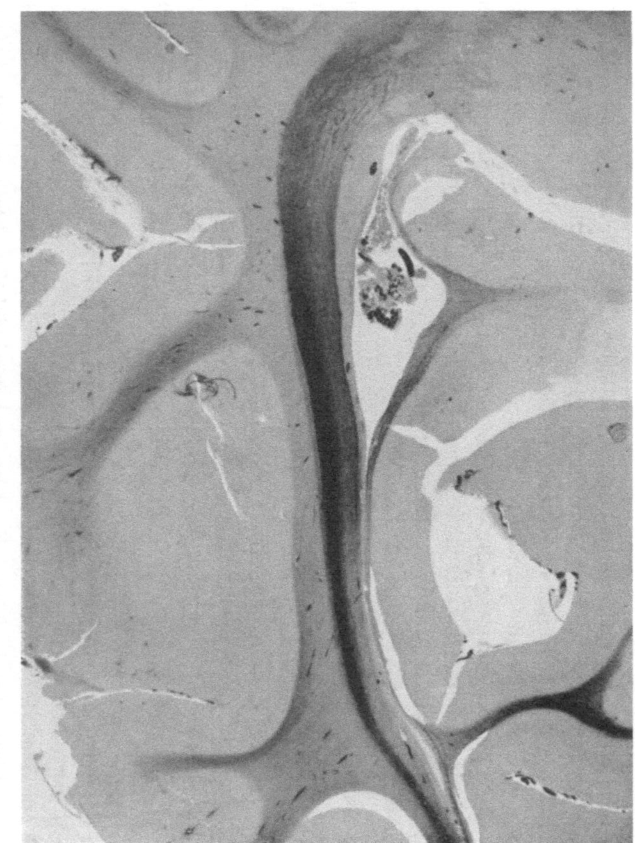

Abb. 60. Ausschnitt aus Abb. 59 in stärkerer Vergrößerung.

gleichen Präparat, daß sich ventral und ventrolateral davon noch weitere Fasermassen ansetzen, die auf kürzere oder längere Strecken die gleiche Verlaufsrichtung aufzeigen. Wenn man also schon einen Fasciculus longitudinalis inferior zugestehen wollte, müßte man auch einen Fasciculus longitudinalis infimus annehmen. Man ersieht aus alledem, daß der Schichtungstypus der Sagittalstraten nicht so einfach ist und sich mit der Bezeichnung Stratum sagittale externum, Stratum sagittale internum und Tapetum nicht exakt fassen läßt.

Dieselben Zweifel sind nun schon offenbar Flechsig aufgestiegen, als er die Bezeichnungen der beiden äußeren Schichten als primäre und sekundäre Sehstrahlung einführte. Die primäre Sehstrahlung Flechsigs deckt sich durchaus mit meiner Sehmarklamelle. Über die Zweckmäßigkeit der Benennung der Mittelschicht des gesamten sagittalen Lagers als sekundäre Sehstrahlung kann man heute geteilter Meinung sein, weil diese Schicht ganz sicher nicht nur motorisch-optische Bahnen mit dem Ursprung in der Regio calcarina enthält.

Ich demonstriere zunächst die komplizierten Verhältnisse der Sagittalstraten an einer Reihe von Präparaten. Abb. 56 zeigt einen Bifrontalschnitt aus dem Gehirn eines Erwachsenen. Die linke Hemisphäre ist intakt. In der rechten Hemisphäre, die hier unberücksichtigt bleiben soll, befand sich im Kleinhirn und an der Medianseite des Occipitalhirns je ein Herd. Man sieht in der linken Hemisphäre die Strata sagittalia in ihrer typisch distinkten Färbung nach Weigert-Pal: Das Stratum sagittale externum grobfaserig und dunkel tingiert, das Stratum sagittale internum feinkaliberig und hell imbibiert, das Tapetum ganz dicht und tief dunkel gefärbt. Abb. 57 zeigt einen Horizontalschnitt aus der linken Hemisphäre eines 4 Monate alten Kindes. Die Sehstrahlung verläuft oral ausschließlich im Stratum sagittale externum. Die Sehmarklamelle ist aber mit dem Stratum sagittale externum nicht durchaus identisch. In caudalen Abschnitten des Gehirns liegt die Sehmarklamelle innerhalb der Sagittalstraten regelmäßig medial abgedrängt und zuletzt mitten darin in einem Block von Fasern anderer Dignität.

Abb. 58 zeigt einen Ausschnitt aus Abb. 57 in stärkerer Vergrößerung. Analoge Verhältnisse zeigt der Horizontalschnitt aus dem Gehirn eines $3^1/_4$ Monate alten Kindes. Die einzelnen Schichten in der Gratioletschen Strahlung treten sinnenfällig hervor und ganz dunkel gefärbt, grobfaserig, dicht: die Sehmarklamelle. Sie ist in oralen Abschnitten identisch mit dem Stratum sagittale externum. In caudalen Abschnitten ist sie es nicht mehr. Hier liegt sie medial abgedrängt inmitten einer Faserschicht anderer Färbbarkeit und daher wohl auch anderer Dignität. Das Stratum sagittale internum setzt sich oral scharf ab gegen das Stratum sagittale externum und in seinem gesamten sagittalen Verlauf ebenso scharf gegen das hier noch äußerst markarme Stratum sagittale mediale (Tapetum). Locker geschichtet, feinkaliberiger und schwächer gefärbt, schiebt es caudalwärts zunehmend mehr Fasermassen lateralwärts durch die Sehmarklamelle hindurch und bettet sie in caudalsten Abschnitten buchstäblich ein. Das wäre dann gar nicht mehr verwunderlich, wenn wir diesen aus dem Stratum sagittale internum hervorgehenden bzw. einmündenden

Fasern ein größeres Ursprungs- bzw. Endgebiet als die Regio calcarina in der Rinde zuweisen könnten. Außerdem legen sich aber auch noch kurze und längere Assoziationssysteme außen, also lateral an die Sehmarklamelle an und fügen so, wenn wir der Bezeichnung von Sachs noch weiter folgen wollten, im temporo-occipitalen Markraum bereits dem Stratum sagittale externum ein Stratum sagittale extremum hinzu. In einem mittleren Bezirk erscheint das Stratum sagittale internum auffallend dunkel schattiert. Es ist dies eine durch Balkenfasern, welche von der Konvexität herkommen, erzeugte Schraffur. Abb. 60 gibt einen Ausschnitt aus Abb. 59 in stärkerer Vergrößerung wieder.

Abb. 61 zeigt in einem vergrößerten Ausschnitt aus Abb. 60 den Verlauf von Balkenfasern, der sich hier unter der Gunst der Schnittrichtung aus Windungsgebieten des Gyrus angularis bis in die Tapetenschicht hinein verfolgen läßt. In breitem Strom ergießen sich die Balkenfasern auf die laterale Wand des Stratum sagittale externum, durchsetzen dasselbe und das Stratum sagittale internum in der Richtung von hinten außen nach vorn innen, um sich im Tapetum zu drehrunden Säulchen zu scharen, in denen sie dann zum Balkendach aufsteigen.

Abb. 61. Ausschnitt aus Abb. 60 in stärkerer Vergrößerung. Durchtritt von Balkenfasern (B) aus Rindengebieten des Gyrus angularis durch die äußeren Schichten der Sagittalstraten. Gh Gyrus hippocampi. 1 Stratum sagittale extremum (Pfeifer). 2 Stratum sagittale externum (Sachs), primäre Sehstrahlung (Flechsig). Sehmarklamelle (Pfeifer). 3 Stratum sagittale internum (Sachs), sekundäre Sehstrahlung (Flechsig), irrtümlich Radiatio optica propria nach v. Monakow. 4 u. 5 Tapetum. 4 Markreife, 5 markunreife Schicht desselben.

Wir glauben nun zu der Ausgangsvorstellung von Gratiolet und Burdach zurückzukehren, wenn wir von vornherein das älteste Projektionssystem dieses Hirnabschnittes, nämlich die Sehstrahlung in den Mittelpunkt der faseranatomischen Gliederung stellen und alle anderen Systeme zu ihm orientieren. Es kann kein Zweifel sein, daß sowohl Gratiolet als auch Burdach, ohne es zu wissen, tatsächlich auf dem Wege der Abfaserung ein Projektionssystem freilegten. Daß aber nun dieses Projektionssystem die Sehstrahlung ist, kann nur im mikroskopischen Präparat anatomisch erwiesen werden, und zwar durch

Aufdeckung des Ursprungs- und Endausbreitungsbezirkes dieser Fasern. Im myelogenetischen Präparat ist dieser Nachweis möglich. Die Fasern entspringen ganz überwiegend aus dem äußeren Kniehöcker und verlaufen nach dem mit der Area striata ausgestatteten Teil des Hinterhaupthirns. Es gibt in der Myelogenese Entwicklungsstadien, wo sich die Sehstrahlung überaus markant von der Umgebung abhebt bzw. das einzige markreife System im Schläfenlappen bildet (Abb. 62 u. 63). Im Verfolg der Myelogenese sieht man nun sehr bald neben der primären Sehstrahlung (Flechsig)

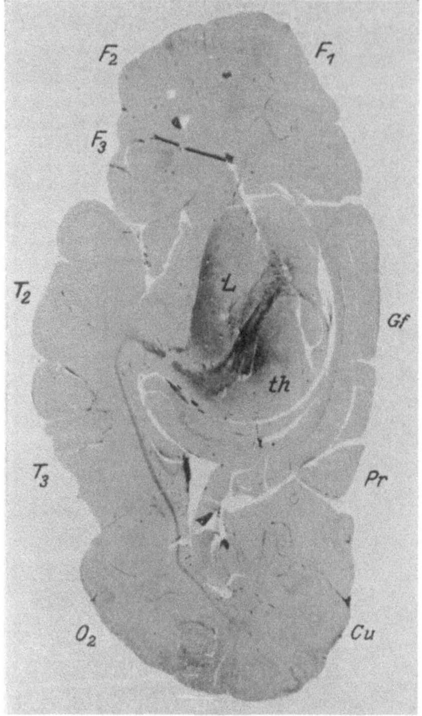

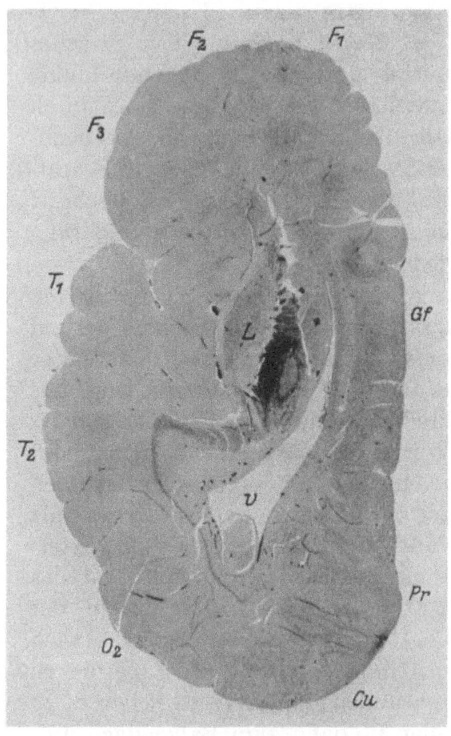

Abb. 62 und 63. Das temporale Knie der Sehstrahlung in seitlich abfallenden Horizontalschnitten aus dem Gehirn eines unreif geborenen 15 Tage alten Kindes. Die Schnittebene liegt zunehmend höher und ist zur Horizontalen so geneigt, daß der Medianrand um 45 Grad höher liegt als der Lateralrand des Präparates. F_1 F_2 F_3 Stirnwindungen. T_1 T_2 T_3 Schläfenwindungen. Pr Praecuneus. Cu Cuneus. O_2 zweite Hinterhauptwindung. L Linsenkern. th Thalamus opticus. Gf Gyrus fornicatus. v Ventrikel.

anders geartete Fasersysteme entstehen, die sich der Sehmarklamelle dicht anlegen und sich von ihr sehr lange Zeit durch feineres Kaliber und schwächere Tinktionsfähigkeit scharf abheben. Sie laufen auf großer Strecke der Sehstrahlung parallel und liegen ihr medial an, aber nicht ausschließlich. Im temporo-occipitalen und occipitalen Markraum schieben sich die Schichten durcheinander, wobei die später reifende Faserschicht den größeren Raum ausfüllt, so daß die Sehstrahlung wie in einen Paraffinblock darin eingebettet erscheint. Dieser Eindruck wird vervollständigt durch die Wahrnehmung, daß sich später entlang der lateralen Begrenzung der Sehmarklamelle solche Fasern anlegen und auf Sagittalschnitten erkennbar wird, daß die Sehmarklamelle davon auch über- und unterschichtet ist (vgl. Abb. 79 u. 52). Kurzum, daß die Sehstrahlung durchaus im Stratum sagittale externum verlaufe, davon kann gar keine Rede sein, es sei denn, daß man die Sehstrahlung selbst als Stratum sagittale externum bezeichne. Aber auch die spätere Angabe v. Monakows, daß sich die Sehstrahlung sowohl über das Stratum sagittale externum als auch über das Stratum sagittale internum ausbreite, ist anatomisch nicht haltbar, weil sie der Vorstellung Raum gibt, die Sehstrahlung sei über beide Sagittallager ausgestreut, eine Anschauung, die sicher an Degenerationspräparaten alter Herde gewonnen worden ist, wo solche sekundär entstandene Auflockerungen von Systemen vorkommen. Im gesunden Gehirn liegt die Sehstrahlung in einer Marklamelle dicht gedrängt beieinander. Flechsig hat die Fasern, die sich später der Sehmarklamelle innen anlegen, als sekundäre Sehstrahlung bezeichnet in der Absicht, ihre Bedeutung als corticofugales System zu würdigen. Es ist Tatsache, daß ein großer Teil dieser Fasern aus dem mit der Area striata ausgestatteten Rindenteil entspringt. Aber wir wissen heute auch, daß die sekundäre Sehstrahlung aus einem größeren Gebiete als der corticalen Sehsphäre ihren Ursprung nimmt. Das Bild des Eingebettetseins der Sehmarklamelle in Fasermassen anderer Dignität entsteht im myelogenetischen Präparat vor allem dadurch, daß Fasern, die der Sehmarklamelle innen anliegen (Stratum sagittale internum), an der äußeren Konvexität des Hinterhauptlappens ihren Ursprung nehmen und sich durch die Sehmarklamelle sukzessiv hindurchdrängen müssen, um dann medial davon verlaufen zu können. Auch Thalamusfasern (Radiatio thalamica der älteren Autoren, Area densa des Strat. sag. int. nach Nießl von Mayendorf) und Hirnstammfasern (Türksches Bündel der älteren Autoren, Area grupposa des Strat. sag. int. nach Nießl von Mayendorf) zeigen diesen Verlauf, so daß das, was man als Stratum sagittale internum bezeichnet, eine ganze Systemkombination darstellt. Nur von einer Sorte enthält diese Schicht besonderer Tinktionsfähigkeit keine Fasern, nämlich von der Sehstrahlung. Nun hat aber v. Monakow gerade das Stratum sagittale internum mit der Radiatio optica identifiziert und als Sehstrahlung im engeren Sinne angesprochen. Auch dieser Irrtum ist heute begreiflich. Nach Munks Experimenten am Hund schien die Annahme begründet, daß sich die corticale Sehsphäre im wesentlichen über die Konvexität des Hinterhauptlappens ausbreite. Besonderes Interesse mußte also für die Erforschung der Sehstrahlung dieses Rindengebiet haben und in der Tat führt von hier aus der Weg nach dem sogenannten Stratum sagittale internum. Aber das war eine falsche Fährte! Nicht weniger kompliziert steht es mit dem Faserverlauf in dem Markblatt, welches sich außen an die Sehmarklamelle anlegt. Es handelt sich dabei zum Teil um kürzere und längere Assoziationssysteme, deren Verlaufsrichtung noch nicht einwandfrei feststeht, zum Teil um nur auf kurze Strecke angelagerte Fasern, die alsbald die Sehstrahlung nach innen durchqueren. Von der gleichen Art sind auch die Fasern, die die Sehmarklamelle ventral und ventrolateral unterschichten. Wenn nun behauptet werden sollte, daß in der Annahme eines Fasciculus longitudinalis inferior doch ein Körnchen Wahrheit stecke, so kann man dem nur entgegenhalten, daß diese Faserzüge dann jedenfalls nichts mit dem Fasciculus longitudinalis inferior Burdachs zu tun haben. Er konnte durch Abfaserung nur den Verlauf des grobfaserigen, im Schläfenlappen langgestreckt verlaufenden Projektionssystems (basaler Anteil der Sehstrahlung) nachweisen. Man braucht ja nur einmal selbst mit der Pinzette einen solchen Abfaserungsversuch vorzunehmen, um sich über die Grenzen der Verwendbarkeit dieser Methode zu überzeugen. Ein Blick in die Literatur lehrt, daß der Ausdruck Fasciculus longitudinalis inferior ganz unklar und verschwommen gebraucht wird. Er ist jedenfalls entbehrlich. Für eine direkte Verbindung von corticaler Sinnessphäre zu corticaler Sinnessphäre ergibt die gesamte Myelogenese keine Anhaltspunkte.

Zum myelogenetischen Aufbau der der Sehstrahlung medial angelagerten Schicht, also dem Stratum sagittale internum nach Sachs oder der sekundären

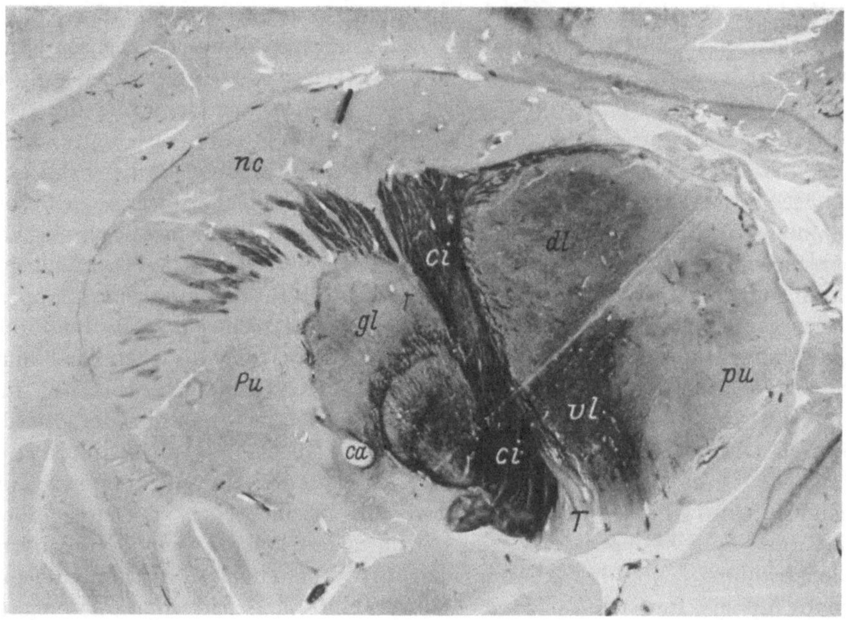

Abb. 64. Ausschnitt aus Abb. 89 in stärkerer Vergrößerung. Vordere Commissur (ca) an der Basis des Linsenkerns und Türksches Bündel (T) im hinteren unteren Teil der inneren Kapsel (ci) völlig markfrei. nc Nucleus caudatus. Pu Putamen des Linsenkerns. gl Globus pallidus. dl und vl dorsolateraler und ventrolateraler Thalamuskern. pu Pulvinar.

Sehstrahlung nach Flechsig, sei noch folgendes bemerkt. Auf dem Frontalschnitt betrachtet, wird zuerst die mittlere Etage markreif und bleibt es geraume Zeit isoliert. Flechsig sprach deshalb von einem Primärsystem seiner sekundären Sehstrahlung und bildete dieses in einem Schnitt aus dem Gehirn eines 8 Tage alten Kindes auch ab. Entsprechend der Neigung dieser inneren angelagerten Schicht zum lateralen Durchtritt durch die Sehstrahlung vermutete er einen Zusammenhang mit dem Gyrus subangularis. Im weiteren Verlauf der Myelogenese bekommt man zeitweilig Bilder zu Gesicht, die ganz an sekundäre Degeneration erinnern. Ihre Entstehung ist begreiflich. Es gibt spätreife Systeme, die der Myelinisation lange trotzen. Im dichten Fasergewirr ihrer Umgebung heben sie sich im Präparat als lichte Stelle ab. So auf dem Sagittalschnitt die vordere Commissur, welche als ein helles Oval ganz augenfällig hervortritt (Abb. 64), und sich auf zunehmend lateral gelegenen Schnitten an der Basis des Linsenkerns entlang caudalwärts nach dessen hinteren unteren Ende zu bewegt, um dort, an der Grenze von äußerer und innerer Kapsel, mit anderen stärker gelichteten Regionen zu verschmelzen. In Abb. 65 ist der Verlauf der vorderen Commissur von der Medianebene bis in die äußere Kapsel auf dem Horizontalschnitt aus dem Gehirn eines Erwachsenen zu verfolgen. Sicher ist, daß sie an der Stelle, wo sie die äußere Kapsel erreicht, trennend zwischen Hörstrahlung und Sehstrahlung liegt. Von da an fehlt uns eine genaue Kenntnis ihres Weiterverlaufs. Eingestellt durch eine Literaturnotiz, nach welcher Popoff und Flechsig eine Totaldegeneration der Commissura anterior bei einem doppelseitigen Herd im Gyrus lingualis beobachtet hatten, hielt ich es nicht für ausgeschlossen, daß die vordere Commissur auf kürzere oder längere Strecke dem Verlauf der Sehstrahlung folgt. Ich habe deshalb die am myelogenetischen Präparat die im Stielfächer der Sehstrahlung auftretende markfreie Streifung als Einlagerung der vorderen Commissur angesprochen. Indes wird diese Streifung auch noch aus anderen Gründen verständlich. Im hinteren unteren Teil der inneren Kapsel gibt es spät markreifende Stammfasersysteme, deren Lichtung sich bis zum lateralen Austritt aus der inneren Kapsel verfolgen läßt. Man bezeichnet sie in der Regel als das Türksche Bündel (T in Abb. 64). Ich habe ganz den Eindruck gewonnen, daß Teile davon die Sehstrahlung durchbrechen und sich ihr innen anlegen, eine Auffassung, die mit der anderer Autoren übereinstimmt, welche im Stratum sagittale internum Teile des Türkschen Bündels verlaufend annehmen. Die Abb. 66 und 67 bilden ein Präparat ab, welches diese Ansicht stützt. Man sieht in der Gegend der Cauda des Linsenkerns strahlenförmig markfreie Streifen hervorbrechen, die die primäre Sehstrahlung durchsetzen und sich ihr innen anlegen. Das myelogenetische Präparat erweist sich hier nicht ganz eindeutig. Wahrscheinlich verhält es sich so, wie ich oben angab; dem Einwande aber, daß es sich möglicherweise auch um spätreife Systeme der Radiatio thalamica handeln könne, wüßte ich nicht ernstlich zu begegnen.

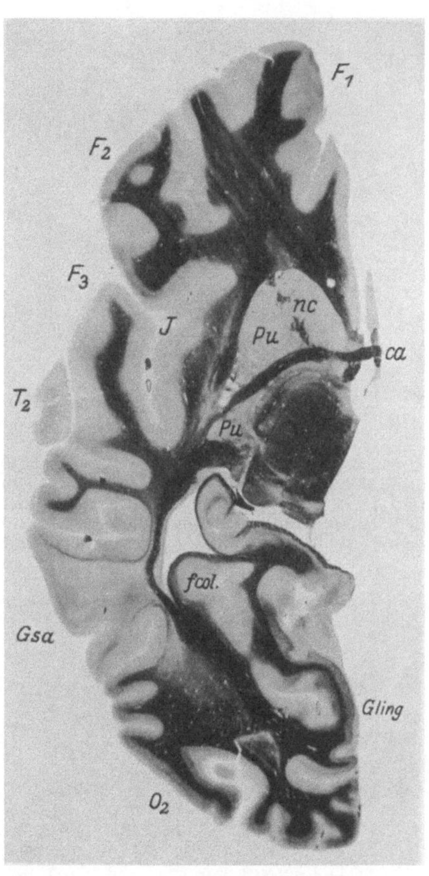

Abb. 65. Horizontalschnitt aus dem Gehirn eines Erwachsenen. Durch alle drei Stirnwindungen hindurch (F_1 F_2 F_3 die Insel (J), die zweite Schläfenwindung (T_2), den Gyrus subangularis (Gsa), die zweite Hinterhauptwindung (O_2) und die Zungenwindung (Gling). Man sieht die vordere Commissur (ca) in großer Ausdehnung längs getroffen und in einem nach hinten konkaven Bogen von der Medianseite des Gehirns, der Basis des Linsenkerns entlang nach der äußeren Kapsel verlaufen. nc Nucleus caudatus. Pu Putamen des Linsenkerns. fcol Fissura collateralis.

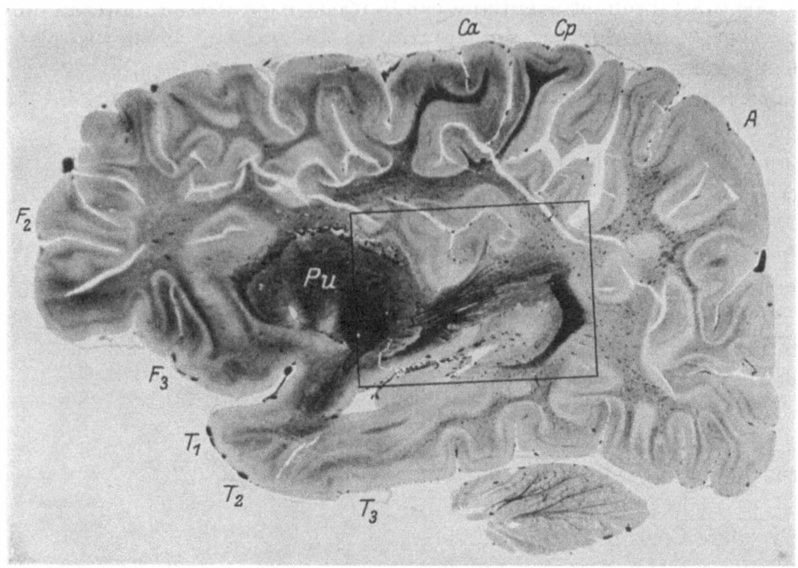

Abb. 66. Sagittalschnitt aus dem Gehirn eines $1^1/_4$ Monate alten Kindes, wenig medial von der äußeren Kapsel, so daß das Putamen des Linsenkerns (Pu) in größter Ausdehnung getroffen ist. Nach hinten unten am Linsenkern Teile des Stielfächers der Sehstrahlung, in dessen dorsalen Teil sich markfreie Streifen strahlig einlagern (Türksches Bündel?). Ca und Cp vordere und hintere Zentralwindung. A Gyrus angularis. F_2 F_3 zweite und dritte Stirnwindung. T_1 T_2 T_3 Schläfenwindungen.

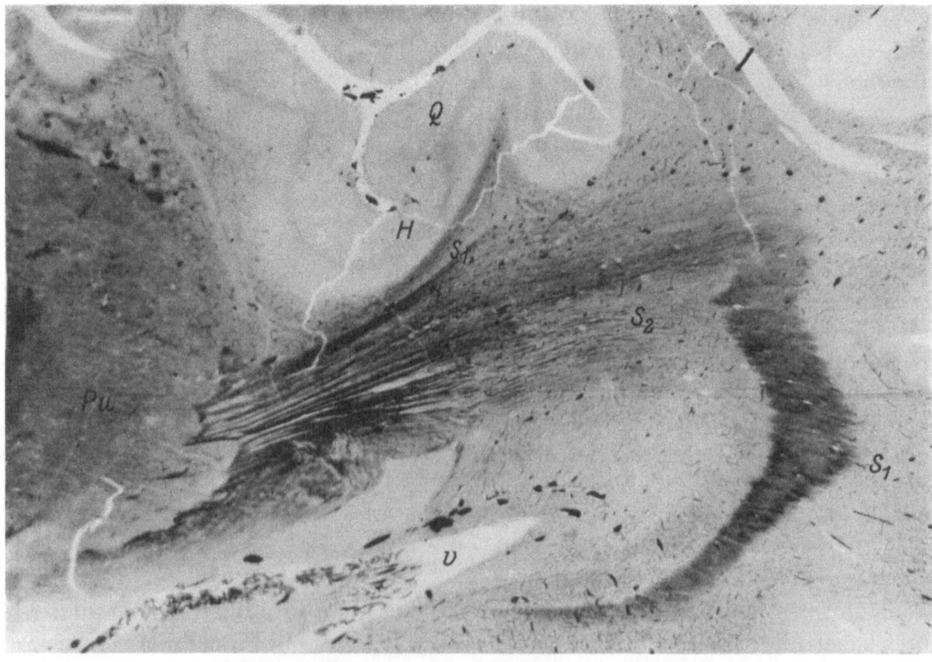

Abb. 67. Ausschnitt aus Abb. 66 in stärkerer Vergrößerung. Einstrahlen markfreier Anteile des Türkschen Bündels in die der Sehstrahlung innen angelagerten Faserschicht (Stratum sagittale internum, sekundäre Sehstrahlung). Pu Putamen des Linsenkerns. Q Querwindung. H Hörstrahlung. S_1 Primäre, S_2 sekundäre Sehstrahlung nach Flechsig. v Ventrikel.

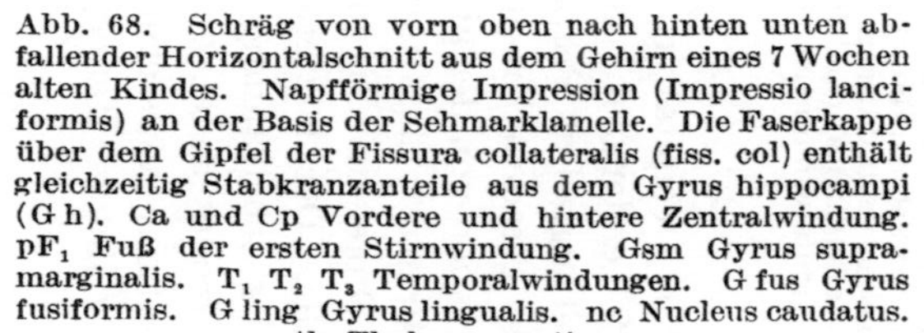

Abb. 68. Schräg von vorn oben nach hinten unten abfallender Horizontalschnitt aus dem Gehirn eines 7 Wochen alten Kindes. Napfförmige Impression (Impressio lanciformis) an der Basis der Sehmarklamelle. Die Faserkappe über dem Gipfel der Fissura collateralis (fiss. col) enthält gleichzeitig Stabkranzanteile aus dem Gyrus hippocampi (G h). Ca und Cp Vordere und hintere Zentralwindung. pF_1 Fuß der ersten Stirnwindung. Gsm Gyrus supramarginalis. T_1 T_2 T_3 Temporalwindungen. G fus Gyrus fusiformis. G ling Gyrus lingualis. nc Nucleus caudatus. th Thalamus opticus.

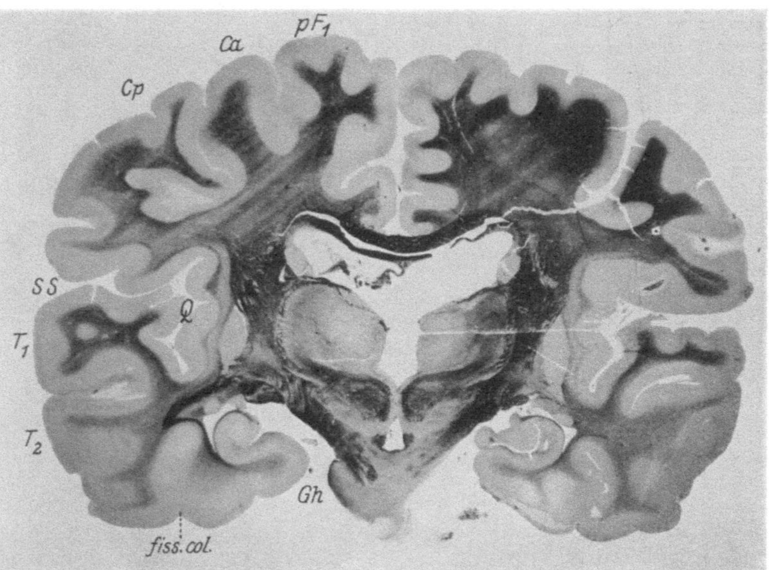

Abb. 69. Bifrontalschnitt aus dem Gehirn eines Erwachsenen mit einem Herd im rechten Occipitalhirn (Zerstörung beider Lippen der Fissura calcarina) und nachfolgender völliger Degeneration der corticalen Sehbahn. Nach Weigert - Pal gefärbt und stark entfärbt. Impression an der Basis der Sehmarklamelle (Impressio lanciformis) von der gleichen Form wie in dem jugendlichen Gehirn in Abb. 68. Das Präparat läßt erkennen, wieviel von der Faserkappe über dem Gipfel der Fissura collateralis auf den Stabkranz des Gyrus hippocampi entfällt. Der letztere ist nämlich beiderseits erhalten, rechts isoliert, links mit der Sehstrahlung verschmolzen. Infolge des Zugrundegehens der Sehstrahlung rechts bietet das Präparat in der rechten Hemisphäre (aufgehellte Degeneration) gewissermaßen das Negativ des Querschnittes der Sehmarklamelle in der linken Hemisphäre (intensiv gefärbt). pF_1 Fuß der ersten Stirnwindung. Ca und Cp Vordere und hintere Zentralwindung. SS Sylvische Spalte. T_1 T_2 Temporalwindungen. Fiss. col. Fissura collateralis. Gh Gyrus hippocampi. Q Temporale Querwindung.

Eine sehr wichtige Aufgabe bestand nunmehr in der Auseinanderhaltung der Sehstrahlung und der Stabkranzanteile für den Gyrus hippocampi und den Gyrus fornicatus. Die Differenzierung gelingt unter Zuhilfenahme hirnpathologischen Materials gelegentlich leicht. In dem schräg von vorn—oben nach hinten—unten abfallenden Horizontalschnitt aus dem Gehirn eines sieben Wochen alten Kindes (Abb. 68) sieht man deutlich die napfförmige Impression. Aber diese Faserkappe über den Gipfel der Fissura collateralis enthält gleichzeitig den Stabkranz für den Gyrus hippocampi. Abb. 69 zeigt einen Bifrontalschnitt aus dem Gehirn eines Erwachsenen mit einem Herd im

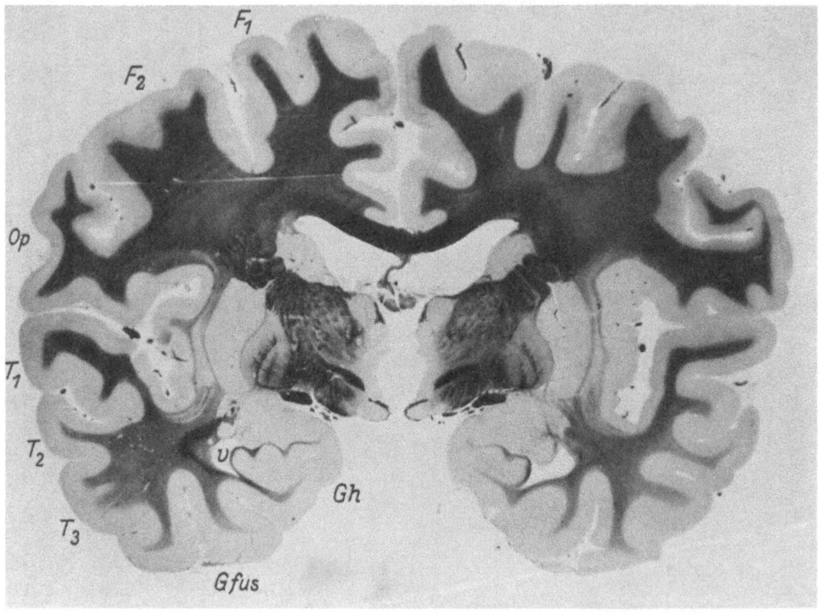

Abb. 70. Bifrontalschnitt aus dem gleichen Gehirn wie in Abb. 69 weiter oralwärts. Hauptfasermassen der Sehmarklamelle in der dorsalen Etage. Vergleicht man damit Abb. 52, wo die Hauptfasermassen ventral liegen, so beweisen beide Präparate zusammengenommen ein in langgestreckter Spirale erfolgendes, caudalwärts zunehmendes Hinabsenken der Fasermassen in ventrale Etagen. F_1 F_2 Frontalwindungen. Op Operculum. T_1 T_2 T_3 Temporalwindungen. G fus Gyrus fusiformis. Gh Gyrus hippocampi. v Ventrikel.

rechten Occipitalhirn (Zerstörung beider Lippen der Fissura calcarina) und nachfolgender fast vollkommener Degeneration des corticalen Endabschnittes der Sehleitung. Das Präparat ist nach Weigert-Pal gefärbt und stark entfärbt. Es ist geradezu frappant, wie die unversehrte linke Hemisphäre eine basale Impression von der gleichen Form zeigt, wie das jugendliche Gehirn in Abb. 68. Das Präparat läßt nun weiterhin erkennen, wieviel von der Faserkappe über dem Gipfel der Fissura collateralis auf den Stabkranz des Gyrus hippocampi entfällt. Der letztere ist nämlich beiderseits erhalten: rechts isoliert, links mit der Sehstrahlung verschmolzen. Infolge des Zugrundegehens der Sehstrahlung rechts bietet das Präparat in der rechten Hemisphäre (aufgehellte Degeneration) gewissermaßen das Negativ des Querschnittes der Sehmarklamelle in der linken Hemisphäre (intensiv gefärbt). Der Parallelschnitt (Abb. 70)

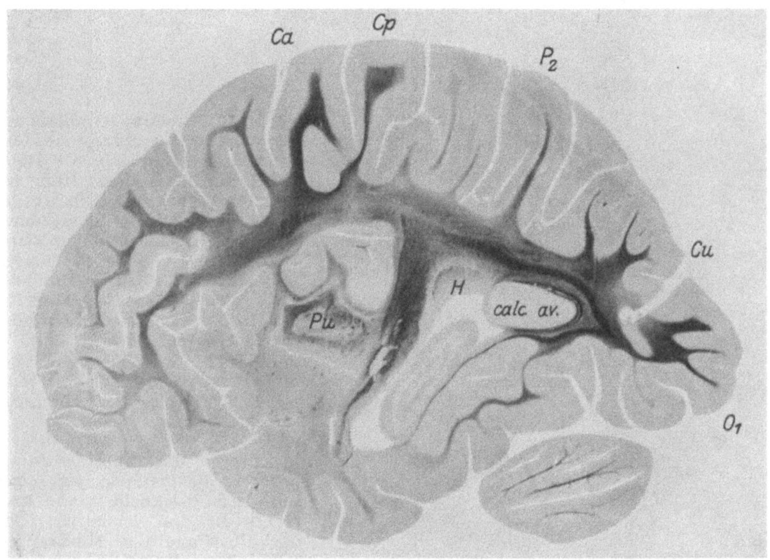

Abb. 71. Sagittalschnitt aus dem Gehirn eines 4½ Monate alten Kindes. Bild des hufeisenförmigen Eintrittes der Sehstrahlung in den Cortex. An der Stelle der Konturabknickung rechts unten „Umschlagstelle der Sehmarklamelle im retroventrikulären Markraum". Der dorsale Saum der Sehmarklamelle verläuft über das „untere" Joch. Ca und Cp Vordere und hintere Zentralwindung. P_2 obere Scheitelwindung. Cu Cuneus. O_1 Erste Occipitalwindung. Pu Putamen des Linsenkerns. H Hörbalken. calc. av. Calcar avis.

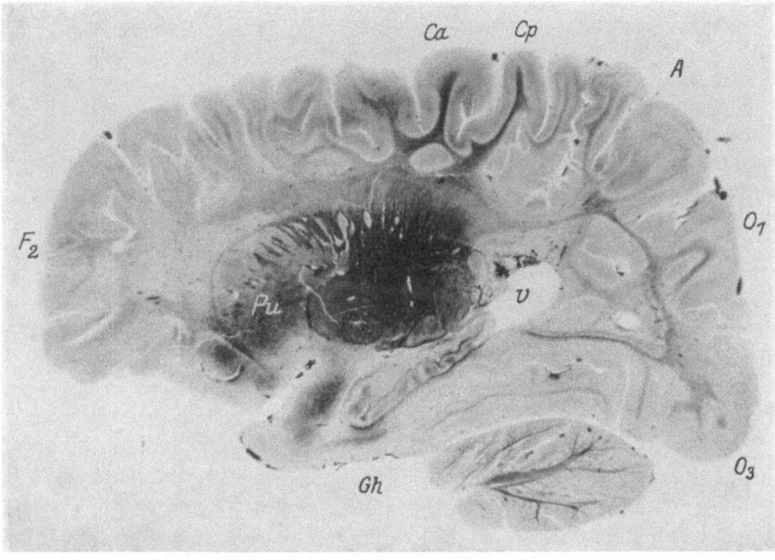

Abb. 72. Sagittalschnitt aus dem Gehirn eines 7 Wochen alten Kindes. Der dorsale Saum der Sehmarklamelle verläuft über das „obere" Joch der Crista interna fissurae parieto-occipitalis. Ca und Cp Vordere und hintere Zentralwindung. A Gyrus angularis. O_1 O_3 Occipitalwindungen. Gh Gyrus hippocampi. F_2 zweite Stirnwindung. Pu Putamen des Linsenkerns. v Ventrikel.

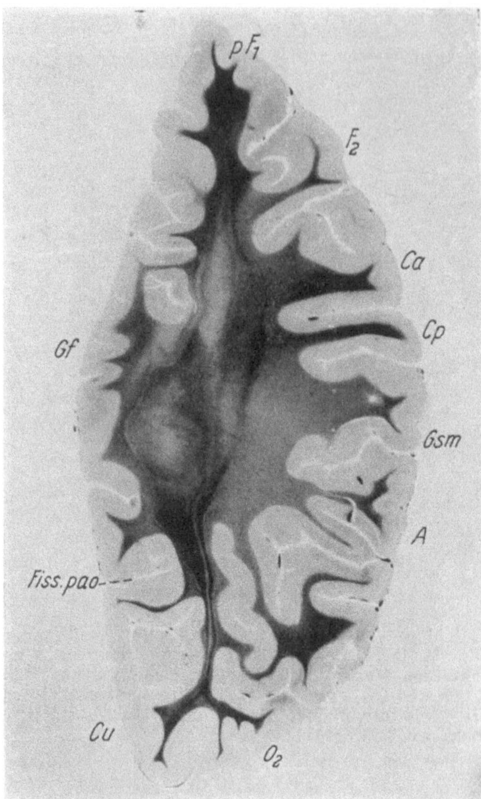

Abb. 73. Caudalwärts abfallender Horizontalschnitt aus der rechten Hemisphäre des Gehirns eines 7 Monate alten Kindes durch das in der Markreifung begriffene Centrum semiovale. Verlauf des dorsalen Saumes der Sehmarklamelle nach caudalen Abschnitten der Regio calcarina. Medial von der längs getroffenen Sehmarklamelle die Sammlung einer Schar von Balkenfasern zum Splenium. pF_1 Fuß der ersten Stirnwindung. F_2 Zweite Stirnwindung. Ca und Cp Vordere und hintere Zentralwindung. Gsm Gyrus supramarginalis. A Gyrus angularis. O_2 Zweite Hinterhauptwindung. Cu Cuneus. Fiss. pao. Fissura parieto-occipitalis. Gf Gyrus fornicatus. Man beachte im Markraum des Cuneus (z. B. dort, wo die Fiss. pao. von der Medianseite her einschneidet) von links nach rechts die drei Schichten: Eigenmark der Oberlippe der Fissura calcarina, Balkenschicht und dorsaler Saum der Sehmarklamelle, sowie dieselbe Dreischichtung von unten nach oben in Abb. 74 und noch deutlicher in Abb. 88.

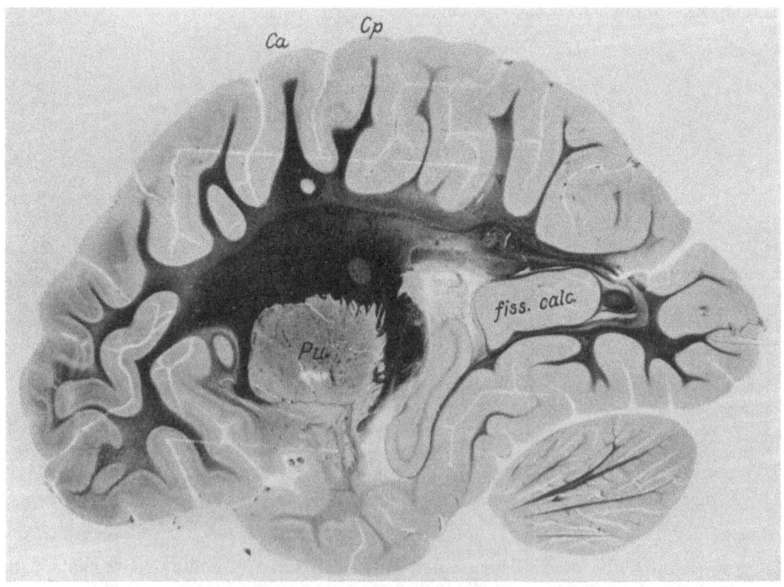

Abb. 74. Sagittalschnitt aus der linken Hemisphäre desselben 7 Monate alten Kindes. Verlauf des dorsalen Saumes der Sehmarklamelle nach caudalen Abschnitten der Regio calcarina.

aus dem gleichen Gehirn wie Abb. 69, der weiter oralwärts gelegen ist, zeigt ferner sehr gut die Zusammendrängung der Hauptfasermassen der Sehmarklamelle in der dorsalen Etage. Vergleicht man damit Abb. 52, wo die Hauptfasermassen ventral liegen, so beweisen beide Präparate zusammengenommen ein in langgestreckter Spirale erfolgendes, caudalwärts zunehmendes Hinabwandern der Fasern in die ventrale Etage.

Was nun den Stabkranz des Gyrus fornicatus anbetrifft, so ist bekanntlich sein Hauptanteil der Taststrahlung untrennbar angelegt, die ihn mit hochnimmt bis auf das Balkendach, wo man ihn dann auf Frontalschnitten in einem schwungvollen seitlich konvexen Bogen in den Markkörper des Gyrus fornicatus eintreten sieht. Die dorsale Begrenzung der Sehmarklamelle wickelt sich nun caudalwärts ganz von selbst immer deutlicher von den Begleitsystemen ab und ist zuletzt ein quer durch den Markraum des Cuneus verlaufender freier Saum.

Nach seinem Eintritt in den Markraum des Cuneus über das obere (Abb. 72) oder untere Joch hinweg (Abb. 71) ist deshalb der dorsale Saum der Sehmarklamelle als solcher anatomisch einwandfrei zu erkennen. Der caudalwärts abfallende Horizontalschnitt aus dem Gehirn eines 7 Monate alten Kindes (Abb. 73) zeigt den Verlauf des dorsalen Saumes der Sehmarklamelle nach caudalen Abschnitten der corticalen Sehsphäre. Die Schnittrichtung geht durch das Centrum semiovale, deshalb ist medial von der längsgetroffenen Sehmarklamelle die Sammlung einer Schar von Balkenfasern zum Splenium zu sehen. Sehr interessant ist es, den ganz analogen Verlauf des dorsalen Saumes der Sehmarklamelle auf dem Sagittalschnitt aus der anderen Hemisphäre desselben Gehirns wiederzufinden (Abb. 74).

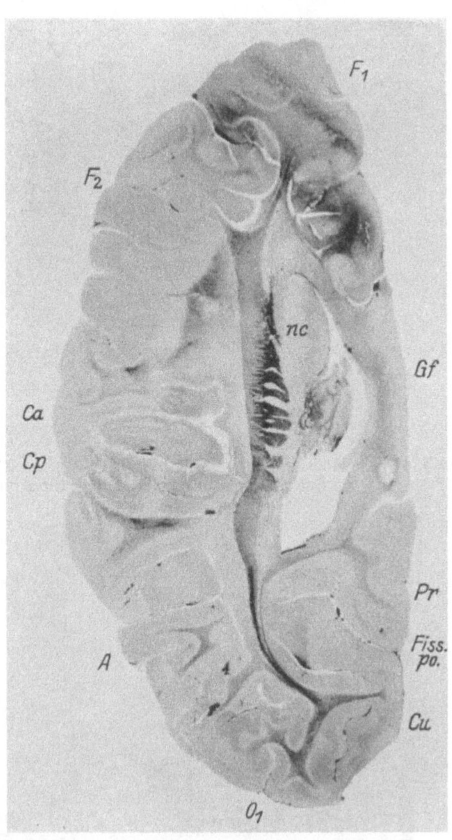

Abb. 75. Horizontalschnitt aus dem Gehirn eines $3^1/_4$ Monate alten Kindes. Entsprechend dem Verlauf des dorsalen Saumes der Sehmarklamelle in einem konvexen Bogen nach oben taucht dieser Saum im parieto-occipitalen Markraum oral auf, um caudal wieder zu verschwinden. Ca und Cp Vordere und hintere Zentralwindung. F_1 F_2 Stirnwindungen. Gf Gyrus fornicatus. Pr Praecuneus. Fiss. po. Fissura parieto-occipitalis. Cu Cuneus. O_1 Erste Occipitalwindung. A Gyrus angularis. nc Nucleus caudatus.

In dem Horizontalschnitt aus dem Gehirn des $3^1/_4$ Monate alten Kindes in Abb. 75 sieht man entsprechend dem Verlauf des dorsalen Saumes der Sehmarklamelle in einem konvexen Bogen nach oben diesen Saum im parieto-occipitalen Markraum oral auftauchen und caudal wieder verschwinden. Auch in dem Sagittalschnitt aus dem Gehirn eines 4 Monate alten Kindes in Abb. 76

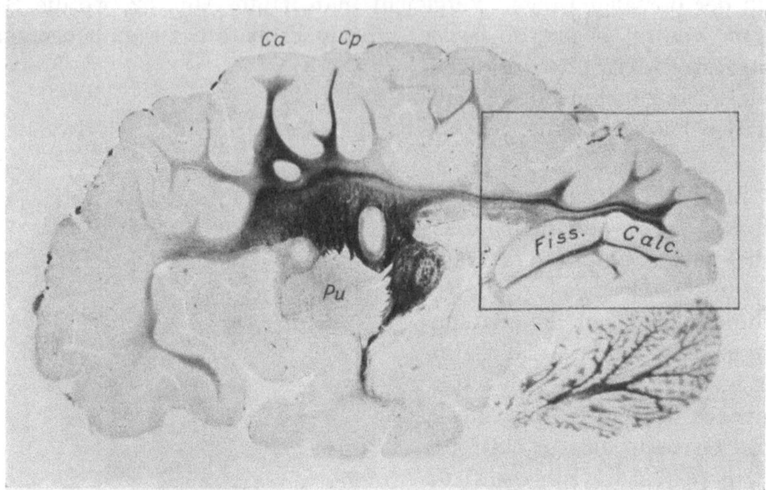

Abb. 76. Sagittalschnitt aus dem Gehirn eines 4 Monate alten Kindes. Verlauf des dorsalen Saumes der Sehmarklamelle nach caudalen Abschnitten der Regio calcarina.

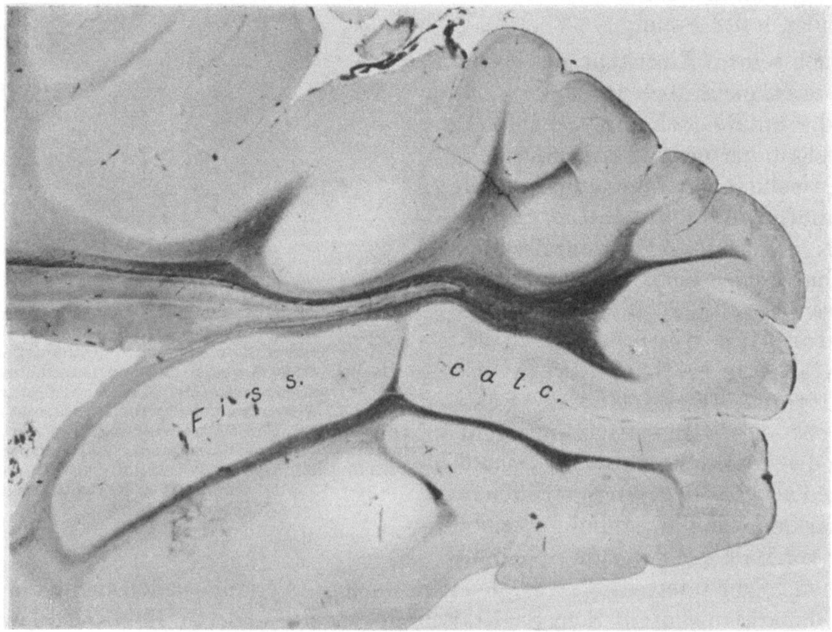

Abb. 77. Ausschnitt aus Abb. 76 in stärkerer Vergrößerung.

sieht man den dorsalen Saum nach caudalen Abschnitten der Regio calcarina ziehen. Die Verlaufsform muß notgedrungen variieren, da für die Höhenlage

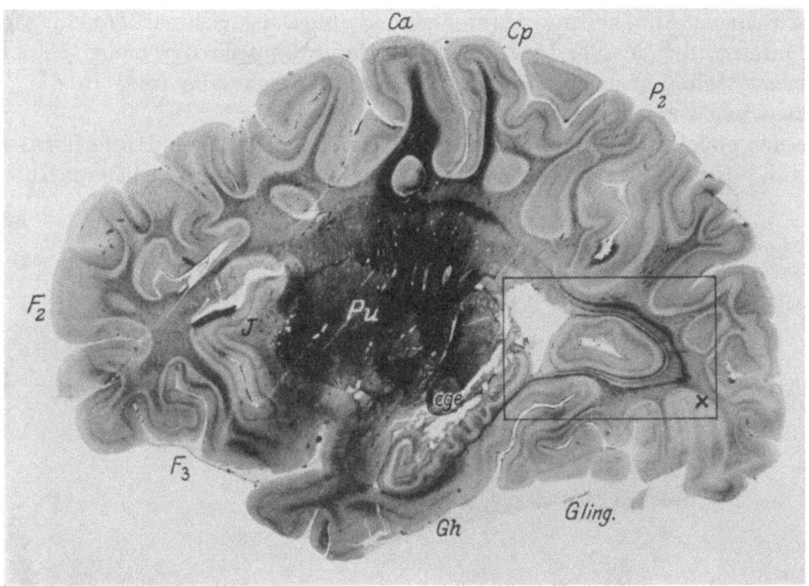

Abb. 78. Sagittalschnitt aus dem Gehirn eines $1^3/_4$ Monate alten Kindes. Hufeisenförmiger Eintritt der Sehstrahlung in den Cortex. Der untere Schenkel des Hufeisens im Markraum der Unterlippe der Fissura calcarina zeigt vorwiegend quer getroffene Fasern (vS in Abb. 79), der obere Schenkel des Hufeisens im Markraum der Oberlippe der Fissura calcarina kürzere und längere, mehr sagittal gestellte Faserstutzen (dS in Abb. 79). Bei × Umschlagstelle der Sehmarklamelle im retroventrikulären Markraum. Ca und Cp Vordere und hintere Zentralwindung. Gh Gyrus hippocampi. G ling Gyrus lingualis. F_2 F_3 Frontalwindungen. P_2 Untere Scheitelwindung. cge Corpus geniculatum externum.

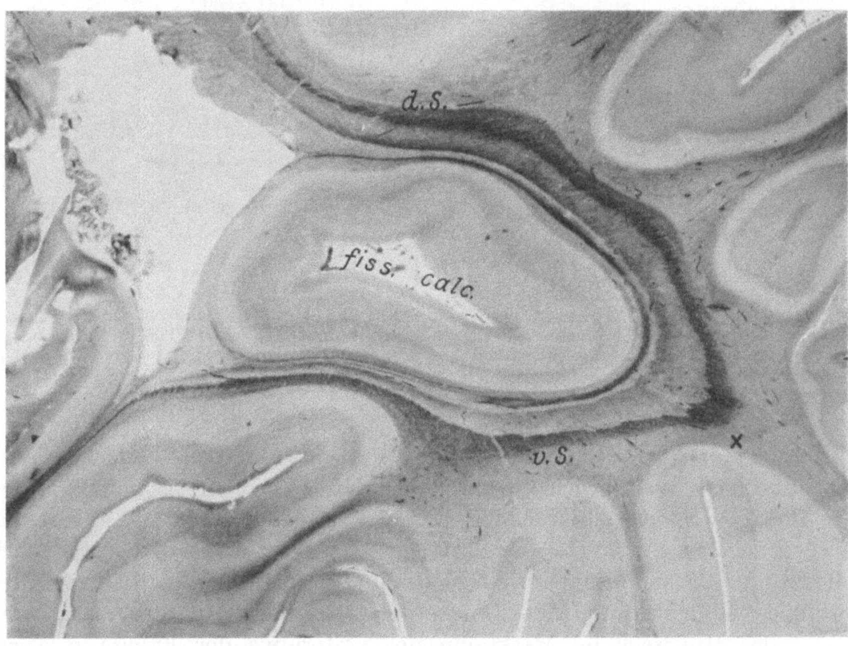

Abb. 79. Ausschnitt aus Abb. 78 in stärkerer Vergrößerung. fiss. calc. Fissura calcarina. vS und dS Ventraler und dorsaler Saum der Sehmarklamelle. × Umschlagstelle der Sehmarklamelle im retroventrikulären Markraum.

und die relative Annäherung des dorsalen Saumes der Sehmarklamelle an die Facies interna der Medianseite des Hinterhauptlappens die mehrfach schon beschriebene fötale Hemisphärenrotation, durch welche die Insel in die Tiefe versenkt wird, von großer Bedeutung ist.

Aus der gleichen Ursache kommt aber nun am Ende des Hinterhorns eine Verwerfung der Sehstrahlung zustande, die ich als Umschlagstelle der

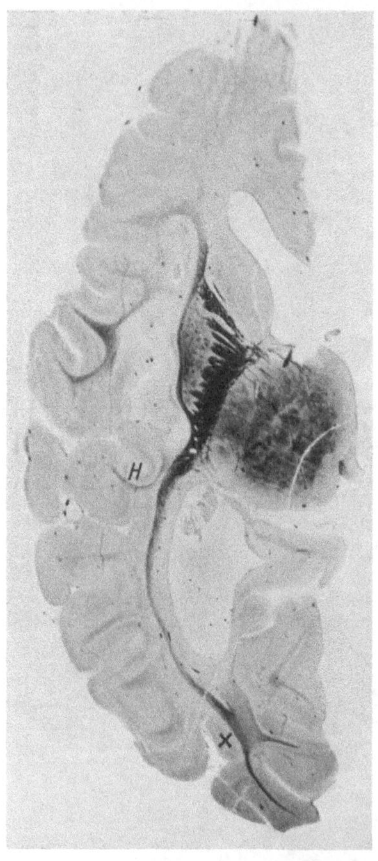

Abb. 80. Die Umschlagstelle (×) der Sehmarklamelle im retroventrikulären Markraum auf dem Horizontalschnitt aus dem Gehirn eines 1 Monat 5 Tage alten Kindes. H Hörstrahlung.

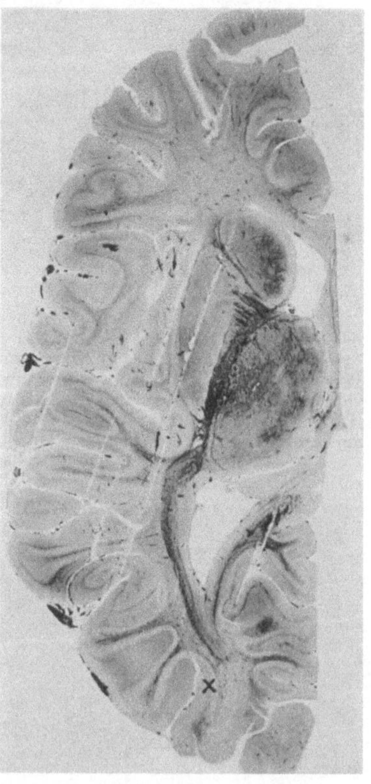

Abb. 81. Die Umschlagstelle der Sehmarklamelle im retroventrikulären Markraum (×) auf dem Horizontalschnitt aus dem Gehirn eines $1^3/_4$ Monate alten Kindes.

Sehmarklamelle im retroventrikulären Markraum bezeichnet und oben S. 78 bereits ausführlich beschrieben habe. Der Sagittalschnitt aus dem Gehirn des $1\frac{3}{4}$ Monate alten Kindes (Abb. 78) zeigt einen hufeisenförmigen Eintritt der Sehstrahlung in den Cortex. Das caudale Ende der Sehmarklamelle ist hier glockenförmig auf die Facies interna der Medianseite des Hinterhauptlappens aufgestülpt. In der Glocke drin sitzt der Calcar avis. Der untere Schenkel des Hufeisens im Markraum der Unterlippe der Fissura calcarina zeigt vorwiegend quer getroffene Fasern, der obere Schenkel des Hufeisens im Markraum der Oberlippe der Fissura calcarina kürzere und längere mehr sagittal gerichtete Faserstutzen. Der letztere erscheint deshalb auch dunkler gefärbt als der erstere. Das Hufeisen ist an der hinten gelegenen Konvexität zu einer Spitze ausgezogen, an welcher die Umschlagstelle liegt, um deren Demonstration am Präparat es sich jetzt handelt. Obwohl der Schnitt durch Gebiete des Hinterhauptlappens führt, die in größerer Ausdehnung mit der Area striata ausgestattet sind, ist die Sehstrahlung caudal von der Umschlagstelle wie weggeblasen und der Verlauf im einzelnen nur äußerst schwierig zu verfolgen. Es muß sich also von da ab die Sehstrahlung ganz rasch über ein größeres Rindenareal ausstreuen, so daß damit die frühere Kompaktheit der Lamelle in Auflösung gerät. Die einfachste Erklärung für die regelmäßig im retroventrikulären Markraum auftretende Änderung der Verlaufsform wäre die

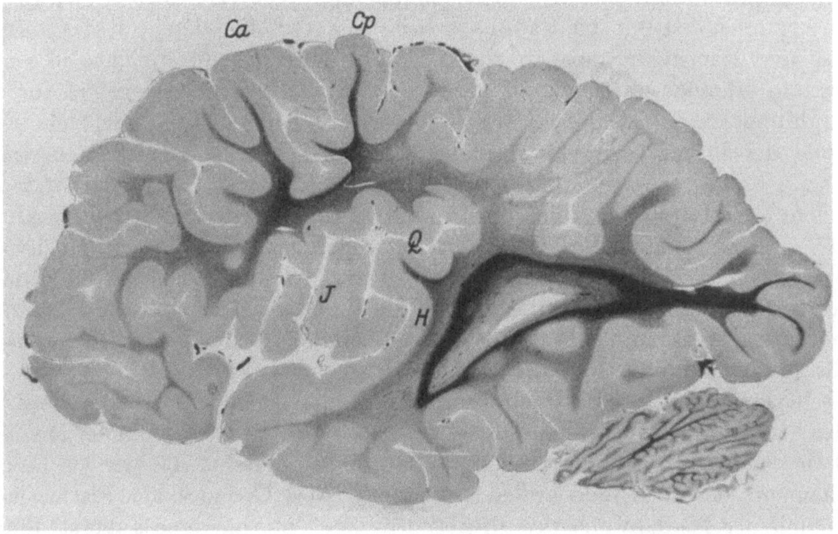

Abb. 82. Variation des Verlaufs der Sehstrahlung bei einem 4 Monate alten Kinde. Die Umschlagstelle der Sehmarklamelle liegt hier sehr weit oral. Ca und Cp Vordere und hintere Zentralwindung. Q Temporale Querwindung. H Hörstrahlung. J Insel.

von mir inaugurierte Annahme einer Umschlagstelle, deren Schema ich in Abb. 37 wiedergegeben habe. Man findet diese Stelle, von der ab der Verlauf der Sehstrahlung unbestimmt wird, leicht auf Präparaten aller Schnittrichtungen wieder, ausgenommen Frontalschnitte, die davon kein gutes Bild geben. Ich bilde sie auf zwei Horizontalschnitten (Abb. 80 und 81) und drei Sagittalschnitten (Abb. 71, 72 und 82) aus fünf verschiedenen Gehirnen ab. Die beiden Sagittalschnitte in Abb. 71 und 72 demonstrieren gut die Verlaufsformen mit den beiden Eintrittsarten des dorsalen Saumes der Sehmarklamelle in den Markraum des Cuneus über das „unteres Joch" (Abb. 71) und „obere Joch" (Abb. 72) und der daraus resultierenden durchaus verschiedenen Ausstreuung der Sehbahnfasern auf caudal von der Umschlagstelle gelegenen Rindenabschnitte. Der Sagittalschnitt aus dem Gehirn eines 4 Monate alten Kindes in Abb. 82 stellt eine Variation der Verlaufsform der Sehmarklamelle dar.

5. Der Faserverlauf im Cuneus.

Die Schlüsse aus dem bisher dargebotenen Material der mikroskopischen Faseranatomie sind so vorsichtig gezogen, daß Einwände dagegen schwer zu erheben sind. Sie würden sich wohl auch an der Hand noch größeren Materials immer beheben lassen. Die anschauliche Darstellung des Stielfächers mit sehr großer Apertur, des dorsalen Saumes der Sehmarklamelle in seinem Verlauf nach caudalen Abschnitten der Regio calcarina, des ventralen Saumes der Sehmarklamelle im temporalen Knie nach oralen Abschnitten der Regio calcarina sowie der Nachweis einer basalen Duplikatur und der napfförmigen Impression führte zu der morphologisch einheitlichen Auffassung der Sehstrahlung als einer Marklamelle und legten gleichzeitig deren topische Beziehungen zu anatomischen Nachbargebilden dar. Die eigentlichen Schwierigkeiten beginnen erst mit der Faserversorgung der Oberlippe der Fissura calcarina. Wir stehen hier vor einem ganz neuen Problem, welches in seiner Bedeutung offenbar unterschätzt worden ist. Das Einstrahlungsgebiet für die Sehstrahlung ist die Regio calcarina. Sie ist gegliedert durch die tiefe Einstülpung der Fissura calcarina, welche vom Markraum aus betrachtet einem Höhenzug ähnelt, dessen höchste Erhebung oral liegt (Calcar avis) und der nach dem Occipitalpol hin allmählich abfällt. Die Endstutzen der Sehstrahlung könnte man sich auf dieser Geländewelle angebracht denken wie Hochwald auf einem Gebirgskamm, letzten Endes also parallel und in diesem Falle horizontal gerichtet. Frontalschnitte durch die Fissura calcarina geben für den begrenzenden Markraum das Bild einer Gabelung, in die sich die Sehmarklamelle einfügen muß. Um zur Endstätte zu gelangen, steht aber nun als letztes Verkehrshindernis das Hinterhorn des Ventrikels im Wege. Sein Kontakt mit der Fissura calcarina ist so unmittelbar, daß durch die letztere an der Medianwand des Ventrikels im Innern jene Vorwölbung entsteht, die wir als Calcar avis kennen. Zwischen den oralen Abschnitten des Grundes der Fissura calcarina und der Medianwand des Hinterhorns liegt oft nur eine äußerst dünne Markfaserschicht. Aber wir finden auch in diesem Gebiet die Area striata vor und es besteht wohl kein Zweifel, daß sich auch dorthin die Sehstrahlung ausbreitet, obwohl es Variationen gibt, wo die Area striata die Oberlippe der Fissura calcarina nicht völlig besetzt, sondern einen kleinen, oralen, an die Fissura parieto-occipitalis anstoßenden Teil davon frei läßt. Die Fälle sind indes selten. Das Hinterhorn steht aber auch caudalwärts noch einem ungehinderten Zutritt der Sehstrahlung im Wege, und es bedarf einer auf Frontalschnitten sichtbaren förmlichen Umhüllung des Hinterhorns, um den Grund der Fissura calcarina mit Sehstrahlungsfasern zu besetzen. Die einfachste Vorstellung wäre die, sich die Ränder der Sehmarklamelle von oben und unten her nach der Medianseite des Ventrikels zu eingerollt zu denken. Diese Ansicht könnte vor allem gestützt werden durch den hufeisenförmigen Eintritt der Sehmarklamelle in den Cortex, wie er auf Sagittalschnitten sichtbar ist. Auffällig ist nur, daß die Faserglocke, die man sich danach auf die Regio calcarina vom Markraum her aufgestülpt denken muß, caudalwärts etwa an der Grenze des mittleren und hinteren Drittels des gesamten occipitalen Markraumes ihr vorzeitiges Ende findet. Theoretisch hätte es bei dieser Vorstellungsweise näher gelegen, den caudalen Abschluß der Glocke im Gyrus descendens, also am Occipitalpol zu erwarten. Immerhin könnten diese Zweifel durch den Nachweis der von mir beschriebenen Umschlagstelle der Sehmarklamelle im retroventrikulären Markraum noch behoben werden. Niemals dürfte aber für den Eintritt der Fasern in die Ober- und Unterlippe der Fissura calcarina auf dem Frontalschnitt von der Sehmarklamelle ein anderes Querschnittsbild entstehen als das eines Snellenschen Hakens. Es ist unschwer zu erweisen, daß so einfach der Eintritt nicht erfolgt. In dem nach hinten schräg abfallenden

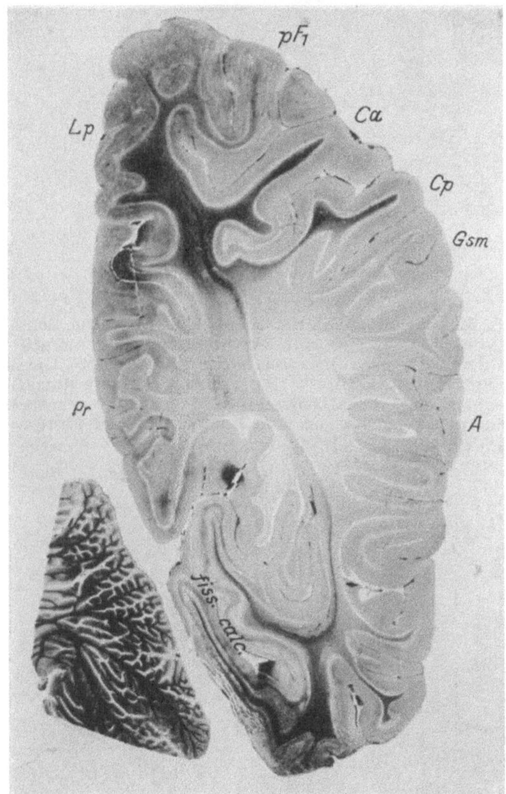

Abb. 83. Nach hinten schräg abfallender Horizontalschnitt aus dem Gehirn eines 3 Monate alten Knaben. Digammaförmige Aufteilung der Sehmarklamelle im retroventrikulären Markraum, die sich mit der Auffassung eines einfachen hufeisenförmigen Eintrittes der Sehstrahlung in den Cortex nicht vereinbaren läßt. Stellt man sich die Faserglocke plastisch vor, die auf die Facies interna der Medianseite des Gehirns, also vom Markkörper aus auf die Fissura calcarina gestülpt, auf dem Sagittalschnitt die Hufeisenform entstehen lassen soll und wäre diese Vorstellung zutreffend, so müßte im Frontal- oder geneigten Horizontalschnitt als Querschnittsbild immer ein Snellenscher Haken (⊏) mit der Öffnung nach der Medianseite hin, niemals könnte aber ein auf dem Kopf stehendes Digamma (⊨) entstehen. Da nun aber das Präparat eben ein Digamma im Querschnittsbild zeigt, muß die Verlaufsform komplizierter sein. Ca und Cp Vordere und hintere Zentralwindung. pF_1 Fuß der ersten Stirnwindung. Lp Lobus paracentralis. Pr Praecuneus. Gsm Gyrus supramarginalis. A Gyrus angularis. fiss. calc. Fissura calcarina.

Horizontalschnitt aus dem Gehirn eines drei Monate alten Knaben (Abb. 83) zeigt das Querschnittsbild ein auf dem Kopfe stehendes Digamma. Dieses Querschnittsbild läßt sich in keiner Weise mit der Annahme des hufeisenförmigen Eintritts der Sehstrahlung in Form einer auf die Facies interna der Medianseite aufgestülpten Faserglocke vereinbaren. Es gibt einfach keine Schnittrichtung, die diesem Querschnittsbild gerecht werden könnte. Die Verlaufsform muß also komplizierter sein.

Ganz häufig ist nun ferner das Vorkommen einer Doppelkontur der Sehmarklamelle im Cuneus. Der Sagittalschnitt aus dem Gehirn eines 8 Monate alten Kindes in Abb. 84 u. 85 gibt diese Tatsache sinnenfällig wieder. Die beiden dunkel gefärbten Schichten im Cuneus bleiben die ganze Serie

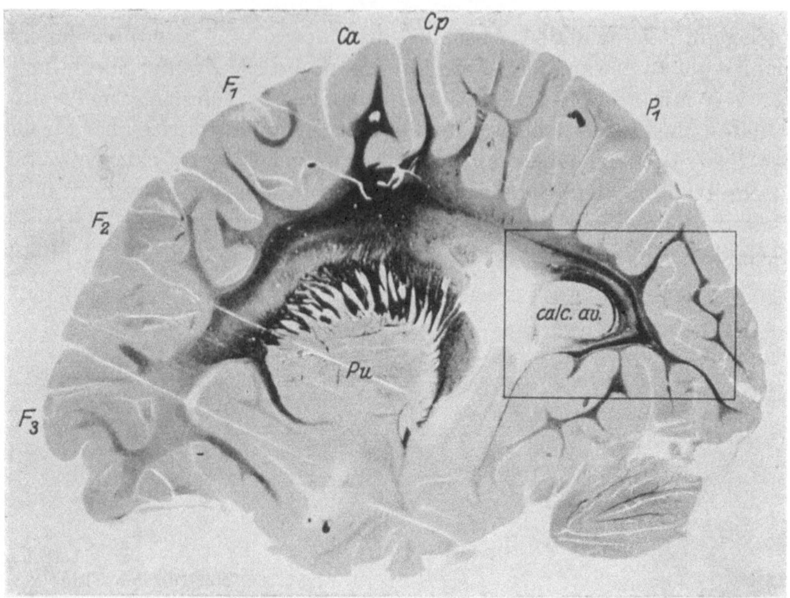

Abb. 84. Sagittalschnitt aus dem Gehirn eines 8 Monate alten Kindes. Doppelte Kontur der Sehmarklamelle in der Oberlippe der Fissura calcarina, welche sich mit der Auffassung des einfach hufeisenförmigen Eintrittes der Sehstrahlung in den Cortex schwer vereinbaren läßt. Bei × „Umschlagstelle der Sehmarklamelle im retroventrikulären Markraum". Die dem Calcar avis dorsal dicht aufliegende Faserschicht enthält sehr wahrscheinlich Balkenfasern und Projektionsfasern für den oralen Abschnitt der Oberlippe der Fissura calcarina. Ca und Cp Vordere und hintere Zentralwindung. F_1 F_2 F_3 Stirnwindungen. P_1 Obere Scheitelwindung. calc. av. Calcar avis. Pu Putamen des Linsenkerns.

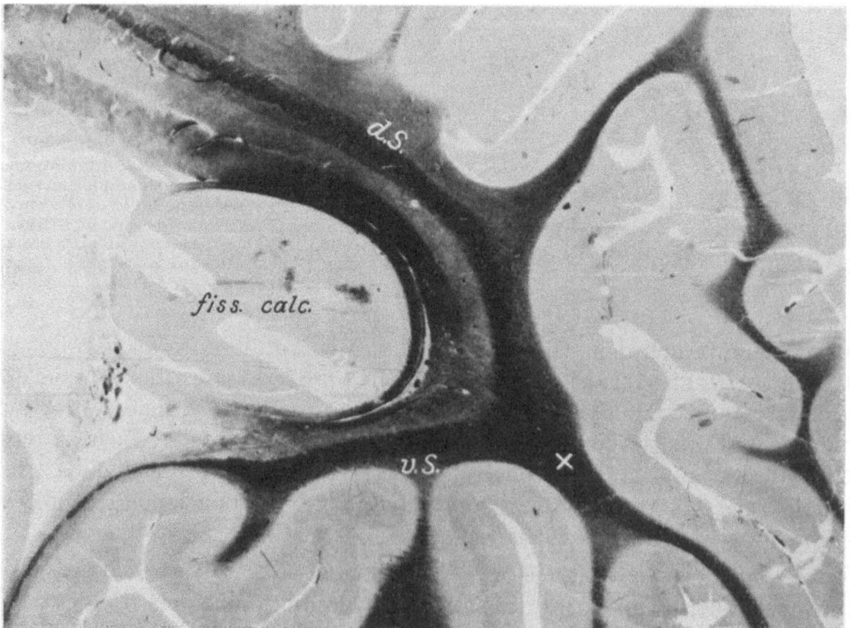

Abb. 85. Ausschnitt aus Abb. 84 in stärkerer Vergrößerung. vS und dS Ventraler und dorsaler Saum der Sehmarklamelle. × Umschlagstelle der Sehmarklamelle im retroventrikulären Markraum.

hindurch getrennt. Keinesfalls läßt sich der Ursprung der unteren Schicht aus der oberen Schicht erweisen, was doch der Fall sein müßte, wenn der dorsale Saum der Sehmarklamelle gemäß des hufeisenförmigen Eintritts der Sehstrahlung die Oberlippe der Fissura calcarina schon in oralen Abschnitten mit Fasern ausstatten würde. Dem Einwand, daß es sich in der Schicht, welche der Oberlippe der Fissura calcarina unmittelbar aufliegt, um ein Balkenlager handele, muß man damit begegnen, daß wegen der topischen Beziehungen der Oberlippe der Fissura calcarina zum Splenium des Balkens der Verlauf von Balkenfasern in sagittaler Richtung durch den Markraum der Oberlippe der Fissura calcarina zwar feststeht, aber ebenso sicher ist doch, daß dieses Faserlager unbedingt auch die Projektionsfasern für die Oberlippe der Fissura calcarina bergen muß,

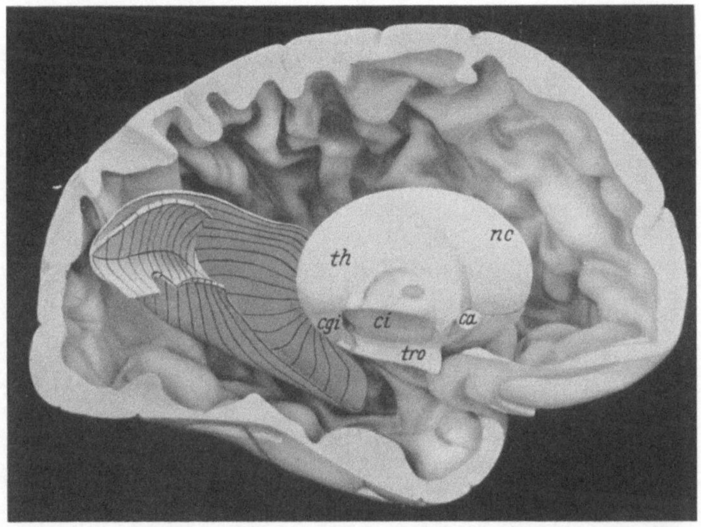

Abb. 86. Photographische Fehlaufnahme. Das caudale Ende der tönernen Sehmarklamelle ist nach oben verrutscht und dabei gleichzeitig das temporale Knie disloziert worden. Dadurch kommt aber nun der Verlauf des dorsalen Saumes der Sehmarklamelle voll zur Ansicht und es sind alle Variationsmöglichkeiten im Vergleich zur Abb. 36 zu ermessen. Man beachte vor allem die im Cuneus entstehende Doppelkontur der Sehmarklamelle, die in der Tat auf Sagittalschnitten gar nicht selten angetroffen wird. th Thalamus opticus. nc Nucleus caudatus. ca Commissura anterior. cgi Innerer Kniehöcker. tro Tractus opticus. ci Capsula interna.

eben weil es im Markraum der Oberlippe liegt. Die Deutung der Fasern als Balkenfasern würde also das Problem der Faserversorgung der Oberlippe der Fissura calcarina der Lösung nicht näher bringen. Auch wäre die Mächtigkeit dieses Faserlagers, wenn es nur aus Balkenfasern bestehen sollte, zum mindesten ungewöhnlich, während, wenn wir darin auch Projektionsfasern vermuten könnten, sie unseren Anschauungen entsprechen würde. Weitere mikroskopische Untersuchungen in dieser Richtung haben nun den Nachweis erbracht, daß ein großer Teil des fraglichen Marklagers aus Fasern der ventralen Etage der Sehmarklamelle stammen, zunächst den Markraum der Unterlippe der Fissura calcarina durchsetzen und alsdann vertikal nach der Oberlippe der Fissura calcarina aufsteigen. Die Erkenntnis dieser Tatsache mußte, prinzipiell ausgewertet, zu der Auffassung einer — sit venia verbo — schwalbenschwanzförmigen Aufteilung der Sehmarklamelle von der ventralen Etage her führen.

Die Realisierung dieser Ansicht findet ihren Ausdruck in der in Abb. 86 wiedergegebenen Plastik.

Man wirft einen Blick in das als Hohlkörper dargestellte Rindengrau einer linken Hemisphäre, die Medianwand ist abgetragen, vom Markkörper einzig und allein die Sehmarklamelle stehen geblieben. Es tut nichts zur Sache, daß es sich hier zufällig um eine photographische Fehlaufnahme handelt, sofern die tönerne Sehmarklamelle ein wenig rotiert und gehoben in das Modell eingelagert ist. Gerade dadurch kommt eine Konfiguration zur Ansicht, die an der

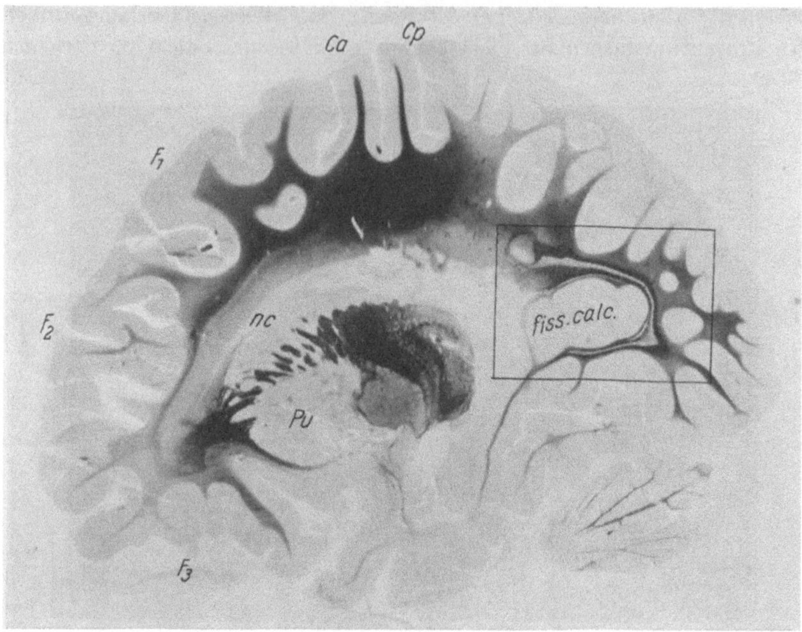

Abb. 87. Sagittalschnitt aus dem Gehirn eines 8 Monate alten Kindes. Ventral vom Calcar avis gabelförmige Verdoppelung der Kontur der Sehmarklamelle. Aus dieser Teilungsstelle kann man den Verlauf der unteren Schicht nach der Umschlagstelle der Sehmarklamelle im retroventrikulären Markraum verfolgen, während die Fasern der oberen Schicht, vorwiegend längs getroffen, in nach vorn konkavem Bogen zwischen Ependymzipfel des Hinterhorns einerseits und Calcarinarinde andererseits nach der Oberlippe der Fissura calcarina aufsteigen und sich dort oralwärts bis an das Balkensplenium heran fortsetzen. Wahrscheinlich enthält dieser Faserzug Balkenfasern und Projektionsfasern (für orale Abschnitte der Oberlippe der Calcarina). Wie in Abb. 84, so nimmt auch hier der dorsale Saum der Sehmarklamelle seinen Weg getrennt davon durch den Cuneus hindurch von vorn oben nach hinten unten, um zur Umschlagstelle der Sehmarklamelle im retroventrikulären Markraum zu gelangen. Ca und Cp Vordere und hintere Zentralwindung. F_1 F_2 F_3 Stirnwindungen. nc Nucleus caudatus. Pu Putamen des Linsenkerns.

regelrechten Lagerung der Sehmarklamelle in Abb. 36 nur umständlich zu erläutern gewesen wäre. Der Stielfächer strahlt mit großer Apertur aus. Der ventrale Saum der Sehmarklamelle verläuft nach oralen, der dorsale Saum nach caudalen Abschnitten der Regio calcarina. Auf dem Grund der Fissura calcarina ist eine leicht geschwungene fast horizontal verlaufende Linie eingezeichnet, von da aus zweigt nach oben das Markblatt für die Oberlippe der Fissura calcarina, nach unten das Markblatt für die Unterlippe der Fissura calcarina ab. Man ersieht leicht, daß ein schräg von vorn oben nach hinten unten geneigter Frontalschnitt etwa das in Abb. 83 wiedergegebene Faserquerschnittsbild und ein Sagittalschnitt (Abb. 84) im Cuneus eine Doppelkontur der Sehmarklamelle ergeben muß. Sehr häufig verschmilzt der die dorsalen Fasern führende Anteil der Sehmarklamelle mit dem Markblatt für die Oberlippe der Fissura calcarina, und zwar regelmäßig dann, wenn der dorsale Saum das untere Joch dicht oberhalb des Calcar avis als Eintrittspforte in den Markraum des Cuneus benutzt, wie das in Abb. 78 zu sehen ist. In einem solchen Falle kann dann bei entsprechender Schnittrichtung das mikroskopische Faserbild zu der Auffassung führen, als ob aus dem dorsalen Saum der Sehmarklamelle Fasern nach den oralen Abschnitten der Unterlippe der Fissura calcarina abstiegen, einen Verlauf, den v. Monakow beschreibt (Abb. 28). Nachdem ich die in Abb. 38 wiedergegebene Vorstellung vom Faserverlauf der Sehmarklamelle gewonnen hatte,

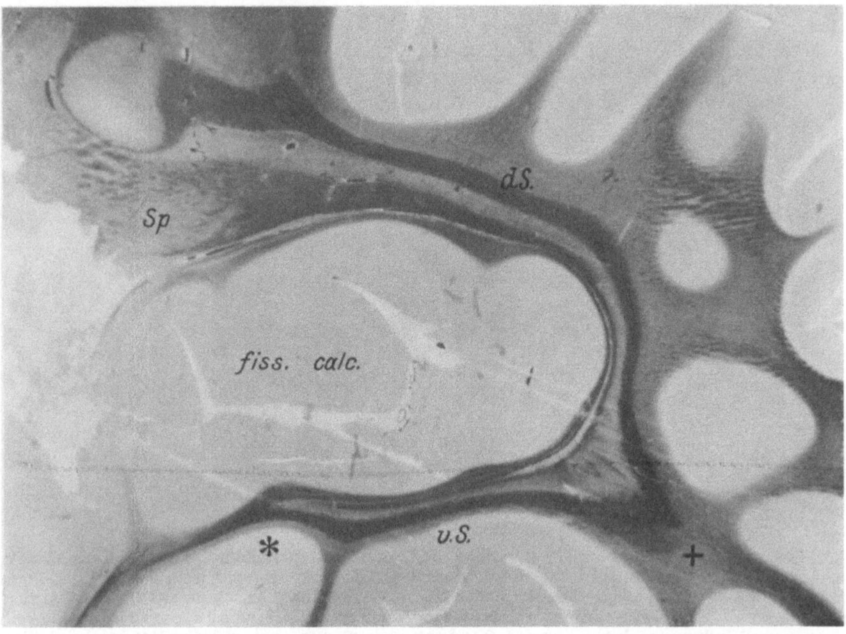

Abb. 88. Ausschnitt aus Abb. 87 in stärkerer Vergrößerung. fiss. calc. Fissura calcarina. v S und d S Ventraler und dorsaler Saum der Sehmarklamelle. × Umschlagstelle der Sehmarklamelle im retroventrikulären Markraum. * Ursprung des Fasciculus corporis callosi cruciatus (Balkengabel) aus der ventralen Etage der Sehmarklamelle. Sp Splenium. Man beachte im Markraum der Oberlippe der Fissura calcarina von unten nach oben die drei Schichten: Eigenmark der Oberlippe, Balkenschicht, dorsaler Saum der Sehmarklamelle.

ist es mir nicht wieder gelungen, Fasern aus dem dorsalen Saum der Sehmarklamelle nach der Unterlippe der Fissura calcarina absteigen zu sehen. Zwischen meiner und v. Monakows Auffassung besteht aber nicht allein der Unterschied, daß v. Monakow meint, die Fasern stiegen aus dem dorsalen Saum ab und ich behaupte, sie steigen aus dem ventralen Saum auf, sondern auch noch die weitere Differenz, daß v. Monakow diesen Faserverlauf an die Außenseite des Ventrikels verlegt, während ich die aufsteigenden Fasern an der Innenseite des Hinterhorns fand, also zwischen diesem und dem medianen Rindengrau. In Abb. 36 würde das Unterhorn des Ventrikels in dem schmalen Löffel liegen, welchen jene Fasern umkreisen, die das temporale Knie bilden, das Hinterhorn des Ventrikels dagegen in dem Raum hinter der schwalbenschwanzförmigen Aufteilung der Sehmarklamelle zu suchen sein. Nach v. Monakows Beschreibung sollen die aus der dorsalen Etage absteigenden Fasern das Hinterhorn lateral umgreifen, um in orale Abschnitte der Unterlippe zu gelangen. Abb. 28 zeigt dementsprechend das Markblatt für die Unterlippe zu einer Rinne ausgezogen, die der ventralen Zirkumferenz des Hinterhorns anliegend einer Matrize desselben entspricht. Ob es innerhalb der Variationsmöglichkeiten liegt, daß das Hinterhorn einmal innerhalb und ein andermal außerhalb der schwalbenschwanzförmigen Aufteilung liegt, so daß der von mir festgestellte Faseraufstieg aus ventralen Abschnitten der Sehmarklamelle nach der Oberlippe der

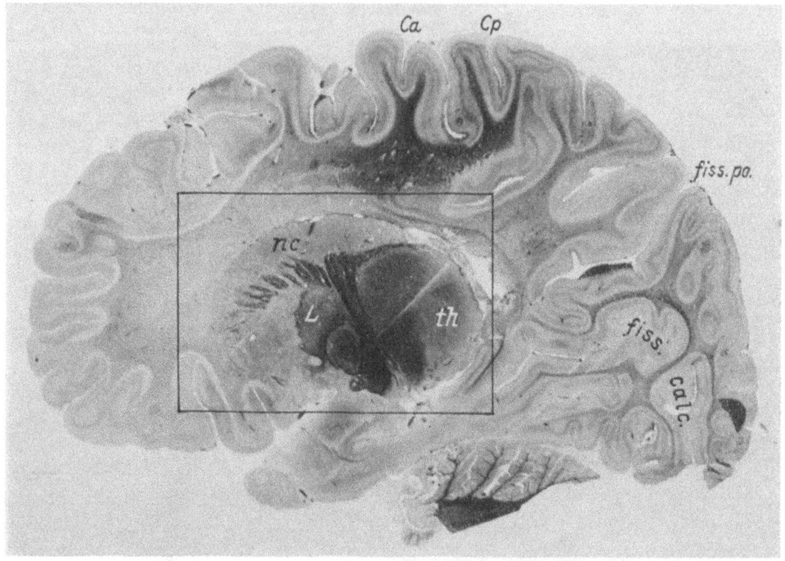

Abb. 89. Sagittalschnitt aus dem Gehirn eines $1^3/_4$ Monate alten Kindes. Vertikaler Aufstieg von Fasern aus ventralen Abschnitten der Sehmarklamelle (Unterlippe der Fissura calcarina) in nach vorn konkavem Bogen nach der Oberlippe der Fissura calcarina. Anscheinend Balkenfasern und Projektionsfasern. Die Verlaufsweise schließt eine Deutung als Meynertsche Bogenfasern, wie sie immer von Windung zu benachbarter Windung ziehen, aus. Ca und Cp Vordere und hintere Zentralwindung. fiss. po. Fissura parieto-occipitalis. nc Nucleus caudatus. L Linsenkern. th Thalamus opticus. fiss. calc. Fissura calcarina. (Den hier eingezeichneten Ausschnitt siehe in Abb. 64.)

Fissura calcarina gelegentlich auch an der lateralen Zirkumferenz des Hinterhorns erfolgen könnte, vermag ich noch nicht zu übersehen.

Nachdem die mikroskopische Faseranatomie einwandfrei den Verlauf des dorsalen Saumes der Sehmarklamelle nach caudalen Abschnitten der Regio calcarina ergeben hatte, mußte naturgemäß auch mit der Möglichkeit der Faserversorgung der Oberlippe der Fissura calcarina aus der ventralen Etage der Sehmarklamelle gerechnet werden. Gesehen worden war dieser Verlauf bisher nicht. Der ventrale Saum der Sehmarklamelle rollt sich in den schmalen Spalt hinein, der zwischen dem ventralen Boden des Unterhorns und der dorsalen Begrenzung des Rindengraues der Fissura collateralis vorgebildet ist. Von da aus gestaltet sich ein Aufstieg von Fasern nach der Oberlippe deshalb äußerst schwierig, weil der Calcar avis den oralen

Raum zwischen Hinterhorn und medianem Rindengrau hermetisch abschließt. Erst weiter caudalwärts wird für den Faserdurchtritt zunehmend mehr Luft.

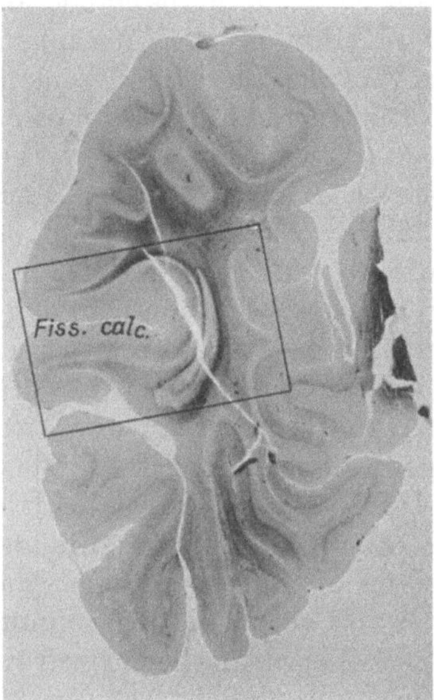

Abb. 90. Frontalschnitt aus dem Hinterhauptlappen eines 7 Wochen alten Kindes. Der Schnitt liegt dicht oralwärts vor dem Ende des Hinterhorns. Vertikaler Aufstieg von Fasern aus ventralen Abschnitten der Sehmarklamelle zwischen Hinterhorn und der Rindenbegrenzung des Grundes der Fissura calcarina nach der Oberlippe der Fissura calcarina. Die Beschaffenheit dieses Präparates schließt eine Verwechselung mit Bogenfasern zwischen den beiden Lippen der Fissura calcarina aus.

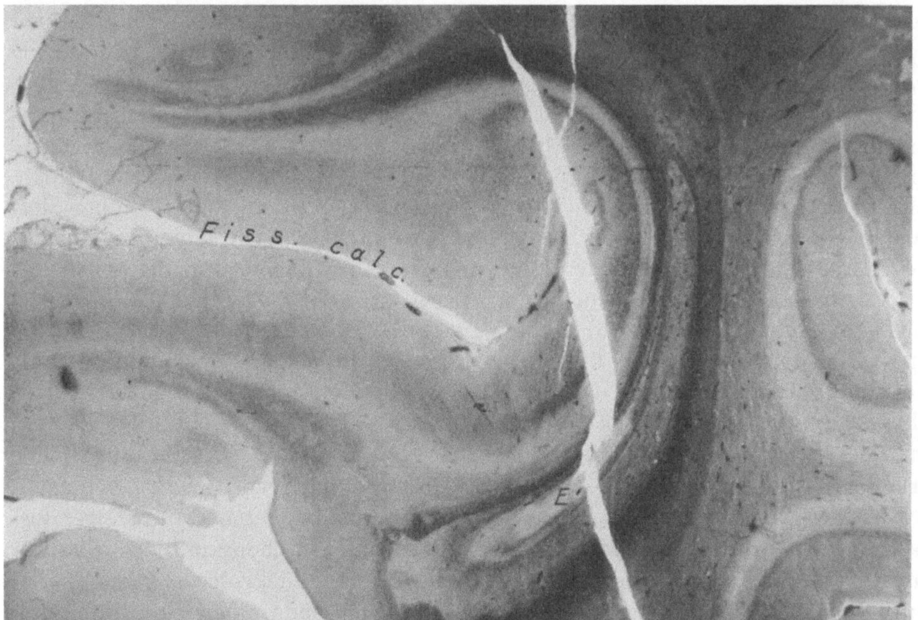

Abb. 91. Ausschnitt aus Abb. 90 in stärkerer Vergrößerung. E Ependymzipfel des Ventrikels.

Der bis dahin von der Unterlippe hermetisch abgeschlossen gewesene orale Teil der Oberlippe kann also, wenn er überhaupt aus der ventralen Etage der Sehmarklamelle Fasern bezieht, diese nur auf einem Umweg erhalten, entweder an der lateralen Zirkumferenz des Hinterhorns empor, also über dasselbe hinweg oder vorerst caudalwärts im Markraum der Unterlippe an der Basis des Calcar avis entlang, bis dieser vom Ventrikel zurücktritt, dann durch den Spalt zwischen Hinterhorn und medianem Rindengrau hindurch in nach vorn konkavem Bogen, also retrograd nach oralen Abschnitten der Oberlippe. Nur der letztere Verlauf ließ sich anatomisch sicher stellen. Abb. 87 zeigt einen Sagittalschnitt aus dem Gehirn eines 8 Monate alten Kindes, auf dem ventral vom Calcar avis sich eine gabelförmige Verdoppelung der Kontur der Sehmarklamelle zeigt. Aus dieser Teilungsstelle kann man den Verlauf der unteren Schicht nach der Umschlagstelle der Sehmarklamelle im retroventrikulären Markraum verfolgen, während die Fasern der oberen Schicht vorwiegend längs getroffen, in nach vorn konkavem Bogen zwischen Ependymzipfel des Hinterhorns (bzw. ihn einhüllend) und Calcarinarinde andererseits nach der Oberlippe der Fissura calcarina aufsteigen und sich dort oralwärts bis an das Balkensplenium fortsetzen. Getrennt davon nimmt der dorsale Saum der Sehmarklamelle durch den Cuneus hindurch von vorn oben nach hinten unten seinen Verlauf, um zur Umschlagstelle der Sehmarklamelle im retroventrikulären Markraum zu gelangen. Auch auf dem Sagittalschnitt aus dem Gehirn eines $1^3/_4$ Monate alten Kindes (Abb. 89) sieht man den vertikalen Aufstieg von Fasern aus ventralen Abschnitten der Sehmarklamelle (Unterlippe der Fissura calcarina) in nach vorn konkavem Bogen nach der Oberlippe der Fissura calcarina. Die Verlaufsweise schließt eine Deutung als Meynertsche Bogenfasern, wie sie immer von Windung zu benachbarter Windung ziehen, aus. In gleicher Weise läßt der Frontalschnitt aus dem Hinterhauptlappen eines sieben Wochen alten Kindes (Abb. 90), dessen Schnittebene dicht oralwärts vor dem Ende des Hinterhorns liegt, einen vertikalen Aufstieg von Fasern aus ventralen Abschnitten der Sehmarklamelle zwischen Hinterhorn und der Rindenbegrenzung des Grundes der Fissura calcarina nach der Oberlippe der Fissura calcarina erkennen. Auch die Beschaffenheit dieses Präparates schließt eine Verwechselung mit Bogenfasern zwischen den beiden Lippen der Fissura calcarina aus. v. Monakow hat gemeint, daß nach seiner Erfahrung die Bündel im Großhirn stets den kürzesten Weg einschlagen. Für die Sehstrahlung trifft das sicher nicht zu. Hier kann man die durch v. Monakow in Abrede gestellten „schlingenförmigen Umbiegungen zahlreicher Projektionsbündel" direkt beobachten. Ich gebe ein Beispiel dafür auf Horizontalschnitten aus dem Gehirn eines $1^3/_4$ Monate alten Kindes in den Abb. 92 und 93 wieder. Im retroventrikulären Markraum sieht man Fasern aus dem Stratum sagittale externum bzw. der primären Sehstrahlung halbzirkelförmig umkehren und rückläufig wieder weit nach vorn ziehen.

Bei der Annahme des regelmäßigen Vorkommens vertikal aufsteigender Fasern in den Markraum zwischen Hinterhorn und Furchengrund der Fissura calcarina müßte eine dafür markante Stelle in jeder lückenlosen Frontalserie auffindbar sein. Das ist in der Tat der Fall. Ich bilde einen Frontalschnitt aus der schon mehrfach zitierten Serie des Gehirns eines Erwachsenen ab, wo sich in der rechten Hemisphäre je ein Herd im Occipitalhirn und im Kleinhirn befand. Die linke Hemisphäre zeigt in Abb. 94 folgendes. Die Sehstrahlung umgibt kranzartig in einem gewissen Abstand das Hinterhorn des Ventrikels

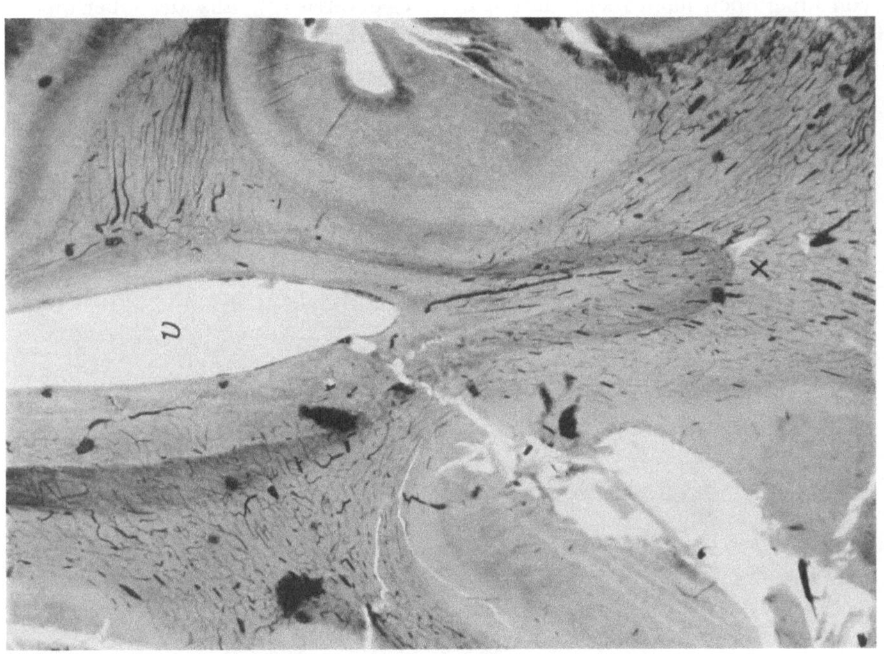

Abb. 93. Ausschnitt aus Abb. 92 in stärkerer Vergrößerung. v Ventrikel. Bei × halbzirkelförmig und retrograd verlaufende Fasern.

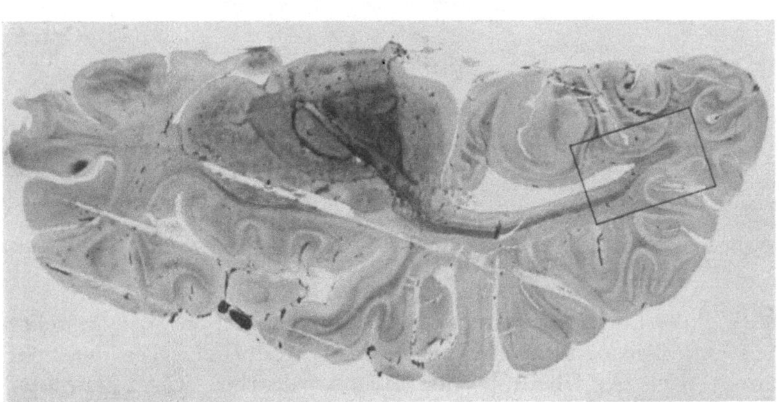

Abb. 92. Horizontalschnitt aus dem Gehirn eines $1^3/_4$ Monate alten Kindes. Im retroventrikulären Markraum sieht man Sehbahnfasern halbzirkelförmig (× in Abb. 93) umkehren und rückläufig nach vorn ziehen.

und breitet sich dann medialwärts flächenhaft wie eine Flagge aus mit je einem Endzipfel nach der Ober- und Unterlippe der Fissura calcarina. Das Bild kommt zustande durch vertikal aufsteigende Fasern in den Raum zwischen Hinterhorn und dem Grunde der Fissura calcarina und wird hier begünstigt durch die relativ große Breite dieses Raumes. Die Situation ändert sich völlig einige

Schnitte davor und dahinter. Das mikroskopische Bild dieses flächenhaft ausgebreiteten Teiles der Sehstrahlung (Abb. 95) zeigt nun längs getroffene Fasern aus der ventralen Etage der Sehmarklamelle nach der Unterlippe der Fissura calcarina (1), aus der dorsalen Etage der Sehmarklamelle schräg abwärts von links oben nach rechts unten bzw. vice versa (2), aus der Oberlippe der Fissura calcarina nach der medialen Ventrikelwand zu, in der Richtung von

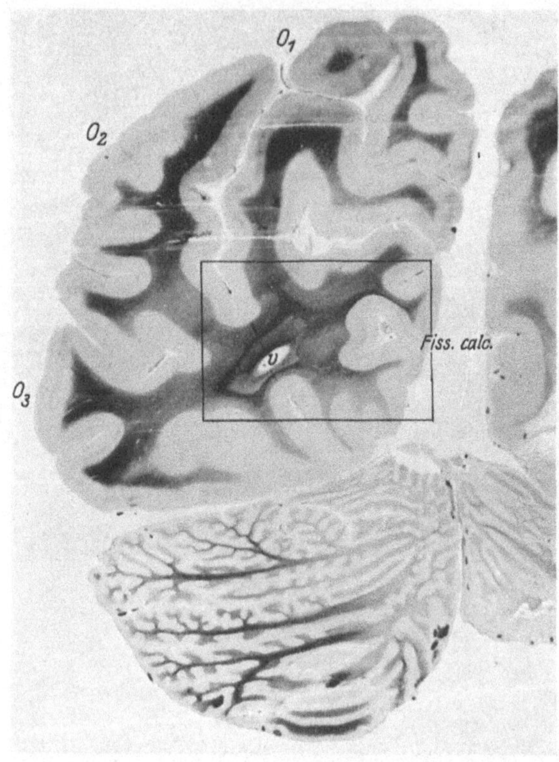

Abb. 94. Frontalschnitt aus dem Gehirn eines Erwachsenen. Die Sehstrahlung umgibt kranzartig in einem gewissen Abstand das Hinterhorn des Ventrikels und breitet sich dann medialwärts flächenhaft wie eine Flagge aus mit je einem Endzipfel nach der Ober- und Unterlippe der Fissura calcarina. Das Bild kommt zustande durch vertikal aufsteigende Fasern in dem Raum zwischen Hinterhorn und dem Grunde der Fissura calcarina und wird hier begünstigt durch die relativ große Breite dieses Raumes. Die Situation ändert sich völlig einige Schnitte davor und dahinter. fiss. calc. Fissura calcarina. v Ventrikel. O_1 O_2 O_3 Hinterhauptwindungen.

rechts oben nach links unten oder umgekehrt (3) und ferner vertikal gestellte Fasern (4), aber auffälligerweise kaum Fasern aus dem dorsalen Teil der Sehmarklamelle direkt nach der Oberlippe der Fissura calcarina. Ganz charakteristisch ist auch ein bevorzugt dichter Faserbelag des der Fissura calcarina zugekehrten Windungsabschnittes der Ober- (5) und Unterlippe (6). In bezug auf die letzte Bemerkung sei auf die Analogie mit anderen corticalen Sinnessphären hingewiesen. Der orale Abhang sowohl der hinteren Zentralwindung als auch der temporalen Querwindung des Schläfenlappens wird unverhältnismäßig früher markreif als der caudale Abhang. Am myelogenetischen Präparat sind daher lange Zeit die oralen Abhänge der temporalen Querwindung und hinteren Zentralwindung, ebenso wie die der Fissura calcarina zugekehrten Abhänge des Cuneus und Gyrus lingualis mit einem sehr viel dichteren Faserbelag versehen als angrenzende Nachbargebiete. Es ist gewiß interessant, daß diese Differenzierung hier im Gehirn des Erwachsenen noch sichtbar ist.

Es ist nunmehr die prinzipiell wichtige Frage zu beantworten, ob überhaupt Fasern aus der Sehstrahlung über das Hinterhorn des Ventrikels, d. h. entlang der lateralen bzw. dorsolateralen Zirkumferenz desselben in die Oberlippe der Fissura calcarina gelangen. In der Gratioletschen Strahlung verlaufen

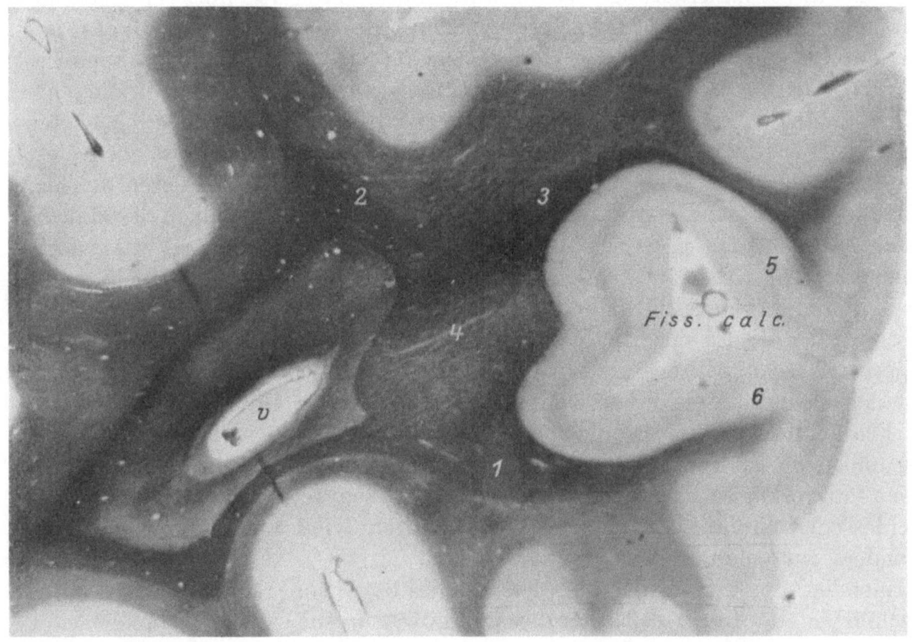

Abb. 95. Ausschnitt aus Abb. 94 in stärkerer Vergrößerung. Das mikroskopische Bild des flächenhaft ausgebreiteten Teiles der Sehstrahlung zeigt längs getroffene Fasern aus der ventralen Etage der Sehmarklamelle nach der Unterlippe der Fissura calcarina (1), aus der dorsalen Etage der Sehmarklamelle schräg abwärts von links oben nach rechts unten (2), aus der Oberlippe der Fissura calcarina nach dem Ventrikel zu in der Richtung von rechts oben nach links unten (3) und ferner vertikal gestellte Fasern (4), auffälligerweise kaum Fasern aus dem dorsalen Teil der Sehmarklamelle direkt nach der Oberlippe der Fissura calcarina. Ganz charakteristisch ist auch ein bevorzugt dichter Faserbelag des der Fissura calcarina zugekehrten Windungsabschnittes der Ober- (5) und Unterlippe (6).

die Fasern der Sehmarklamelle parallel orientiert in sagittaler Richtung von vorn nach hinten. An irgendeiner Stelle müßten dann Fasern aus dieser lateral vom Ventrikel gelegenen Schicht winklig abbiegen, um über das Hinterhorn hinweg nach der Oberlippe der Fissura calcarina zu gelangen. Am besten müßte das der Frontalschnitt zeigen. In der Tat hat v. Stauffenberg in seinem Schema (Abb. 5) den Faserverlauf so eingetragen. Als Querschnittsfigur der Sehmarklamelle im Markraum des Hinterhauptlappens einen nach der Medianseite hin offenen Snellenschen Haken angenommen, der den Ventrikel umgreift, müßte danach auf dem Frontalschnitt der senkrechte Balken dieses Hakens in größerer Anzahl quer getroffene Fasern aufzeigen, wegen der dort vorherrschenden sagittalen Faserrichtung, während die oben und unten ansetzenden Querbalken des Schnittbildes in mehr oder weniger längs getroffenen Fasern die direkte Einstrahlung nach der Ober- und Unterlippe erkennen lassen müßte, wenigstens wäre das nach dem v. Stauffenbergschen Schema zu erwarten. Das ist aber nun nachweislich nicht der Fall. Gerade in Frontalschnitten, wo das Querschnittsbild der Sehmarklamelle in der Form eines Snellenschen Hakens deutlich hervortritt, enthält der obere Querbalken massenhaft quer getroffene Fasern, so daß geradezu sicher ist, daß für die im senkrechten und oberen wagrechten Balken quergetroffene Fasern ein direkter Zusammenhang nicht besteht. Auch hat dieses hakenförmige Querschnittsbild im Frontalschnitt seine charakteristischen Eigenheiten. Die Verschmelzung des senkrechten Balkens mit dem unteren Querbalken ist in der ventrolateralen Ecke immer vollkommen. Dagegen variiert die dorsolaterale Ecke, also jene Stelle, wo der senkrechte Balken an den oberen Querbalken stößt, beträchtlich. Oft besteht in der oberen Ecke eine Lücke, oft eine Auflockerung der Faserschicht und oft ist eben diese Ecke nach oben hin zu einer langen Zipfelmütze ausgezogen, an deren dorsaler Spitze wiederum mehr Kontakt als Verschmelzung der beiden Balken des Hakens besteht. Die in das v. Stauffenbergsche Schema eingetragene Verlaufsform widerspricht also den tatsächlichen Verhältnissen. Auch ist in dem Schema gerade die interessanteste Stelle des Verlaufs weggelassen. Die für den caudalen Abschnitt der Fissura calcarina bestimmten Fasern liegen nach v. Stauffenberg in oralen Abschnitten der Gratioletschen Strahlung in der ventralen Etage. Plötzlich sieht man sie in horizontalem Verlauf in die Ober- und Unterlippe der Fissura calcarina einstrahlen. Wie sie dorthin gelangen, läßt das Schema aus, und doch ist eben das der springende Punkt. Ich war also wiederum auf eigene mikroskopische Untersuchungen angewiesen und nahm diese an der geschlossenen Frontalserie eines 7 Wochen alten Kindes vor, deren Färbung besonders gut gelungen war.

Nachdem der Verlauf des dorsalen Saumes der Sehmarklamelle nach oralen Abschnitten der Regio calcarina feststand, war meine Aufmerksamkeit ganz besonders eingestellt auf Faserabgabe unterwegs, d. h. vor Erreichung des Endziels am Occipitalpol. Aus folgendem Grunde. Wir kennen aus der pathologischen Anatomie Fälle, wo der dorsale Abschnitt der Sehmarklamelle in großer Ausdehnung zerstört war und doch keine Hemianopsie auftrat, so daß Henschen z. B. die Höhenausdehnung der Sehstrahlung auf wenige Millimeter und nur in der ventralen Etage der Gratioletschen Strahlung annehmen zu müssen glaubte. Nun zeigt ja Abb. 52 sehr deutlich die Möglichkeit, daß sich fast die gesamten Sehstrahlungsfasern förmlich in die ventrale Etage der Sehmarklamelle versacken können und der dorsale Saum derselben zu einer überaus dünnen Lamelle ausgezogen erscheint. Wenn nun dieser dünn ausgezogene dorsale Saum zerstört sein kann, ohne daß Hemianopsie auftritt, so wäre eine plausible Erklärung die, daß darin vorwiegend corticale Makulafasern verlaufen, deren Ausfall wegen der bestehenden Doppelversorgung symptomlos bleiben könnte. Der Einwand, daß eben der dorsale Saum überhaupt keine optischen Fasern enthalte, mag berechtigt erscheinen, solange der Stabkranz für den Gyrus fornicatus der Sehstrahlung noch untrennbar anliegt. Er wird aber hinfällig für den Teil des dorsalen Saumes, der nach Überschreiten des Joches der Fissura parieto-occipitalis den Markraum des Cuneus durchzieht. Wer bestreiten sollte, daß es sich hier auch um optische Systeme handele, müßte gleichzeitig den Beweis für die anders geartete Dignität dieser Fasern erbringen. Auf die funktionelle Bewertung dieser Fasern als zum optischen System gehörig, wurde in der vorliegenden Untersuchung lediglich aus Verlaufsform und Endausbreitungsbezirk (Area striata) geschlossen.

Nun kennen wir die Ausdehnung der corticalen Macula nur vermutungsweise, aber klinisch hat sich doch wohl die Auffassung befestigt, daß caudale Abschnitte der Regio calcarina darin inbegriffen sind (Lenz, Wilbrand,

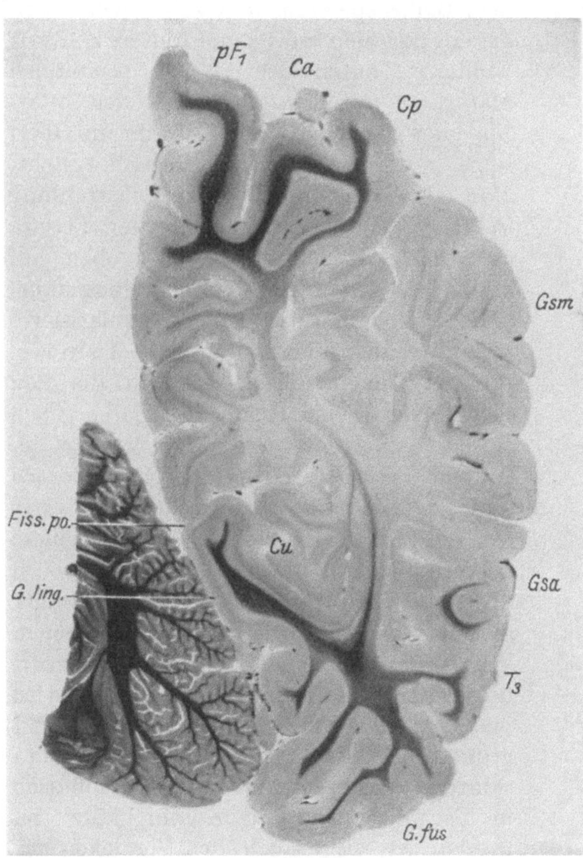

Abb. 96. Caudalwärts schräg abfallender Horizontalschnitt aus dem Gehirn eines 3 Monate alten Kindes. Der Schnitt liegt hinter dem Balkensplenium und zeigt oben stark geschwärzt die vordere und hintere Zentralwindung (Ca und Cp), unten den parieto-occipitalen Markraum mit dem oralen Teil der Unterlippe der Fissura calcarina, wo ihr die Oberlippe noch nicht paarig gegenübersteht. Man sieht den Eintritt der Sehstrahlung in diesen Teil der Unterlippe der Fissura calcarina. In dem nach links oben hin offenen Winkel, den die Sehstrahlung dabei bildet, erblickt man eine operkularisierte Windung, den sehr häufig in die Tiefe versenkten Cuneusstiel (Cu). Aus dem dorsalen Saum der Sehmarklamelle gleiten nach diesem Gyrus opertus hier längs getroffene Fasern (Makulafasern?) herab. Fiss. po Fissura parieto-occipitalis. G ling Gyrus lingualis. G fus Gyrus fusiformis. T_3 Dritte Schläfenwindung. Gsa Gyrus subangularis. Gsm Gyrus supramarginalis. pF_1 Fuß der ersten Stirnwindung.

Henschen), möglicherweise aber auch noch mehr oral gelegene Abschnitte der Fissura calcarina (Lenz). Ich hielt es nun nicht für ausgeschlossen, am myelogenetischen Präparat eruieren zu können, ob der dorsale Saum auf seinem Wege durch den Cuneus bereits „ausfranst" und den Ort wenigstens annähernd zu bestimmen, von dem an die Faserabgabe an die Rinde ganz sicher ist. Ich konnte nun noch folgendes feststellen.

Daß der dorsale Saum der Sehmarklamelle durch den parieto-occipitalen Markraum die Bahn einer nach oben gekrümmten Parabel beschreibt, habe ich bereits mehrfach abgebildet. Nach hinten stark ausbiegenden Anteilen der Taststrahlung dicht anliegend, wird die Sehstrahlung anscheinend zu hoch hinauf geführt und muß dementsprechend nach dem Cuneus zu wieder steil abfallen. Etwa am Kulminationspunkt dieser Kurve, die meist noch vor dem Eintritt in den Markraum des Cuneus liegt, sieht man nun eine anfangs überaus zarte und dünne und caudalwärts zunehmende Faserschicht medialwärts spitzwinklig abgleiten. Die Fasern sind im oralen Abschnitt, wie schon gesagt, spärlich und der Beginn ihres Auftretens variiert. Unter Umständen kann aber schon der Cuneusstiel damit ausgestattet sein. Ich zeige das in Abb. 96 an dem caudalwärts schräg abfallenden Horizontalschnitt aus dem Gehirn eines 3 Monate alten Kindes. Der Schnitt liegt hinter dem Balkensplenium und zeigt oben stark geschwärzt die vordere und hintere Zentralwindung, unten den parieto-occipitalen Markraum mit dem oralen Teil der Unterlippe der Fissura calcarina, wo ihr die Oberlippe noch nicht paarig gegenübersteht. Man sieht den Eintritt der Sehstrahlung in diesen Teil der Unterlippe der Fissura calcarina. In dem nach links oben hin offenen Winkel, den die Sehstrahlung dabei bildet, erblickt man eine opercularisierte Windung, den sehr häufig in die Tiefe versenkten Cuneusstiel. Aus dem dorsalen Saum der Sehmarklamelle gleiten nach diesem Gyrus opertus herab hier längs getroffene Fasern. Sollten das Makulafasern sein? Der Abstieg setzt sich caudalwärts fort und führt letzten Endes zu einem Querschnittsbild der Sehmarklamelle in Form eines Snellenschen Hakens. Häufiger gleicht aber die Querschnittsfigur einem kleinen lateinischen „s" in Schreibschrift, dessen Aufstrich zunehmend kürzer wird und eigentlich von Anfang an dem Furchengrunde, also der tiefsten Stelle der Fissura calcarina, zustrebt. Wenn der Aufstrich in der Querschnittsfigur sehr kurz geworden ist, liegt auch der Vergleich mit einem „j" sehr nahe, zu dem nur noch der Punkt fehlt. Den kontinuierlichen Zusammenhang jener absteigenden Fasern mit dem Furchengrunde der Fissura calcarina erweisen die Frontalschnitte aus dem Gehirn eines 7 Wochen alten Kindes sehr gut, die ich in den Abb. 97 bis 101 abbilde. In Abb. 97 sieht man das Herantreten der aus der dorsalen Etage der Sehmarklamelle abgesunkenen Fasern an den Furchengrund der Fissura calcarina, so daß das Hinterhorn, bzw. dessen Ependymfortsatz, von der Sehstrahlung völlig eingehüllt erscheint. Der mehr polwärts gelegene Frontalschnitt in Abb. 98 aus demselben Gehirn zeigt das spitzwinklige Abgleiten von Fasern aus der dorsalen Etage der Sehmarklamelle in den Spalt des Markraumes hinein, der sich zwischen den Furchengrund der Fissura calcarina

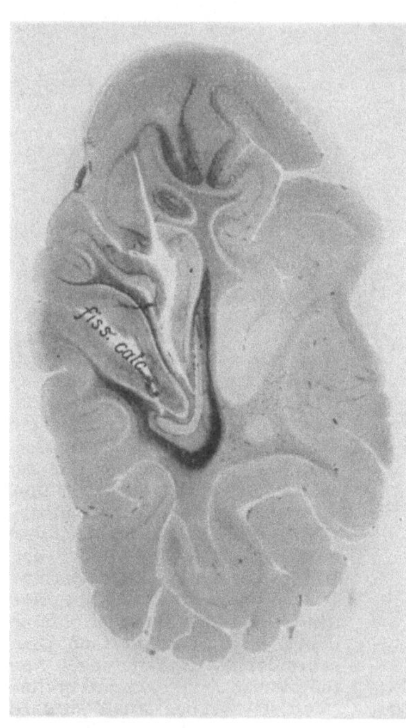

Abb. 97. Frontalschnitt aus dem Hinterhauptlappen eines 7 Wochen alten Kindes. Rechte Hemisphäre. Herantreten der aus der dorsalen Etage der Sehmarklamelle abgesunkenen Fasern an den Furchengrund der Fissura calcarina (Makulafasern?).

und dem Ventrikel, bzw. dessen Ependymfortsatz, befindet. Ich rede absichtlich von einem Abgleiten und nicht von einem Abzweigen, weil in dem Aufstrich dieses „s“förmigen Querschnittsbildes massenhaft quer getroffene Fasern zwischen kürzeren und längeren Faserstutzen eingelagert sind. Ganz auffällig ist nur das ablehnende Verhalten dieser Fasern gegenüber dem Markraum der Oberlippe der Fissura calcarina. Wenn überhaupt von da aus Fasern in den Markraum der Oberlippe der Fissura calcarina hinein ihren Verlauf nehmen, so kann dieser Faseranteil nur gering sein, denn ich konnte ihn in meinen Fällen nicht sicher auffinden. Um so einwandfreier ließ sich aber auf Parallelschnitten der Zusammenhang der aus dem dorsalen Saum abgleitenden Fasern mit dem Furchengrund der Fissura calcarina erweisen. Der vergrößerte Ausschnitt aus Abb. 98 zeigt diesen Abstieg der Fasern sinnenfällig und gleichzeitig ausgebreitete Faserzüge aus der ventralen Etage der Sehmarklamelle nach der Unterlippe der Fissura calcarina. Weiter polwärts gelegene Parallelschnitte geben über nähere Einzelheiten Aufschluß. In Abb. 100 sieht man das ursprüngliche „s“ der Querschnittsfigur in ein „j“ verwandelt. Aber auch hier drängen noch Fasern aus der dorsalen Etage der Sehmarklamelle in den Markraum zwischen Ventrikelfortsatz und Furchengrund der Fissura calcarina hinein. Sie werden spitzwinklig überkreuzt von Fasern, die sich eben dorthin aus der Oberlippe der Fissura calcarina verfolgen lassen. Der Rinde der Fissura calcarina dicht aufgelagert ist eine dürftige Schicht Bogenfasern aus der Unterlippe nach der Oberlippe und vice versa. In der Oberlippe ist die der Fissura calcarina zugekehrte ventrale Hälfte des Markraums viel markreicher ausgestattet als die dorsale Etage desselben. Es zeigt sich hier dasselbe Bild wie in bestimmten myelogenetischen Entwicklungsstadien bei der hinteren Zentralwindung, wo auch die dem Sulcus centralis zugekehrte Hälfte des Markraums sehr viel früher markreif angetroffen wird als die dem Sulcus postcentralis anliegende Markraumhälfte, und wo man dann zuerst vom hinteren Abhang der hinteren Zentralwindung entspringende Balkenfasern entstehen sieht, dasselbe Bild, welches man ferner auch in einem bestimmten Entwicklungsstadium — ich habe es anderorts abgebildet — bei der temporalen Querwindung vorfindet, wo die orale Hälfte des Markraums in der Reife voraneilt und man am caudalen Abhang der Querwindung Balkenfasern entspringen sieht, die mit der Füllung des restlichen Markraums den Anfang machen. Ich möchte diese Analogie besonders unterstreichen, da die

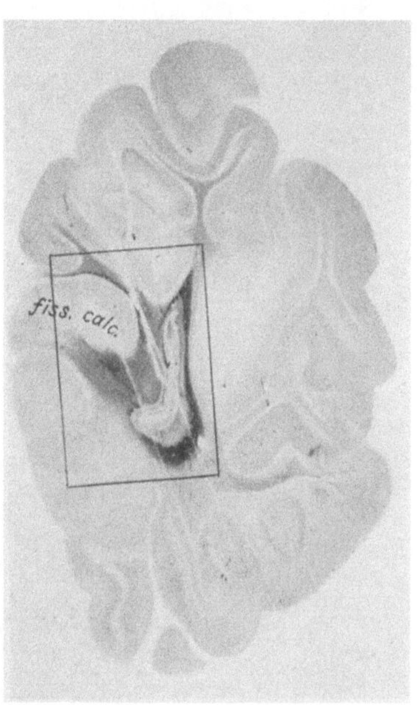

Abb. 98. Frontalschnitt aus dem Hinterhauptlappen desselben 7 Wochen alten Kindes. Rechte Hemisphäre. Schnitt durch den Ependymzapfen des Hinterhorns. Abgleiten von Fasern aus der dorsalen Etage der Sehmarklamelle in den Spalt des Markraums hinein, der sich zwischen dem Grunde der Fissura calcarina und dem Ventrikel bzw. dessen Ependymfortsatz befindet (Makulafasern?).

Myelogenese hier einen Hinweis auf die Einheitlichkeit des Baues der Sinnessphären zu enthalten scheint. Im vorliegenden Präparat sieht man aus der dorsalen Etage der Oberlippe der Fissura calcarina auffällig parallel ge-

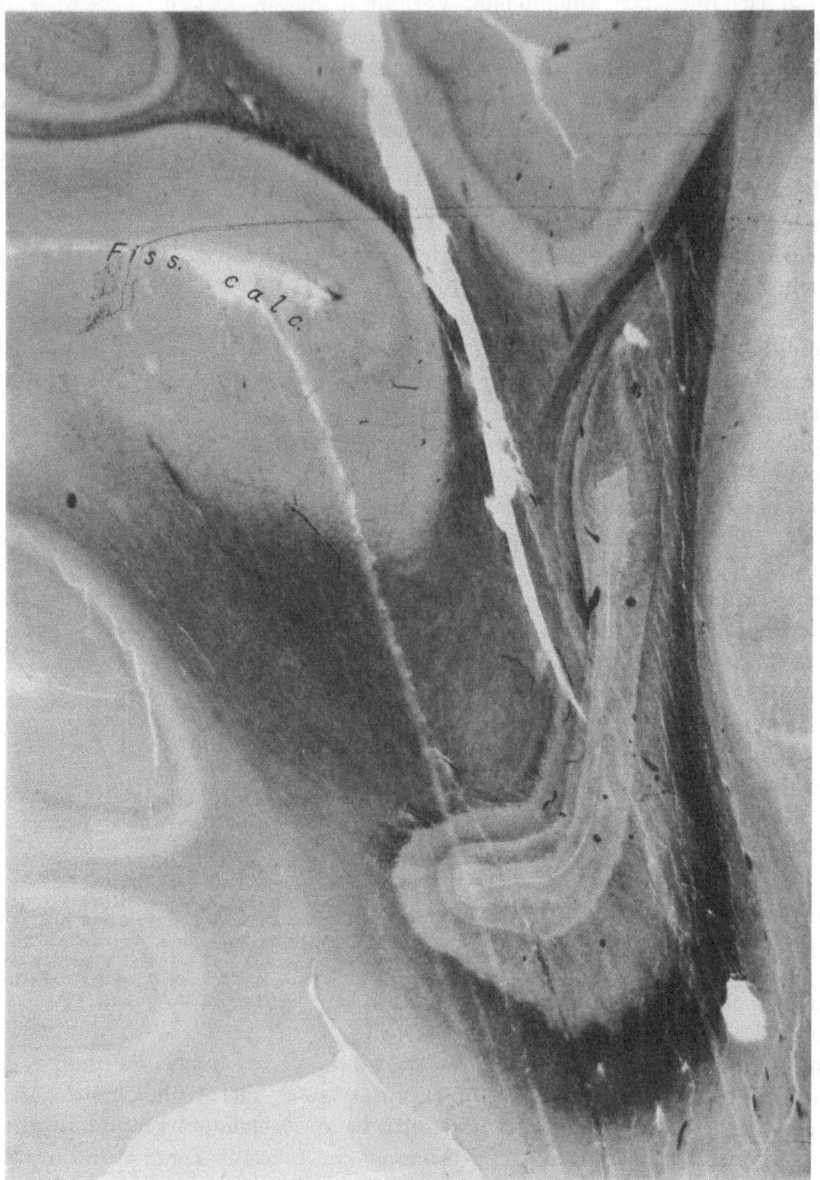

Abb. 99. Ausschnitt aus Abb. 98 in stärkerer Vergrößerung.

richtete, im mikroskopischen Gesichtsfeld borstensteif daliegende, äußerst feine Fasern nach der Sehstrahlung zu verlaufen, den Aufstrich des „s“förmigen Querschnittsbildes durchsetzen und sich in die Balkenschicht begeben. Das gleiche Bild beherrscht auch die Faserstruktur der Unterlippe. Wegen des Faserreichtums der Unterlippe der Fissura calcarina gehen aber hier die Balkenfasern im Wirrwarr unter und treten erst deutlich beim Überschreiten der Sehstrahlung in ventralen Abschnitten hervor, wo sie dann auch in

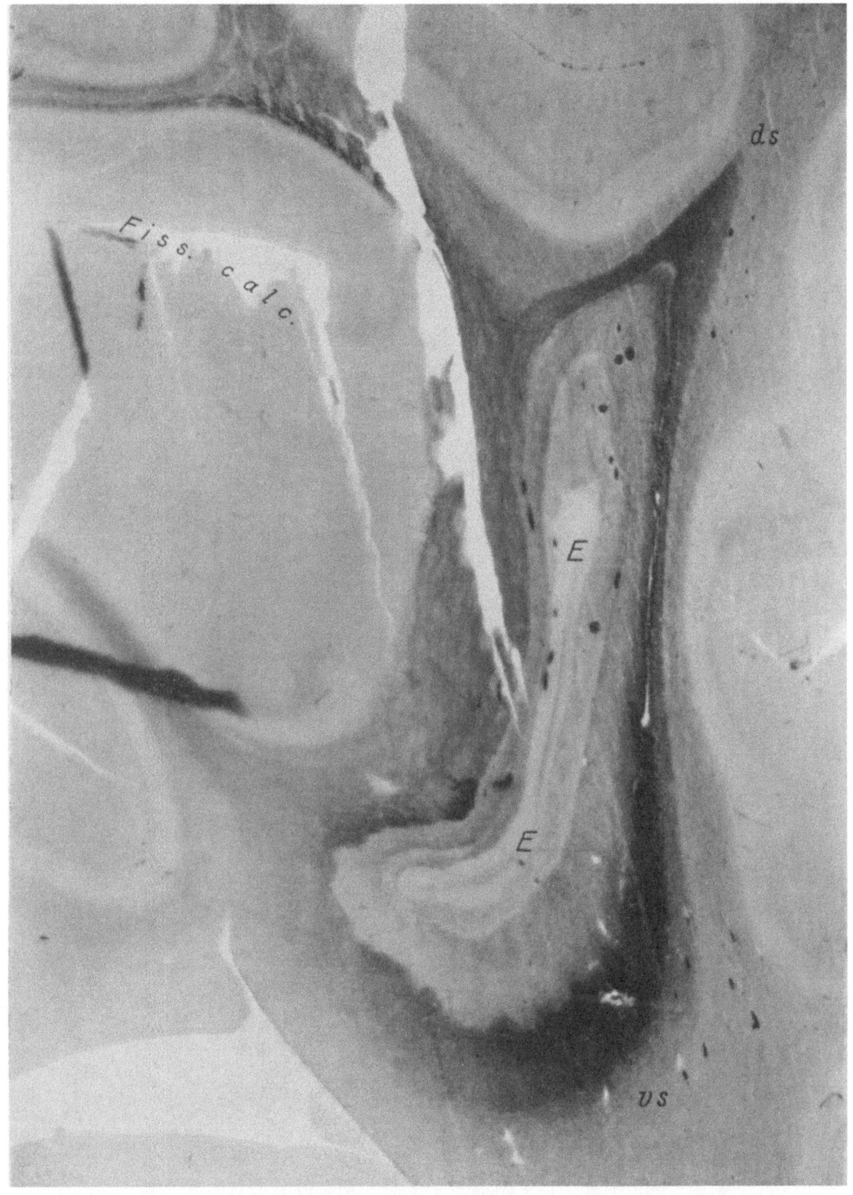

Abb. 100. Frontalschnitt speziell durch die Sehstrahlung in der Gegend des Ependymfortsatzes (E) vom Hinterhorn. Aus dem gleichen Gehirn wie Abb. 99, mehr polwärts gelegen. Die aus dem dorsalen Saum der Sehmarklamelle (ds) absteigenden Fasern verlaufen nicht nach der Oberlippe der Fissura calcarina. Sie steigen in den zwischen Ependymzipfel und Fissura calcarina gelegenen Markspalt herab und überkreuzen dabei spitzwinkelig die von dorther nach der Oberlippe aufsteigenden Fasern. vs Ventraler Saum der Sehmarklamelle.

die von der Sehmarklamelle eingehüllte Balkenschicht gelangen. Die aus dem dichten Teil der Oberlippe im Präparat auf großer Strecke längs getroffenen Fasern sieht man auf die Medianseite des Ependymfortsatzes vom Ventrikel zueilen und, der Konkavität desselben sich anpassend, im Bogen nach unten

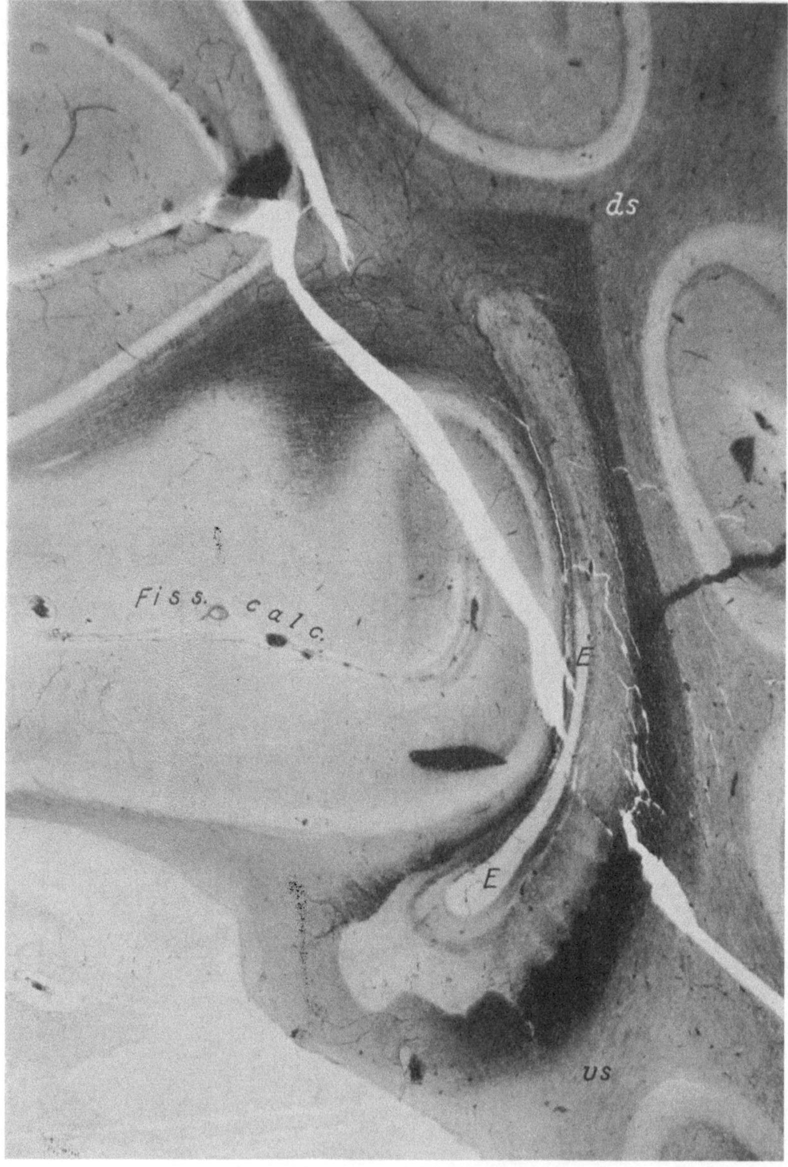

Abb. 101. Noch mehr polwärts gelegener Parallelschnitt zu dem Frontalschnitt in Abb. 100. Die aus dem dorsalen Saum der Sehmarklamelle stammenden Fasern beschreiben halbzirkelförmige Kurven, um in den Markraum zwischen Ependymfortsatz des Hinterhorns und der Fissura calcarina zu gelangen, welchem die Faserversorgung aus der Oberlippe gleichfalls hier ganz sinnenfällig zustrebt. dS und vS Dorsaler und ventraler Saum der Sehmarklamelle. E Ependymfortsatz des Ventrikels.

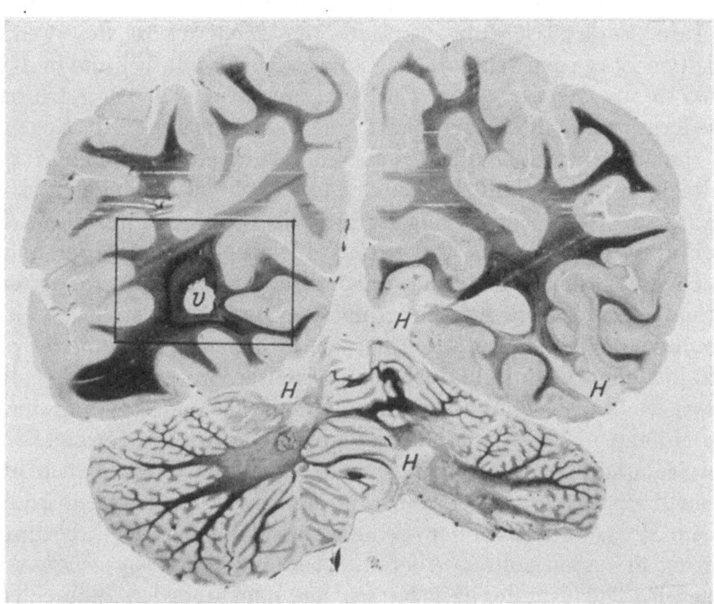

Abb. 102. Bifrontalschnitt aus dem Gehirn eines Erwachsenen. Linke Hemisphäre intakt. Rechts im Kleinhirn und an der Medianseite des Occipitalhirns (Fiss. calc.) je ein Herd (H). v Ventrikel.

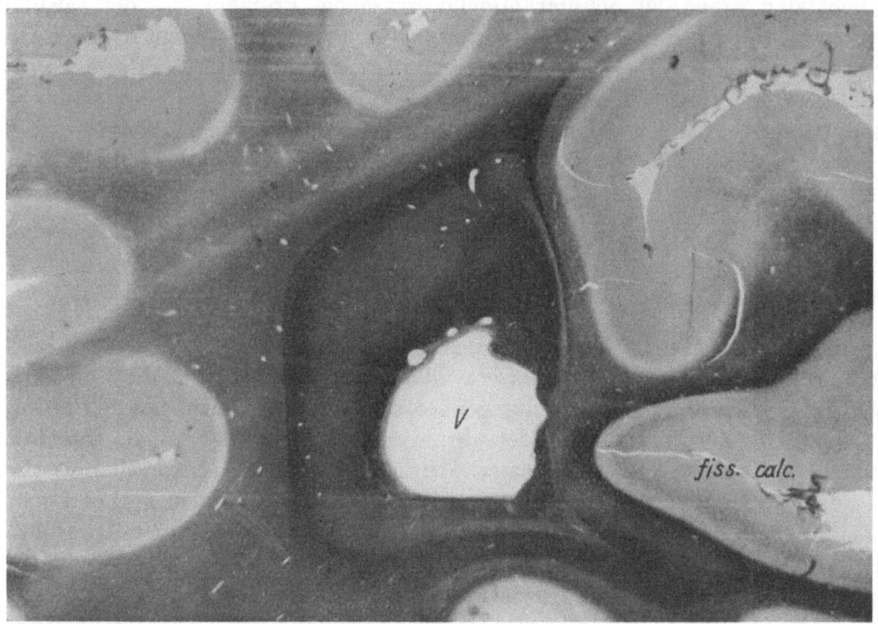

Abb. 103. Ausschnitt aus Abb. 102 in stärkerer Vergrößerung. Abstieg von Fasern aus dem dorsalen Saum der Sehmarklamelle nach dem Furchengrunde der Fiss. calc. (Makulafasern derselben Seite?). Lateral anliegend degenerierte Schicht in paralleler Verlaufsweise (Makulafasern der gekreuzten Seite?). v Ventrikel.

ziehen. Sie sind ventralwärts vom Furchengrund der Fissura calcarina noch auffindbar. Ihre Verlaufsrichtung, entlang der Medianseite des Ventrikels, nach der ventralen Etage der Sehstrahlung ist auf dem Parallelschnitt in Abb. 101 zu ersehen, wo sie auch ventral vom Furchengrund wieder längs getroffen auftauchen. Wiederum schließt das Präparat eine Verwechselung mit Bogenfasern aus. Es ist danach aber auch nicht wahrscheinlich, daß es sich um Balkenfasern handelt, denn der Verlauf der Balkenfasern geht ja nebenher und ist gar nicht zu verkennen. Ganz sinnenfällig ist hier die Überkreuzung dieser Fasern mit halbzirkelförmig gekrümmten Fasern aus der dorsalen Etage der Sehmarklamelle, die ebenfalls dem Markraum medial vom Ventrikel zustreben und auch hier offenbar nach dem Furchengrund verlaufen. Es steht so viel fest, daß, wenn man schon diesen Aufstrich des „s"förmigen Querschnittes als den eingerollten Rand einer Sehmarklamelle mit hufeisenförmigem Eintritt in den Cortex auffassen wollte, die ihm zugemutete völlige Faserausstattung der Oberlippe ganz so einfach nicht zu erweisen ist. Ich hege ernsten Zweifel, ob diese Vorstellungsweise überhaupt noch haltbar ist, wo man danach doch eher im Präparat einen Faserverlauf in nach oben (und nicht nach unten) konkavem Bogen aus dem dorsalen Saum der Sehmarklamelle nach der Oberlippe der Fissura calcarina erwarten sollte. Aber selbst wenn, ganz abgesehen von der Versorgung des Furchengrundes mit Fasern aus dem dorsalen Saum der Sehmarklamelle, die ich für anatomisch erwiesen halte, aus dem dorsalen Saum auch noch die Faserversorgung der ganzen Oberlippe der Fissura calcarina abzweigen sollte, so stünden wir doch in der Doppelversorgung der Oberlippe der Fissura calcarina mit Fasern sowohl aus der dorsalen — sehr zweifelhaft — und ventralen Etage der Sehmarklamelle vor einem Problem, das der Lösung noch harrt, während, wenn wir die aus dem dorsalen Saum nach dem Furchengrunde der Fissura calcarina abgleitenden Fasern als Makulafasern ansprechen dürften, die widersprechendsten pathologisch-anatomischen Befunde auf richtigen Beobachtungen beruhen könnten und gemeinsamen Gesichtspunkten sich unterordnen ließen. Ich habe mich hier auf eine anatomische Darstellung beschränkt, die Bestätigung oder Widerlegung erheischt.

6. Zur Leitungsrichtung der Fasern in den Sagittalstraten.

Wenn Flechsig in den Sagittalstraten die primäre und sekundäre Sehstrahlung unterschied, so tat er das vor allem mit Rücksicht auf die Leitungsrichtung dieser Systeme, die er entgegengesetzt annahm. Darin hat Flechsig recht behalten. Zur Widerlegung des Grundirrtums, daß das Stratum sagittale internum die Radiatio optica propria (v. Monakow), also die sensorisch optische Zuleitung zur Rinde enthalte, nehme ich Gelegenheit, noch einen pathologisch-anatomischen Fall zu demonstrieren, der in besonders klarer Weise Aufschluß über die Leitungsrichtung gibt. Es handelt sich um den Fall Gründler, den anderorts (Monatsschr. f. Psychiatrie u. Neurol. Bd. 22. S. 146) bereits Nießl v. Mayendorf klinisch und hirnpathologisch gewürdigt hat. Die Zeichnungen für die hier abgebildeten Präparate hat mir Herr Geh. Rat Flechsig in liebenswürdiger Weise zur Verfügung gestellt. Die Klinik des Falles und den Sektionsbefund skizziere ich ganz kurz wie folgt:

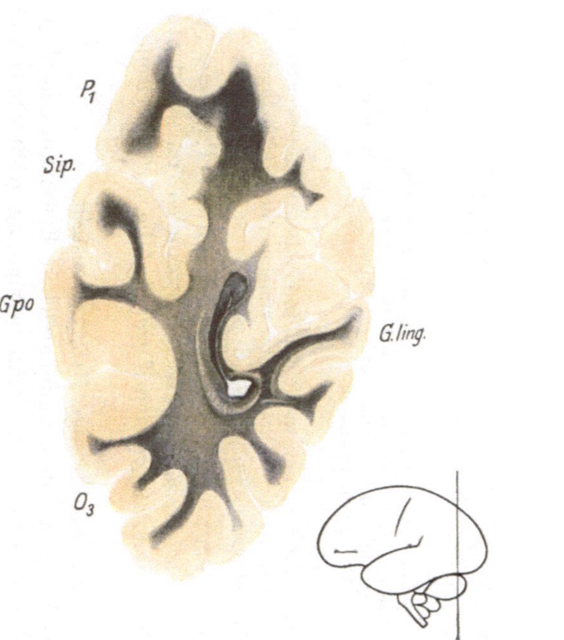

Abb. 104. Frontalschnitt aus dem Gehirn eines Erwachsenen. Ausgedehnte sekundäre Degeneration der primären Sehstrahlung, die ganz vorwiegend im Stratum sagittale externum liegt als Folge eines oral von diesem Schnitt gelegenen Herdes in T_2 und A, welcher die corticopetale Sehleitung größtenteils unterbricht. Fast völlige Unversehrtheit des Stratum sagittale internum, das v. Monakow als Radiatio optica propria bezeichnet hat, dessen corticofugale Leitungsrichtung aber eben durch das vorliegende Präparat bewiesen wird. Gut erhaltene Balkenschicht (Tapetum). P_1 Gyrus parietalis superior. Sip Sulcus interparietalis. Gpo Gyrus parieto-occipitalis. O_3 Gyrus occipitalis inf. Gling Gyrus lingualis.

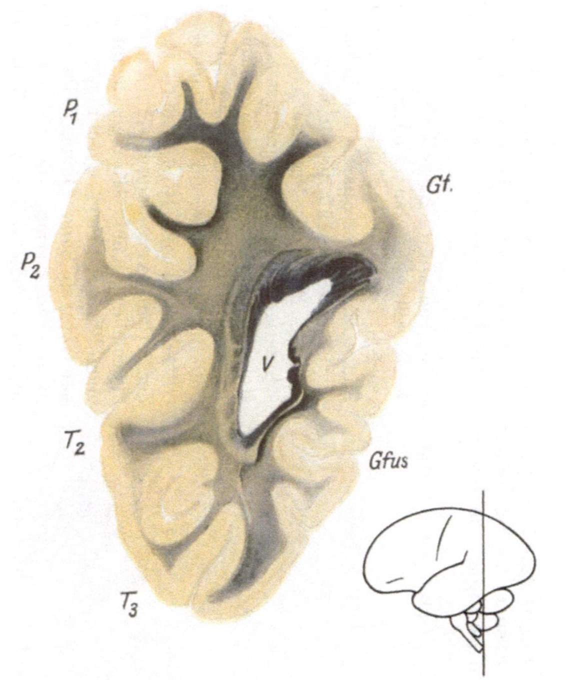

Abb. 105. Dem Herde näher gelegener Parallelschnitt zu Abb. 104. Ausgedehnte sekundäre Degeneration im Stratum sagittale externum und polygonaler Felder (durchtretende Balkenbündel) im Stratum sagittale internum sowie streifenförmiger Faserausfall im Tapetum. Geringe Reste der Sehmarklamelle in ventromedialen Abschnitten. P_1 P_2 Oberes und unteres Scheitelläppchen. T_2 T_3 Zweite und dritte Schläfenwindung. Gfus Gyrus fusiformis. Gf Gyrus fornicatus. v Ventrikel.

Die 48jährige verheiratete Frau wurde im Oktober 1899 nach der Nervenklinik verbracht, weil sie in der letzten Zeit körperlich und geistig verfallen war. Sie konnte nicht mehr arbeiten, war depressiv verstimmt, redete irre und litt seit Jahresfrist an epileptiformen Krampfanfällen. Die Anfälle begannen in der Regel mit Zuckungen in den Fingern der rechten Hand, hierauf krampfte diese, später der Arm und schließlich die ganze rechte Seite. Dann verlor die Kranke das Bewußtsein. Sie wurde blau im Gesicht, ließ Urin unter sich und biß sich in die Lippe. An den letzten Anfall hatte sich ein Dämmerzustand von 14 Tagen angeschlossen.

Die Untersuchung ergab prompte Reaktion der Pupillen auf Licht und Konvergenz. Facialisdifferenz zu Ungunsten der rechten Seite. Die rechte Hälfte der Zunge sah breiter aus als die linke.

Psychisch machte die Patientin einen stumpfen Eindruck. Beim Nachsprechen schwieriger Worte hochgradiges Silbenstolpern und Auslassen ganzer Silben. Die Wortfindung schien sehr erschwert und die Spontansprache paraphasisch entstellt. Finger, Ring, Hand, Decke der Patientin vorgehalten, werden richtig als solche erkannt. Hingegen nennt sie einen Bleistift Finger, einen Finger aber hält sie für ein Band. Dinge, die Patientin nicht sieht, vermag sie auch nicht zu benennen oder sich vorzustellen. Des Lesens erwies sich Patientin als ganz unfähig (litterale und verbale Alexie). Während des Aufenthaltes in der Anstalt traten zeitweise heftige Erregungszustände auf, die Krampfanfälle häuften sich und gingen auch auf die linke

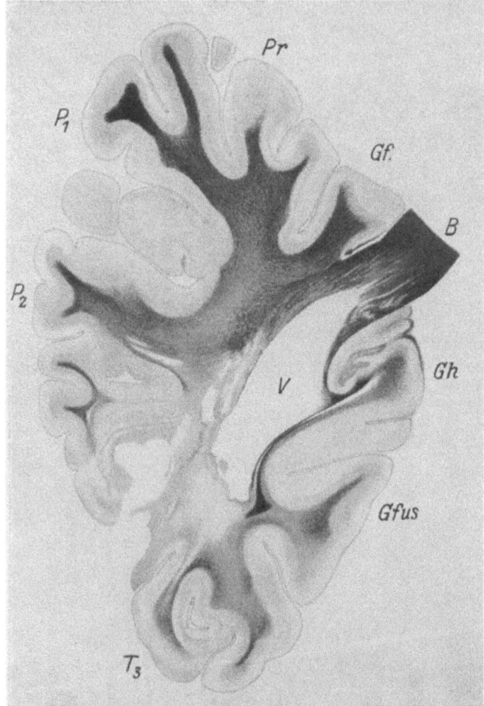

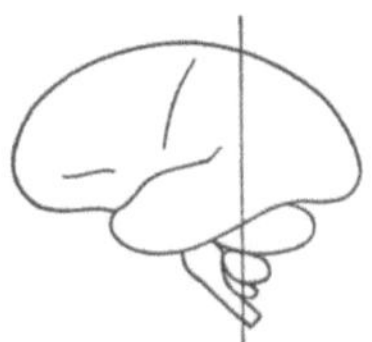

Abb. 106. Herd in seiner größten Ausdehnung. Unterbrechung der Strata sagittalia bis auf geringe Reste im ventromedialen Teil. P_1 P_2 Oberes und unteres Scheitelläppchen. T_3 Dritte Schläfenwindung. Pr Praecuneus. Gf Gyrus fornicatus. B Balken. Gh Gyrus hippocampi. Gfus Gyrus fusiformis. v Ventrikel.

Körperhälfte über, so daß Patientin nur in lichten Intervallen fixiert werden konnte. Die linke Pupille wurde weiter als die rechte. Unter zunehmender Verblödung und Entkräftung trat der Tod ein (Februar 1900).

Zusammenfassend ergab der klinische Befund: Pupillendifferenz, einseitige Facialisparese, sensorisch-aphasische Störungen mit Andeutungen optischer sowie taktiler Asymbolie, epileptiforme Anfälle, fortschreitende Verblödung.

Die Diagnose wurde auf herdförmige Paralyse gestellt.

Die Sektion ergab einen alten umfangreichen Erweichungsherd in der linken Hemisphäre, in welchem die 2. Temporalwindung größtenteils aufging. Nach hinten stieg der Herd im Gebiet des Gyrus angularis empor und erreichte dort seinen maximalen Umfang. Die Destruktion hatte im wesentlichen das

Marklager betroffen, wo sie in der letzterwähnten Region eine fast vollständige Auflösung des Gewebes zwischen Rinde und Ventrikel herbeiführte. Die Gefäße boten die Veränderungen der Arteriosklerose. Um manche Capillaren fanden sich mikroskopisch feststellbare Erweichungsherde. Das konservierte Gehirn wurde in Frontalschnitte zerlegt und nach Weigert-Pal gefärbt.

Abb. 104 zeigt einen Frontalschnitt aus der linken Hemisphäre dieses Gehirns mit ausgedehnter sekundärer Degeneration der primären Sehstrahlung, die ganz vorwiegend im Stratum sagittale externum liegt und die Folge des oral von diesem Schnitt gelegenen Herdes in der 2. Temporalwindung und des Gyrus angularis ist. Die corticopetale Sehleitung ist größtenteils unterbrochen. Dabei zeigt sich aber nun eine fast völlige Unversehrtheit des Stratum sagittale internum, das v. Monakow als Radiatio optica propria bezeichnet hat, dessen corticofugale Leitungsrichtung aber eben durch das vorliegende Präparat bewiesen wird.

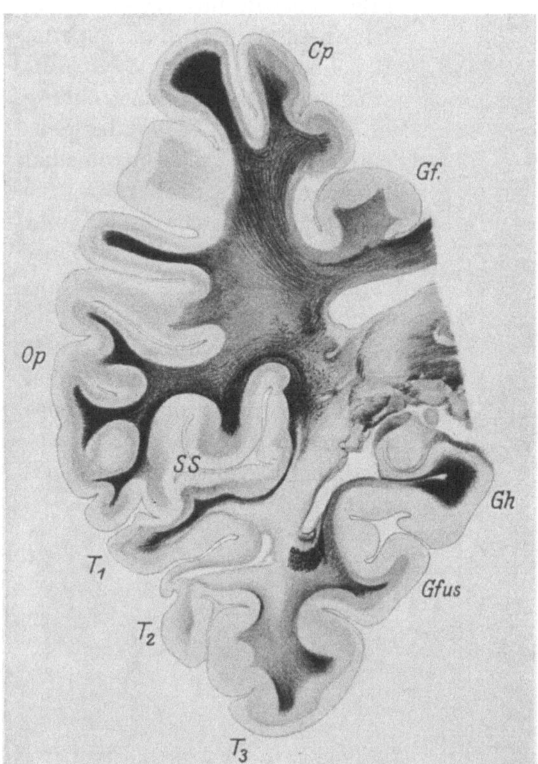

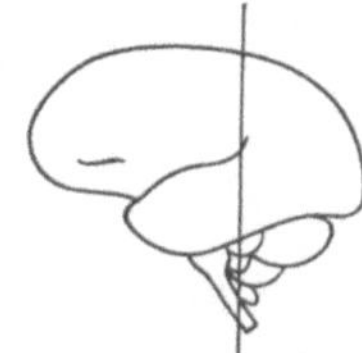

Abb. 107. Oral vom Herd gelegener Frontalschnitt. Fast völlige sekundäre Degeneration des Stratum sagittale internum (corticopetal leitende Systeme). Ansammlung der unversehrt gebliebenen Reste der Sehmarklamelle im ventralen Abschnitt des im übrigen total degenerierten Stratum sagittale externum. Hinzutreten neuer Fasern aus bzw. zu dem Gyrus hippocampi. Cp Hintere Zentralwindung. Gf Gyrus fornicatus. Gh Gyrus hippocampi. Gfus Gyrus fusiformis. Op Operculum. T_1 T_2 T_3 Schläfenwindungen. SS Sylvische Spalte.

Abb. 105 gibt einen dem Herde näher gelegenen Parallelschnitt zu Abb. 103 wieder. Auf ihm sieht man eine ausgedehnte sekundäre Degeneration im Stratum sagittale externum und polygonale Felder (durchtretende Balkenbündel) im Stratum sagittale internum sowie einen streifenförmigen Faserausfall im Tapetum.

Abb. 106 zeigt den Herd in seiner größten Ausdehnung. Die Strata sagittalia sind bis auf geringe Reste im ventromedialen Teil völlig unterbrochen.

Abb. 107 bringt nunmehr einen oral vom Herd gelegenen Frontalschnitt. Im schroffen Gegensatz zu dem Befund in caudal vom Herd gelegenen Frontalschnitten beobachten wir hier eine völlige sekundäre Degeneration des Stratum sagittale internum (corticopetal leitende Systeme). Im ventralen Abschnitt des im übrigen total degenerierten Stratum sagittale externum gewahren wir eine Ansammlung der unversehrt gebliebenen Reste der Sehmarklamelle. Gleichzeitig sieht man das Hinzutreten neuer Fasern aus bzw. zu dem Gyrus hippocampi.

Der noch weiter oralwärts gelegene Frontalschnitt in Abb. 108 geht nunmehr schon durch die temporale Querwindung (Hörwindung Flechsigs) und den äußeren Kniehöcker. Er zeigt den Aufstieg der restlichen Sehstrahlung in die dorsale Etage der Sehmarklamelle. Der ventromedial hinzutretende Stabkranz für den Gyrus hippocampi bleibt durch einen schmalen Degenerationsstreifen von der Sehstrahlung getrennt. Der dorsolaterale Abschnitt des äußeren Kniehöckers zeigt entsprechend den Strahlungsresten ein erhaltenes Fasernetz, während der dorsomediale Abschnitt völlig degeneriert ist.

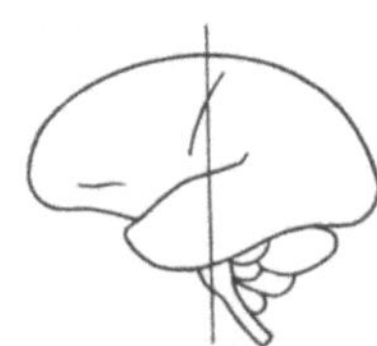

Abb. 108. Frontalschnitt aus dem gleichen Gehirn wie Abb. 106 durch temporale Querwindung und äußeren Kniehöcker. Aufstieg der restlichen Sehstrahlung in die dorsale Etage. Der ventromedial hinzutretende Stabkranz für den Gyrus hippocampi bleibt durch einen schmalen Degenerationsstreifen von der Sehstrahlung getrennt. Der dorsolaterale Abschnitt des äußeren Kniehöckers zeigt entsprechend den Sehstrahlungsresten ein erhaltenes Fasernetz, der dorsomediale Abschnitt ist völlig degeneriert. Ca, Cp Vordere und hintere Zentralwindung. Op Operculum. SS Sylvische Spalte. T_1 T_2 T_3 Schläfenwindungen. Gh Gyrus hippocampi.

Der letzte Frontalschnitt in Abb. 109 endlich liegt, abgesehen von einer geringen Aufhellung in der 2. Frontalwindung, außerhalb der Einflußsphäre des Herdes.

In Abb. 110 füge ich endlich noch einen Frontalschnitt aus dem Occipitalhirn eines gesunden Erwachsenen bei, der sinnenfällig die unendlichen Schwierigkeiten erkennen läßt, welche einer endgültigen Schematisierung des Verlaufes der Sehstrahlung entgegen stehen. Sicher ist, daß die mit dem Vicq d'Azyrschen Streifen versehenen Bezirke mit Sehstrahlungsfasern ausgestattet sind. Um dies zu realisieren, muß sich die Sehstrahlung fontäneartig ausbreiten. Unter Superposition zahlreicher Assoziations- und Balken-

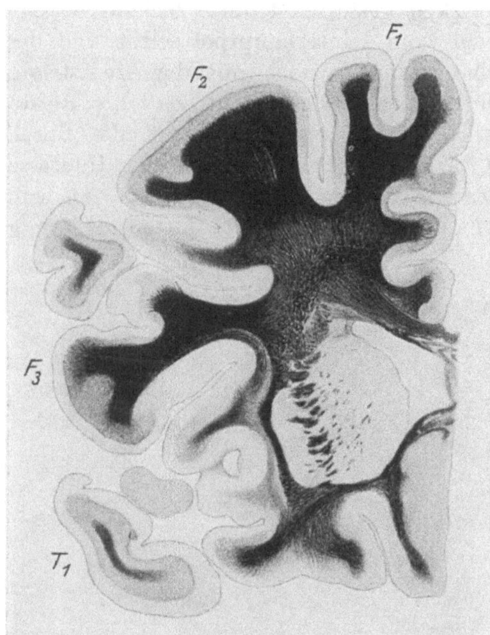

fasern, die sich im Wettbewerb um ein gemeinsames Rindenareal mit den Sehstrahlungsfasern vielfach überkreuzen, vollzieht sich die Endausbreitung der Sehstrahlung durch einen im vorliegenden Falle kaum mehrere Millimeter breiten Markraum hindurch, so daß hier wohl jede Schematisierung aufhört.

Abb. 109. Bis auf eine geringe Aufhellung in F_2, außerhalb der Einflußsphäre des Herdes gelegener Frontalschnitt aus dem gleichen Gehirn. F_1 F_2 F_3 Stirnwindungen. T_1 Erste Schläfenwindung.

7. Der Einfluß des Venenverlaufs auf die plastische Gestaltung der Hirnoberfläche am Occipitalpol.

Hirnneurologen und Ophthalmologen sind in gleicher Weise interessiert an der Variation der Oberflächengestaltung des Hinterhaupthirns insbesondere der Fissura calcarina. Das Bild von der Oberfläche der äußeren Konvexität des Hinterhauptlappens ist sehr wechselnd und eine vergleichend anatomische Homologisierung der einzelnen Windungen schwierig. Man nimmt eine Reduktion der Occipitalwindungen in der Phylogenese von 5 auf 3 an und erklärt als Rudimente überschüssiger Windungen die am Hinterhaupthirn so häufigen Opercularisierungen, wodurch Rindenteile inselförmig tief eingestülpt werden, um dort sogenannte Gyri occulti bzw. Gyri operti zu bilden. Es zeigt sich, daß dieser verwickelte Rindenbau plastisch deformierend auf die Sehmarklamelle einwirken

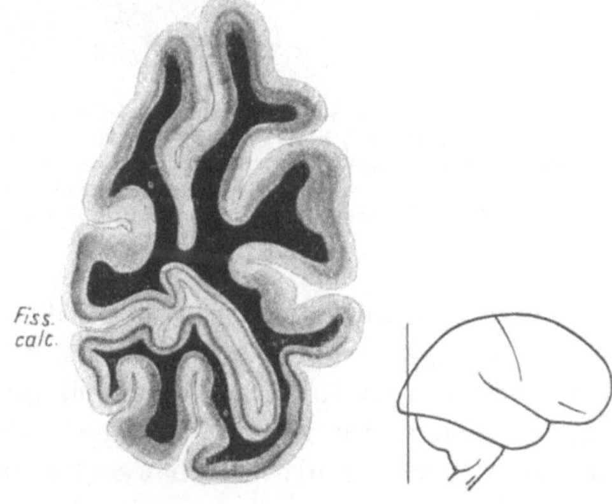

Abb. 110. Frontalschnitt nahe dem Occipitalpol aus dem Gehirn eines gesunden Erwachsenen, der die große flächenhafte Ausdehnung der Area striata (am Vicq d'Azyrschen Streifen kenntlich) zeigt und einen dementsprechenden verwickelten Verlauf der Sehstrahlung durch enge Markraumbrücken hindurch ermessen läßt.

und den Faserverlauf dann sehr verwickelt gestalten kann. Sichere makroskopische Anhaltspunkte dafür, wieviel vom Hinterhauptpol selbst und der angrenzenden Konvexität des Hinterhauptlappens noch mit der Area striata ausgestattet ist, gibt es im allgemeinen nicht. Fest steht, daß die Retrocalcarina ebenso Area striata birgt als die Calcarina, womit die durch v. Monakow eingeführte Zweiteilung wieder illusorisch wird. Großes Interesse haben nun jene Fälle beansprucht, wo die Fissura calcarina, welche an sich eine Medianfurche des Gehirns ist, im dorsalen Abschnitt hirtenstabförmig

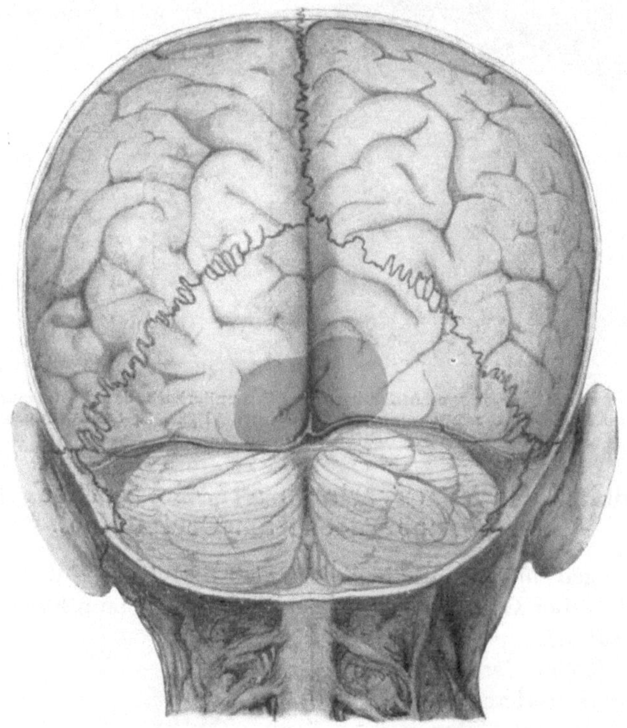

Abb. 111. Schädel eines mehrere Monate alten Kindes von hinten geöffnet. Corticale Sehsphäre (Bereich der Area striata) blau eingetragen. Normale Vorbedingungen für die leistenförmige Proliferation von Knochengewebe in den hirnfreien Schädelraum (Eminentia cruciata). Venenverlauf hiernach schematisch regelrecht. An der Basis des Kleinhirns sind die Kleinhirntonsillen deutlich zu sehen, die bei Hypertrophie sich an der Hinterhauptschuppe des Schädels als Fossulae occipitales (Lombroso) abformen.

über den Occipitalpol hinweg auf die äußere Konvexität des Gehirns übergreift und dann eine größere Wahrscheinlichkeit dafür besteht, daß auch dieser Kappenteil die Area striata enthält. Diese Polkappe ist hinsichtlich ihrer Ausdehnung nach der Konvexität hin in der Regel klein (Abb. 111), in Ausnahmefällen aber relativ groß. Brodmann hat sie besonders weit auf die äußere Konvexität sich erstreckend vorgefunden an den Gehirnen der Javaner und Hereros. Er hat daraus den Schluß gezogen, daß ein Hinübergreifen der Fissura calcarina über den Occipitalpol hinweg auf die äußere Konvexität des Hinterhaupthirns ein Merkmal niederer Rasse sei. Er folgte darin Ansichten, die vor ihm bereits von Elliot Smith über die Fellachs, von Hayashi und Nakamura über die Javaner und von Flashman über die Australier geäußert worden waren. Neuerdings hat Landau diese Auffassung einer sachlichen Kritik unterzogen. Unbeschadet der Richtigkeit der Beobachtungen ist die Schlußfolgerung, daß diese Variante am Hinterhauptlappen ein Stempel der Inferiorität sei, nicht zutreffend. „Denn alle (diese) Autoren," sagt Landau ganz richtig, „haben als Dogma aufgestellt, daß bei den höheren Rassen die in Frage kommende Variation gar nicht vorkomme, oder wie es Brodmann für möglich fand zu behaupten, außerordentlich selten. Schon im Jahre 1912 bestritt ich diesen Standpunkt von Brodmann auf Grund meiner Beobachtungen an Estenhirnen; zur Stunde kann ich nun sagen, daß die in Frage kommende Variation gar nicht so selten zur Beobachtung gelangt am Europäerhirn. Ich persönlich habe das wahrgenommen an Estenhirnen, Schweizerhirnen, Israelitenhirnen und Franzosenhirnen, sowie an beiden Hemisphären von Bertillon fils. Es ist

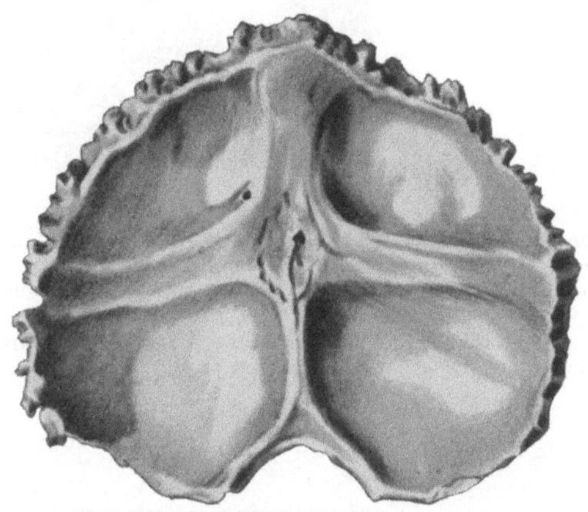

Abb. 112.

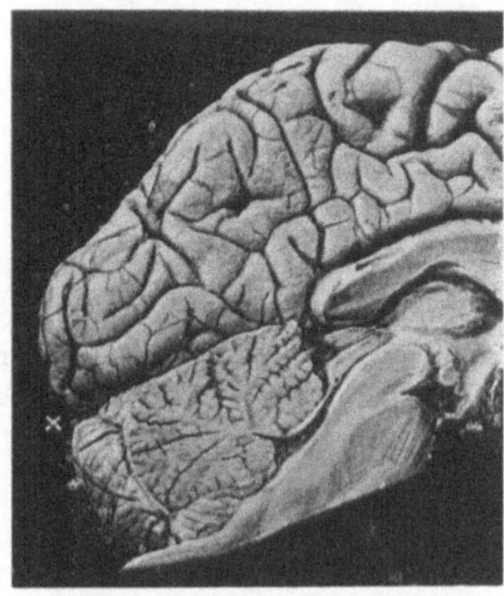

Abb. 113.

Abb. 112. Durch Anlagerung von Venen abgeplattete Eminentia cruciata an der Binnenfläche der Hinterhauptsschuppe eines Menschen nach Hiller. Vorhandensein von vier Kavitäten zur Aufnahme von je einem Großhirnhemisphären-Hinterhauptspol und je einer Kleinhirnhemisphäre. Lage des Torcular Herophili (Confluens sinuum) an der Kreuzungsstelle.

Abb. 113. Beschaffenheit der Oberfläche des Gehirns bei normaler Lage des Confluens sinuum (×).

also unmöglich für mich, die noch näher zu untersuchende Variation am Hinterhauptlappen als Stigma der Inferiorität aufzufassen." Ich selbst habe diesen Typus bei Mitteldeutschen gefunden und Retzius bildet ihn an Schwedengehirnen ab.

Es ist ferner nicht so, wie einige Forscher annahmen, daß die Hirnfurchen für die Lokalisation der Sinnessphären bedeutungslos seien. Wenn ihr Wert auch nur in einer gröberen Orientierung besteht, so haben sie doch eben diesen Wert. Die Area striata ist über das Calcarinagebiet ausgebreitet, wobei es letzten Endes belanglos ist, ob der Furchengrund die horizontale Halbierungslinie darstellt oder nicht. Wieviel von der Oberlippe und Unterlippe dazu gehört, ist nur histologisch zu erweisen, aber wir begehen doch kaum noch einen Fehlgriff, wenn es gilt, aus einem menschlichen Gehirn ein Rindenstück zu entnehmen, an dem histologisch die Area striata sichtbar gemacht werden soll. Fälle, wo etwa die Oberlippe der Fissura calcarina ganz frei von der Area striata gefunden wurde, sind doch äußerst selten. Über die Variation der Fissura calcarina liegen umfangreiche Untersuchungen aus neuester Zeit von Landau vor, wo auch die Literaturzusammenstellung bis auf die Gegenwart nachzuschlagen ist. Ich kann seine Angaben im allgemeinen bestätigen. Bei der Durchsicht meines Materials fielen mir indes am Hinterhauptpol plastisch stark vorspringende

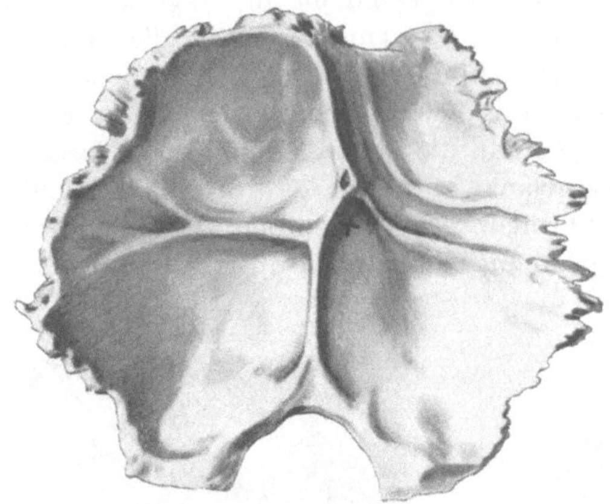

Abb. 114.

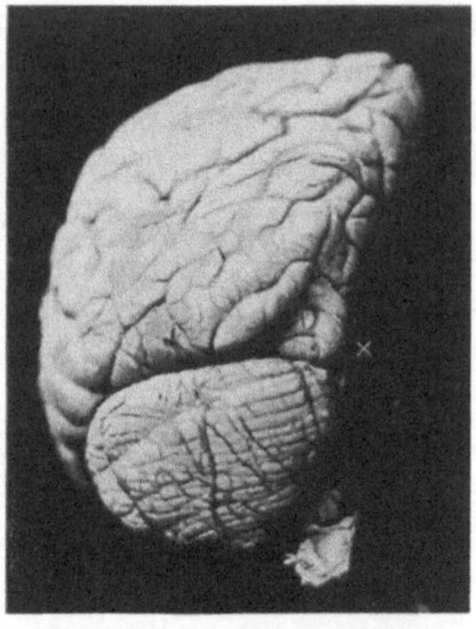

Abb. 115.

Abb. 114. Widerspiegelung einer Venenvariation am Schädel nach Sturm - Hoefel. Rinnenbildung an der Hinterhauptsschuppe. Aufnahme fast des gesamten Venenblutes aus dem Sinus longitudinalis in den Sinus transversus sinister. Bei × Anlagerung des caudalsten Abschnittes der Unterlippe der Fissura calcarina.

Abb. 115. Der gleichen Variation wie in Abb. 114 entsprechende Venenrinnen am Hinterhaupthirn des Menschen. Bei × Unterlippe der Fissura calcarina.

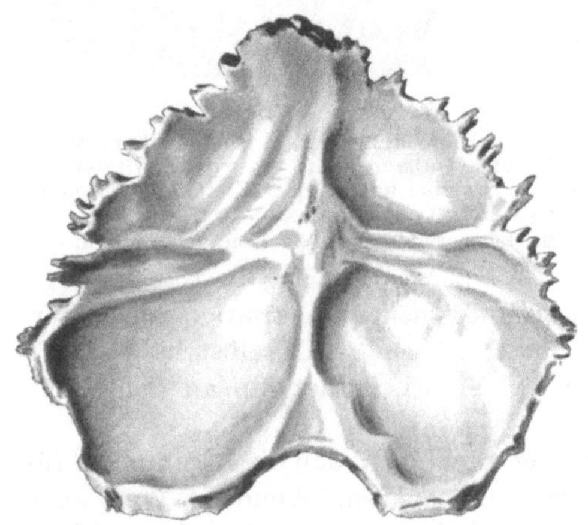

Abb. 116. Widerspiegelung einer Venenvariation am Schädel nach Hiller. Rinnenbildung an der Hinterhauptsschuppe.

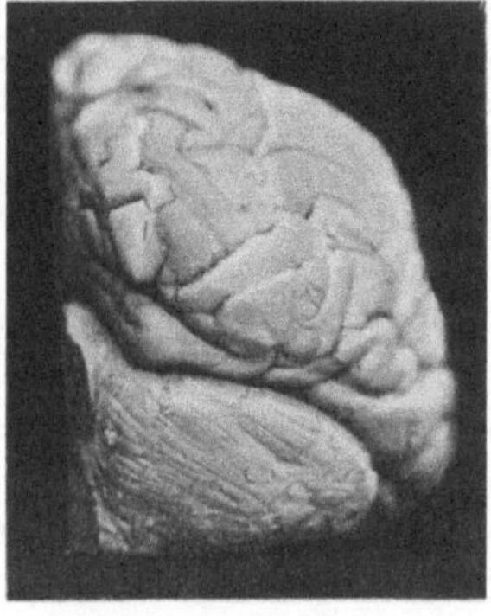

Abb. 117. Der gleichen Variation wie in Abb. 116 entsprechende Rinnenbildung am Hinterhaupthirn des Menschen.

Höcker und Protuberanzen auf, von denen ich anfangs nicht recht wußte, ob ich sie als Formvarietäten oder als pathologische Mißbildungen ansprechen sollte. Oft waren es kleine, der Unterlippe der Fissura calcarina zugehörige Läppchen von Kirschen- bis Haselnußgröße durch Rinnen von einer Tiefe, daß man einen Bleistift hätte hineinlegen können, von dem übrigen Großhirn geschieden. Die Nachforschung ergab, daß der Venenverlauf einen solchen plastisch formierenden Einfluß auf die Oberflächengestaltung des Hinterhaupthirns hat.

Am normalen Schädel zeigt die Innenfläche der Hinterhauptschuppe bekanntlich die Eminentia cruciata. Die Bildung dieser Cristae ist begreiflich durch die Möglichkeit des Hineinwucherns der Knochensubstanz in die Mantelspalte, also zwischen die beiden Großhirnhemisphären, dann zwischen die Kleinhirnhemisphären und endlich beiderseits in den Spalt zwischen Groß- und Kleinhirn. Das Kreuz hebt sich oft ab wie die Rippen im gotischen Gewölbe, oft sind die kreuzbildenden Cristae aber auch abgeplattet (Abb. 112) oder gar rinnenförmig vertieft. Das hängt mit den ihnen aufliegenden Hirnvenen zusammen. Von oben herunter kommt die große Sichelvene (Sinus longitudinalis), im Schnittpunkt des Kreuzes liegt der Confluens sinuum (Torcular Herophili) und beiderseits zweigt je ein Sinus transversus ab. Wenn die nach unten ziehende Crista, die zwischen den beiden Kleinhirnhemisphären eingebettet liegt, auch abgeplattet oder wie Lombroso es für das Verbrecher-

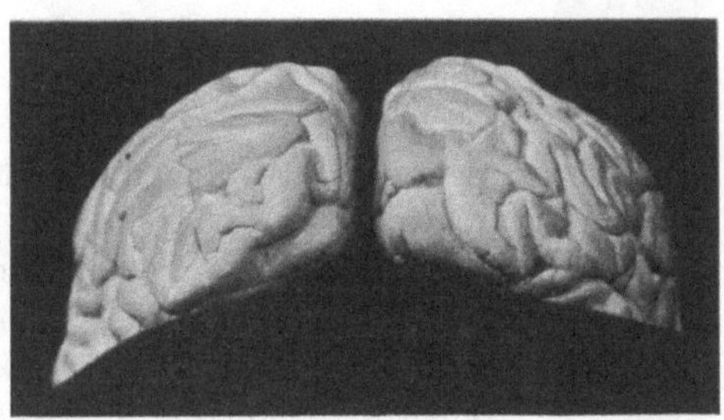

Abb. 118. Hohe Teilung des Sinus longitudinalis, Einlagerung der Sinus transversi in die caudalen Abschnitte der Fissura calcarina, Auseinanderdrängung der Lippen derselben am Occipitalpol und Hinüberdrängen des unteren Schenkels des Spornteils auf die äußere Konvexität des Gehirns.

gehirn als typisch erachtete, zu einer Fossula occipitalis ausgehöhlt erscheint, so ist dies meist die Folge der Auflagerung des Wurmes vom Kleinhirn. Im letzten Falle hätten wir dann an der Binnenseite des Schädels fünf vom Gehirn erzeugte Impressionen: Je eine Exkavation für die Hinterhauptspole, je eine Exkavation für die beiden Kleinhirnhemisphären und eventuell noch eine Exkavation für den Wurm. Bekanntlich variiert das aber sehr. Hier soll dieser Verhältnisse nur so weit gedacht werden, als sie ihr Spiegelbild in der durch den Venenverlauf bedingten Rinnenbildung an der Oberfläche des Hinterhauptpols finden.

Abb. 111 zeigt den Schädel eines mehrere Monate alten Kindes von hinten geöffnet. Die Suturen sind ihrer Lage nach eingezeichnet. Das Bereich der corticalen Sehsphäre (Area striata) ist blau eingetragen. Das Präparat bietet normale Vorbedingungen für die leistenförmige Proliferation von Knochengewebe in den hirnfreien Schädelraum (Eminentia cruciata). Der Venenverlauf ist hiernach schematisch regelrecht anzunehmen. An der Basis des Kleinhirns treten deutlich die Kleinhirntonsillen hervor, die bei Hypertrophie sich an der Hinterhauptschuppe des Schädels als Fossulae occipitales (Lombroso) abformen.

Abb. 112 weist die durch Anlagerung von Venen zustande gekommene Abplattung der Eminentia cruciata an der Binnenfläche der Hinterhauptschuppe auf und die durch die kreuzbildenden Cristae entstehenden Gruben zur Aufnahme der Hinterhauptpole und der beiden Kleinhirnhemisphären. Die Lage des Torcular Herophili (Confluens sinuum) ist an der Kreuzungsstelle.

Abb. 113 gibt dieselben normalen Verhältnisse wie die Abb. 111 auf einem Sagittalschnitt durch das Gehirn wieder. Für den Sinus rectus ist ein Spalt vorgebildet zwischen Kleinhirn und Basis des Occipitalhirns. Die Spornform der Fissura calcarina ist gut ausgeprägt. An der lateralen Abdrängung des unteren Astes der gabelförmigen Aufteilung der Fissura calcarina am Occipitalpol gibt sich bereits die Lage des in dieser Richtung verlaufenden Venenastes kund.

Abb. 114 zeigt Rinnenbildungen an der Binnenseite der Hinterhauptschuppe, die durch Venendruck hervorgerufen wurden. Man kann daraus schließen, daß die Aufnahme fast des ganzen Venenblutes aus dem Sinus longitudinalis in den Sinus transversus sinister erfolgte.

In Abb. 115 sieht man der gleichen Variation entsprechende Venenrinnen am Hinterhaupthirn des Menschen. Solche Rinnenbildungen kommen sicher häufiger vor als man anzunehmen geneigt sein könnte. Man muß bedenken, daß die zur Zeit übliche Sektionstechnik diesen Verhältnissen deshalb wenig Beachtung geschenkt hat, weil die das Venensystem einschließende Dura mater fast regelmäßig im Schädel zurückbleibt. Gefäßinjektionen vor Entnahme des Gehirns aus dem Schädel — ich konnte 43 derart vorbehandelte Hemisphären im Pathologischen Institut der Universität Leipzig (Dir. Prof. Hueck) studieren — beweisen das überaus häufige Vorkommen solcher Venenrinnen am Gehirn, und zwar speziell in der Occipitalgegend.

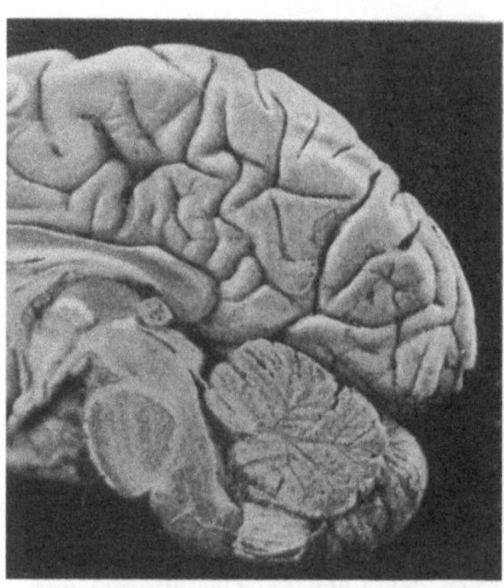

Abb. 119. Abdruck des Sinus longitudinalis entlang der dorsalen Begrenzung der Medianseite des Hinterhaupthirns. Verhinderung des Übertrittes der Fissura calcarina auf die äußere Konvexität des Gehirns und dadurch bedingte Kompliziertheit der Furchung auf der Medianseite des Gehirns.

In Abb. 116 haben wir die Widerspiegelung einer anderen Venenvariation in Gestalt von Rinnenbildung an der Hinterhauptschuppe vor uns und Abb. 117 zeigt die der gleichen Variation entsprechende Rinnenbildung am Hinterhaupthirn des Menschen. Es kommt vor, und Abb. 118 ist dafür ein Beispiel, daß eine hohe Teilung des Sinus longitudinalis die Einlagerung der Sinus transversi in die caudalen Abschnitte der Fissura calcarina, eine Auseinanderdrängung der Lippen am Occipitalpol und ein Hinüberdrängen des unteren Schenkels des Spornteils auf die äußere Konvexität des Gehirns zur Folge hat.

Abb. 119 bringt einen Abdruck des Sinus longitudinalis entlang der dorsalen Begrenzung der Medianseite des Gehirns zur Anschauung. Man gewinnt den Eindruck, daß dadurch eine Verhinderung des Übertrittes der Fissura calcarina auf die äußere Konvexität des Gehirns und eine dadurch bedingte Kompliziertheit der Furchung auf der Medianseite des Gehirns entstehen kann.

Die Variabilität dieser Verhältnisse ist wohl beachtenswert. Es ist danach denkbar, daß allein venöse Stauung am Hinterhauptspol Reizzustände setzen könnte, die sich in Photopsien und Halluzinationen kundgeben. Auf die Möglichkeit eines solchen Zusammenhanges ist bisher noch nicht geachtet worden.

Zusammenfassende Bemerkungen.

Die vorliegende Arbeit unterbreitet der wissenschaftlichen Kritik ein reiches, zum Teil ganz neues Material in einer Naturtreue der Reproduktion und Anschaulichkeit der Darstellung, daß ein Vergleich mit anders geartetem Material über den gleichen Gegenstand und Forschungsergebnissen anderer Herkunft, die aber in derselben Richtung liegen, unbedingt möglich sein wird. Die Bevorzugung myelogenetischer Präparate war nicht nur gegeben durch das Vorhandensein der größten Sammlung dieser Art am hirnanatomischen Institut der Psychiatrischen und Nervenklinik der Universität Leipzig, welche vor 40 Jahren von Herrn Geh. Rat Flechsig angelegt und seitdem fortgesetzt vermehrt worden ist, sondern soll auch noch prinzipielle Bewertung finden als naturwissenschaftliche Forschungsmethode, bei der sich der Faserverlauf dem Auge des Forschers als entwicklungsgeschichtlich bedingte Autoanatomie anbietet. Ihr Vorzug ist die ausschließliche Verwendung menschlichen Materials, wodurch Irrtümer durch Übertragung der Befunde am Tier auf den Menschen von vornherein ausgeschlossen sind. Die Myelogenese zeigt vielfach eindeutig im positiven Bilde, was die Degenerationspathologie vieldeutig dem negativen Bilde entnehmen muß. Es handelt sich ferner in den von mir verwendeten Präparaten um relativ normale Beschaffenheit des funktionstragenden Parenchyms, so daß sekundär pathologische Veränderungen, wie etwa Schwund, Auflockerung und Verlagerung der Anteile eines Systems oder die bei Osmiumfärbung beobachtete Abschwemmung von Schollen nicht in Frage kommt. Nur in der allerersten Zeit nach Entdeckung der Methode durch Flechsig konnte dem Einwande gegen die Verwendung entwicklungsgeschichtlichen Materials schwer begegnet werden, daß man nicht wissen könne, in welchem Umfange im späteren Leben die einzelnen Systeme sich noch anreichern würden, so daß im erwachsenen Gehirn z. B. die Endausbreitungsbezirke der Sinnesnerven (corticale Sinnessphären) weit größere Gebiete im Gehirn beanspruchen könnten, als sie das myelogenetische Präparat aufzeigt. Es kommt dabei ganz gewiß auf das Entwicklungsstadium an, aber die formanalytische Übereinstimmung der Sinnesleitungen mehrere Monate alter Kinder mit Befunden beim Erwachsenen ist geradezu erstaunlich. Das hat selbst v. Monakow zugestanden und er ist anscheinend deshalb auch neuerdings zu der myelogenetischen Methode zurückgekehrt, über deren beschränkte Anwendungsfähigkeit er sich früher ausgelassen hatte. Einen Beweis dafür, daß durch den späteren Wachstumsprozeß Verwerfungen der Sinnesleitungen nicht in erheblichem Maße stattfinden, kann man leicht an nach Weigert-Pal gefärbten und stark entfärbten Präparaten aus dem Gehirn des Erwachsenen erbringen, wo die Verhältnisse in ganz ähnlicher Weise wieder sichtbar werden, wie sie das myelogenetische Präparat von mehrere Monate alten Kindern aufzeigt, sofern die hier sichtbaren Systeme dort durch stärkere Tinktionsfähigkeit wieder hervortreten. Ich habe das früher für die Hörleitung gezeigt und jetzt für die Sehleitung erneut bewiesen.

Was nun der hier eingeschlagene formanalytische Versuch der Sehmarklamelle, die mit der primären Sehstrahlung Flechsigs identisch ist, anbetrifft, so möchte ich ihn als Hilfsmittel einer präzisen Auseinandersetzung gewürdigt wissen. Man kann in Einzelheiten oder im ganzen meine Auffassung teilen oder sie ablehnen und sich doch zweckmäßig im Interesse der gegenseitigen

Verständigung der von mir gewählten Ausdrücke bedienen, z. B. Stielfächer der Sehstrahlung, temporales Knie der Sehstrahlung nach Flechsig, dorsaler Saum der Sehmarklamelle, ventraler Saum der Sehmarklamelle, basale Duplikatur der Sehmarklamelle, napfförmige Impression der Sehmarklamelle, Balkengabel der Sehmarklamelle (Fasciculus corporis callosi cruciatus), Umschlagstelle der Sehmarklamelle im retroventrikulären Markraum, oberes bzw. unteres Joch als Eintrittsstelle des dorsalen Saumes der Sehmarklamelle in den Markraum des Cuneus. Ich selbst habe mich des Modellierverfahrens als eines heuristischen Hilfsmittels bedient. Die Plastiken sind brauchbar zur topischen Orientierung über die Facies interna des Rindengraus. Die eingetragenen Schemata sind ganz gewiß grob, aber ich wußte kein besseres Hilfsmittel, um sich des Gegensätzlichen in anderen Lehrmeinungen in bezug auf die Formanalyse des Faserverlaufs einmal klar bewußt zu werden. Sie stellen Permutationen von Verlaufsmöglichkeiten dar, die erwogen sein wollen, wobei es gar nicht darauf ankommt, ob sie durchaus und bis in die Details hinein der Lehrmeinung einzelner anderer Autoren entsprechen. Darüber hinaus wurde aber nun die Sehmarklamelle nach aufzeigbaren anatomischen Tatsachen konstruiert und erhielt allmählich durch Form und Faserverlauf die frappierende Eigenschaft, nun ihrerseits immer auf neue anatomische Einzelheiten der Faserverlaufsrichtung — ich erinnere nur an die Faserversorgung der Oberlippe der Fissura calcarina — hinzuweisen, so daß sie uns nunmehr die Sehstrahlung in ihrer ganzen Ausdehnung kennen lehrte. Das ist für mich der beste Beweis für die Richtigkeit der Konstruktion.

Man könnte in der vorliegenden Arbeit mit Recht die anatomische Darstellung eines wesentlichen Teiles der Sehstrahlung vermissen, nämlich die nähere Beschreibung der Ursprungsleiste aus dem äußeren Kniehöcker. Ich habe darauf nicht freiwillig verzichtet, ich gelangte aber beim Studium dieser Gegend des Faserverlaufs zu einer Auffassung, die von der anderer Autoren erheblich abzuweichen scheint, so daß Untersuchungen darüber noch im Gange sind. Meine anatomische Darstellung beginnt an der Stelle des Austrittes der Sehstrahlung aus der inneren Kapsel, also da, wo der Stielfächer in voller Apertur entwickelt ist.

Bisher recht gegensätzliche Beobachtungen und Erklärungen anatomischer Befunde werden sich als vereinbar erweisen, nachdem ich unter Berücksichtigung anderweit gewonnener Forschungsergebnisse eine funktionelle Deutung des hier vorgetragenen anatomischen Materials versucht haben werde.

Damit beginnend muß ich zunächst gestehen, daß ich gegen die vertikale Gliederung der corticalen Sehsphäre nach Wilbrand und Henschen an der Hand meiner eigenen Befunde nichts einwenden kann. Die Sehmarklamelle verteilt sich tatsächlich auf beide Lippen der Fissura calcarina und besetzt das ganze mit Area striata ausgestattete Gebiet der Rinde. Meine Befunde zeigen, daß augenscheinlich Fasern aus der ventralen Etage der Sehmarklamelle zwischen Hinterhorn und Calcarinarinde vertikal aufsteigen und die Oberlippe der Fissura calcarina erreichen und daß in caudalen Abschnitten eine direkt schwalbenschwanzförmige Aufteilung der Sehmarklamelle erfolgt. Wichtig ist der anatomische Nachweis von aufsteigenden Fasern nach der Oberlippe unter dem Ventrikelunterhorn hinweg. Würde nun weiterhin — was meiner Ansicht nicht entspricht — angenommen werden, daß der dorsale Saum der Sehmarklamelle sich von Anfang an über den Ventrikel hinweg einrollt und gleichfalls die Faserversorgung der Oberlippe der Fissura calcarina übernimmt, wie das die Auffassung eines hufeisenförmigen Eintritts der Sehstrahlung in den Cortex erfordert, so bedarf die angenommene, besonders reiche und doppelseitige Faserversorgung der Oberlippe der Fissura calcarina noch dringend der Aufklärung, die ich denen zuschieben möchte, die eine solche Behauptung aufstellen. Für mich ergab sich eine andere Erklärungsmöglichkeit durch den Nachweis eines durchaus verschiedenen Faserverlaufes in der sagittal angeschnittenen hufeisenförmigen Eintrittszone mit einer Umschlagstelle im retroventrikulären Markraum (Abb. 79). Das Problem, welches daraus entstand, daß bei Verletzung identischer Rindenbezirke das eine Mal eine totale Hemianopsie und das andere Mal eine Quadranthemianopsie zustande kommt, erscheint mir lösbar nach Kenntnis der großen Variation im Verlauf der Sehstrahlung. Der Nachweis dafür dürfte schon in besonders günstigen Fällen an bereits vorhandenem pathologischem Material bei erneuter Durcharbeitung zu erbringen sein. Aus der Literatur heraus ist das heute noch nicht möglich wegen der unzulänglichen bzw. zu knapp gehaltenen anatomischen Darstellung. Nachdem in Deutschland fast jedem größeren Institut die Gelegenheit gegeben ist, mikroskopische Präparate herzustellen und Mikrophotogramme abzubilden, müssen skizzenhafte Darstellungen als vorläufige Mitteilungen bewertet und demgemäß als Beweisstücke ausgeschaltet werden.

Ganz unfruchtbar war mein Bemühen, der Anschauung v. Monakows über die horizontale Gliederung der corticalen Sehsphäre zu ihrem Recht zu verhelfen. Den leitenden Gesichtspunkt hierfür hat v. Monakow doch wohl aus seiner Kenntnis des Tiergehirns abgeleitet. Dagegen kann möglicherweise seiner Beobachtung absteigender Fasern aus der dorsalen Etage der Sehmarklamelle in der Richtung nach der Unterlippe der Fissura calcarina eine Berechtigung zukommen. Ihr Verlauf entspricht tatsächlich einer langgezogenen caudalwärts absteigenden Spirale und wir müssen annehmen, daß Makulafasern an deren dorsaler Situierung in der Sehstrahlung, wie gleich noch des näheren erörtert werden soll, festgehalten werden muß, einen solchen Weg beschreiben, indem sie zwar nicht, wie v. Monakow annehmen zu müssen glaubte, in der Unterlippe der Fissura calcarina enden, sondern förmlich eine Schlinge bilden, durch die das Hinterhorn durchgesteckt ist, um in den Balken zu gelangen.

Was ich zur Stütze meiner eigenen Ansicht vom Verlauf der Sehstrahlung innerhalb der Projektionsmarklamelle der Regio calcarina beibringen konnte, kann im einzelnen hier nicht wiederholt werden. Fest steht aber, um nur eines daraus hervorzuheben, der Verlauf des dorsalen Saumes der Sehmarklamelle nach caudalen Abschnitten der Regio calcarina, so daß ich darin der Auffassung A. Meyers und Nießl v. Mayendorfs nur zustimmen kann. Eine gegenteilige Ansicht müßte bewiesen werden.

Wenn Meynerts Definition vom Genie zu Recht besteht, daß es ausgezeichnet sei durch die geringere Fehlbarkeit seiner Beobachtungen und Vermutungen, so entspricht die theoretische Forderung einer cerebralen Commissur der Sehbahn von Heine aus der Theorie des stereoskopischen Sehens und von Lenz aus der Theorie der Makulaaussparung einer wertvollen Intuition. Ich habe diese Balkengabel als einen Fasciculus corporis callosi cruciatus erstmalig anatomisch dargestellt (Abb. 87 u. 88).

Die in oralen Abschnitten aus der dorsalen Etage der Sehmarklamelle abgleitenden Sehbahnfasern, welche nachweislich anfangs spärlich und caudalwärts zunehmend reichlicher nach dem Grunde der Fissura calcarina ziehen, halte ich für Makulafasern. Unter der Annahme der Richtigkeit dieser Auffassung ergibt sich ein einheitlich geschlossenes Bild von der funktionellen Deutung sowohl einzelner Abschnitte der Sehstrahlung als auch der corticalen Sehsphäre. In der Sehstrahlung liegen die Makulafasern der gleichen Seite, d. h. der in der corticalen Makula der gleichen Hemisphäre endigenden Makulafasern dorsal. Sie können unterbrochen sein, wie Henschen nachgewiesen hat, ohne daß hemianopische Störungen auftreten oder makuläre Skotome entstehen. Das Fehlen der Hemianopsie erklärt sich eben aus ihrer Dignität als Makulafasern, das Fehlen von makulären Störungen unter lokalisierbaren Vorbedingungen aus der Möglichkeit des Funktionsersatzes von der anderen Seite her auf dem Wege der cerebralen Commissur. Die Höhenlage des dorsalen Saumes der Sehmarklamelle variiert individuell ebenso wie seine Annäherung an die Facies interna des Rindengraus der Medianseite des Gehirns entsprechend der Auswirkung der fötalen Hemisphärenrotation und anderer bisher nicht völlig kontrollierbarer Entwicklungszusammenhänge. Ventral von den in der gleichen Hemisphäre endigenden Makulafasern liegen die Makulafasern der gekreuzten Seite, d. h. jener Fasern, die auf dem Wege der cerebralen Commissur in die Regio calcarina der anderen Seite gelangen. Dort liegen sie vor ihrem Eintritt in die Rinde den zur anderen Hemisphäre direkt verlaufenden Makulafasern anscheinend in einer dünnen Schicht lateral an. Das Verschwinden der Makulaaussparung im klinischen Befund erklärt sich durch Ausschaltung der die Doppelversorgung der Makula bedingenden cerebralen Commissuren, ganz so, wie es sich Heine und Lenz gedacht haben.

Der ventrale Saum der Sehmarklamelle führt die Fasern für die sogenannte temporale Sichel, deren isoliertes Erhaltensein oder Zerstörtsein durch klinische Mitteilungen von Poppelreuter, Fleischer, Behr u. a. bewiesen worden ist. Auch für die corticale Lokalisation des temporalen Halbmondes entstehen aus dem Faserverlauf ganz natürliche Anhaltspunkte. Vergegenwärtigt man sich die schiefe Lage der Area striata in bezug auf die Fissura calcarina, so ergibt sich, daß ein spitz auslaufender Zipfel dieser Rindenformation sich oralwärts auf der Unterlippe der Fissura calcarina ausbreitet. Fast nie halbiert die Fissura calcarina das gesamte Flächengebiet der Area striata. Der von ihr besetzte Bezirk der Oberlippe der Fissura calcarina variiert sogar sehr stark und führt, wenn die Area striata nur die caudalen Zweidrittel der Oberlippe der Fissura calcarina ausstattet, d. h., was sehr häufig der Fall ist, das orale Drittel bis zum Zusammenfluß der Fissura calcarina mit der Fissura parieto-occipitalis (Cuneusstiel) freiläßt, zu einer außerordentlichen Schieflage des Gebietes der Area striata zur Symmetrie der Windungen. Die ventralsten Sehbahnfasern münden immer in oralste Abschnitte der corticalen Sehsphäre ein, d. h. in jenen oralwärts überstehenden Teil der Unterlippe der Fissura calcarina, wo ihr die Oberlippe noch nicht paarig gegenüber steht. Dieses in bezug auf die Oberlippe asymmetrische Gebiet der Area striata scheint für die Aufnahme der Projektionsfasern des monokularen, temporalen Halbmondes wie geschaffen. Unter Berücksichtigung der Variationen ist dies mit der Annahme Wilbrands, der die temporale Sichel in orale Abschnitte der corticalen

Sehsphäre verlegt, gut vereinbar. Auch die von Fleischer mitgeteilten Fälle widersprechen meiner Annahme nicht. Damit habe ich aber schon gleichzeitig begonnen die funktionelle Gliederung der corticalen Sehsphäre darzulegen.

Ich habe oben bereits erwähnt, daß der von mir nachgewiesene Faserverlauf einer vertikalen Gliederung der corticalen Sehsphäre im Sinne von Wilbrand und Henschen nicht im Wege steht. Ob die Höhenausdehnung der zuführenden Schicht im temporalen Markraum aber wirklich nur einige wenige Millimeter beträgt, wie Henschen angibt, erscheint mir zweifelhaft. Es mag hier vielfache Variationen geben.

Das Makulaproblem erfährt durch meine Untersuchungen eine Bestätigung in der Richtung der von Lenz vertretenen Anschauungen. Die corticale Macula umfaßt die von der Area striata besetzte Polkappe des Hinterhaupthirns in der bekannten, wechselnden Größenausdehnung, setzt sich aber keilförmig auf der Medianseite des Gehirns entlang dem Grunde der Fissura calcarina fort und reicht in Ausnahmefällen bis in den Cuneusstiel hinein. Auf die keilförmige Gestalt der makulären Region schließe ich aus der caudalwärts zunehmenden Menge von Fasern, die aus dem dorsalen Saum der Sehmarklamelle nach dem Furchengrund der Fissura calcarina hin abgleiten. Die größte Menge von Makulafasern aber führt der dorsale Saum in die Polkappe des Hinterhaupthirns, wo ihre Aussaat in einem mehr oder weniger horizontal ausgezogenen Fächer erfolgt. Die scheinbar widersprechendsten Angaben sind unter der Annahme der Richtigkeit dieser Anschauung vereinbar und könnten als korrekte Beobachtung fortbestehen. So halte ich den Einwand von v. Monakow gegen Henschen, daß dieser einmal makuläre Skotome aus der Verletzung des Cuneusstiels und ein andermal aus der Läsion des Furchengrundes in caudalen Abschnitten der Regio calcarina bzw. retrocalcarina ableite, nicht mehr für stichhaltig genug, um die Lokalisierbarkeit der Macula lutea überhaupt abzulehnen. Es wäre sogar verwunderlich, wenn Verletzungen des Cuneusstiels niemals zu makulären Störungen führten schon wegen der unmittelbaren Nähe der dort verlaufenden cerebralen Commissur — unbeschadet der größten Ausdehnung der corticalen Macula in caudalen Abschnitten der Sehsphäre. Nach dem Faserverlauf zu urteilen, müßte aber dann das am Grunde der Fissura calcarina sich oralwärts erstreckende keilförmige Gebiet der corticalen Macula stark variieren, was wiederum aus der asymmetrischen Lagerung der Area striata zu den Furchen begreiflich ist. Wie sich hier unter dem Einfluß individueller Variation die Verhältnisse verschieben können, zeigt am besten die anatomische Darstellung des von mir mitgeteilten Falles, wo die Oberlippe der Fissura calcarina von der Area striata völlig frei war — sicher ein sehr seltenes Vorkommen, welches außer von mir nur noch von Hösel an einem myelogenetisch untersuchten Fall beschrieben worden ist.

In selten schöner Weise klären meine anatomischen Befunde auch das Verhältnis der Sehmarklamelle zu den Sagittalstraten von Sachs. Wenn man schon die Projektionsmarklamelle der Regio calcarina in das Stratum sagittale externum oder in das Stratum sagittale internum oder das Stratum sagittale mediale hineinzwängen will, so kann man nur sagen, die sensorisch optische Leitung verläuft vorwiegend im Stratum sagittale externum nach Sachs, ist aber damit keineswegs identisch, so daß die Bezeichnung primäre Sehstrahlung nach Flechsig vorzuziehen ist. Die Sehstrahlung füllt das Stratum sagittale externum im oralen Abschnitt völlig aus und erscheint in caudalen Abschnitten zunehmend medialwärts abgedrängt. Die gemeinhin als Fasciculus longitudinalis inferior Burdachs bezeichnete Faserpartie des Stratum sagittale externum gehört zur Sehstrahlung und bildet den ventralen Saum der Sehmarklamelle.

Geradezu verhängnisvoll irreführend hat die Bezeichnung des Stratum sagittale internum als Radiatio optica propria gewirkt. Unter dieser heute wohl sicher als fehlerhaft erkannten Einstellung sind aber nun eine ganze Reihe hirnpathologischer Fälle bearbeitet worden, was zu einer künstlichen Vermehrung der „negativen" Fälle mit Rücksicht auf das Lokalisationsprinzip führen mußte. Vielleicht ist aber auch die von Flechsig gewählte Bezeichnung als sekundäre Sehstrahlung nicht ganz glücklich. Die von mir untersuchten Präparate ließen für die im Stratum sagittale internum verlaufenden corticofugalen Systeme ein größeres Ursprungsgebiet erkennen, als die mit der Area striata ausgestattete Rinde der Regio calcarina. Der Faserverlauf läßt sich zum Teil in den Thalamus (Radiatio thalamica) zum Teil in den Stamm verfolgen (Anteile des Türkschen Bündels). Wir wissen noch nicht, wieviel von der sekundären Sehstrahlung Flechsigs als motorisch-optisch, d. h. als konjugiertes Strangpaar zur sensorisch-optischen Bahn anzusprechen ist. Als sichergestellt kann nur ihre vorwiegend corticofugale Leitungsrichtung gelten.

Aus den Nebenbefunden sei nur der plastisch formierende Einfluß der Venenverteilung auf die Oberflächengestaltung des Hinterhaupthirns nochmals hervorgehoben. Für die hier nachgewiesene große Variationsbreite sind möglicherweise auch ausgleichbare Geburtsschäden, welche im Gebiet der Vena magna Galeni häufig sind und dadurch indirekt auf die Konfiguration der corticalen Sehsphäre einwirken, von Bedeutung. Auf das allgemein bestehende Interesse, das Zustandekommen der Halluzinationen patho-physiologisch zu erklären, habe ich oben bereits hingewiesen.

Ich schließe damit ein wichtiges Kapitel der Hirnneurologie ab, die zu fördern meine Absicht war.

Literaturnachweis.

1. Best, F.: Ergebnisse der Kriegsjahre für die Kenntnis der Sehbahnen und Sehzentren. Zentralbl. f. d. ges. Ophthalm. Bd. 3.
2. Brouwer, B.: Über die Sehstrahlung des Menschen. Monatsschr. f. Psychiatrie u. Neurol. Bd. 41, S. 129. 1917.
3. Burdach, C. F.: Vom Baue und Leben des Gehirns. Leipzig. Bd. 2, S. 152. 1822.
4. Cushing: The Field Defects produced by Temporal lobe lesions. Trans. act of the Americ. neurol. soc. 1921 and Brain. Vol. 44, p. 341. 1921.
5. Flechsig, P.: Plan des menschlichen Gehirns. Leipzig: Veit & Co. 1883.
6. — Gehirn und Seele. Leipzig 1894.
7. — Weitere Mitteilungen über die Sinnes- und Assoziationszentren des menschlichen Gehirns. Neurol. Zentralbl. 1895. Nr. 23.
8. — Weitere Mitteilungen über den Stabkranz des menschlichen Großhirns. Neurol. Zentralbl. 1896. Nr. 1.
9. — Die Lokalisation der geistigen Vorgänge, insbesondere der Sinnesempfindungen des Menschen. Leipzig: Veit & Comp. 1896.
10. — Neue Untersuchungen über die Markbildung in den menschlichen Großhirnlappen. Neurol. Zentralbl. 1898. Nr. 21, S. 9.
11. — Über die entwicklungsgeschichtliche (myelogenetische) Flächengliederung der Großhirnrinde des Menschen. Vortrag auf dem Physiologenkongreß in Turin 1901.
12. — Einige Bemerkungen über die Untersuchungsmethoden der Großhirnrinde, insbesondere des Menschen. Arch. f. Anat. u. Physiol. Anat. Abt. 1905.
13. Fleischer: Ophthalmologische Gesellschaft zu Heidelberg. 1916.
14. Gratiolet, M. P.: Anatomie comparée du système nerveux de l'homme et des primates. Paris 1839—1857. (Tome second de l'anatomie comparée du système nerveux par Leuret et Gratiolet.)
15. Haab, O.: Über Cortexhemianopsie. Klin. Monatsbl. f. Augenheilk. 1882. S. 141.
16. Heine, L.: Sehschärfe und Tiefenwahrnehmung. Arch. f. Ophth. Bd. 51, S. 166. 1900.
17. Henschen, S. E.: Klinische und anatomische Beiträge zur Pathologie des Gehirns. Upsala (K. F. Köhler). Teil I. 1890. II. 1892. III. 1894, 1896. IV. 1903, 1911.
18. — On the visual Path and Centre. Intern. Congress of exper. Psych. London 1893. Brain 1893. p. 170—180.
19. — Sur les centres optiques cérébraux. Rev. gén. d'ophth. T. 13. 1894. Lyon 1894. p. 337—352. (Auch Atti del XI. Congresso intern. Roma 1894. Torino 1895.)
20. — Über Lokalisation innerhalb des äußeren Knieganglions. Neurol. Zentralbl. 1898. Nr. 5. (Auch als Vortrag am intern. med. Kongreß in Moskau 1897).
21. — La projection de la rétine sur la corticalité calcarine. La semaine méd. 22. 1903. p. 125—127. (Auch Vortrag am intern. med. Kongresse in Madrid 1903.)
22. — Revue critique de la doctrine sur le centre cortical de la vision. XIII. Congr. intern. de méd. Paris 1908. p. 154. (Verzeichnis der Literatur bis 1900.)
23. — Über inselförmige Vertretung der Macula in der Sehrinde des Gehirns. Med. Klinik 1909. Nr. 35. (Auch als Vortrag am intern. med. Kongreß in Budapest 1909.)
24. — Zentrale Sehstörungen. Lewandowskys Handb. d. Neurol. Bd. 1, S. 891. 1910.
25. — Über circumscripte Nutritionsgebiete im Occipitallappen und ihre Bedeutung für die Lehre vom Sehzentrum. v. Graefes Arch. f. Ophth. 1911. 78.
26. — Spezielle Symptomatologie und Diagnostik der intrakraniellen Sehbahnaffektionen. Lewandowskys Handb. d. Neurol. Bd. 2, S. 751. 1912.
27. — 40jähriger Kampf um das Sehzentrum und seine Bedeutung für die Hirnforschung. Stockholm 1922.

28. Hösel, Über die Markreifung der sog. Körperfühl-Sphäre und der Riech- und Sehstrahlung des Menschen. Arch. f. Psychiatr. u. Nervenkrankh. Bd. 39, S. 195. 1905.
29. Huguénin: Sitzungsbericht d. Ges. d. Ärzte in Zürich vom 7. II. 1880. (Kurz referiert.)
30. Lenz, G.: Klin. Monatsschr. f. Augenheilk. 1905. Beilagsheft.
31. — Zur Pathologie der cerebralen Sehbahn unter besonderer Berücksichtigung ihrer Ergebnisse für die Anatomie und Physiologie. Leipzig: Wilh. Engelmann. 1909.
32. — Die hirnlokalisatorische Bedeutung der Maculaaussparung im hemianopischen Gesichtsfelde. Klin. Monatsbl. f. Augenheilk. Bd. 53, S. 54. 1914.
33. — Die histologische Lokalisation des Sehzentrums. Arch. f. Ophth. Bd. 91, S. 264. 1916.
34. — Zwei Sektionsfälle doppelseitiger zentraler Farbenhemianopsie. Zeitschr. f. d. ges. Neurol. u. Psychiatrie Bd. 71, S. 135. 1921.
35. — Die Sehsphäre bei Mißbildungen des Auges. v. Graefes Arch. f. Ophth. Bd. 108, S. 101. 1922.
36. — Die Kriegsverletzungen der zerebralen Sehbahn. Lewandowskys Handb. d. Neurol. Erg. Bd. I. S. 668. 1924.
37. Meyer, A.: The connections of the occipital lobes and the present status of the cerebral visual affections. Transact. of the Assoc. of Americ. Physicians. Vol. 22. p. 7. 1907.
38. Minkowski, M.: Zur Physiologie der corticalen Sehsphäre (aus dem physiologischen Laboratorium d. Psychiatrischen u. Nervenklinik d. kgl. Charité). Dtsch. Zeitschr. f. Nervenheilk. Bd. 41. S. 109. 1911.
39. — Zur Physiologie der Sehsphäre. Pflügers Arch. f. d. ges. Physiol. Bd. 141, S. 171. 1911.
40. — Experimentelle Untersuchungen über die Beziehungen der Großhirnrinde und der Netzhaut zu den primären optischen Zentren besonders zum Corpus geniculatum externum. Arb. a. d. hirnanat. Inst. in Zürich. 1913.
41. — Über die Sehrinde (Area striata) und ihre Beziehungen zu den primären optischen Zentren. (Aus d. hirnanat. Inst. in Zürich.) Monatsschr. f. Psychiatrie u. Neurol. Bd. 35, S. 420. 1914.
42. v. Monakow, C.: Über einige durch Exstirpation circumscripter Hirnrindenregionen bedingte Entwicklungshemmungen des Kaninchengehirns. Arch. f. Psychiatrie u. Nervenkrankh. Bd. 12, S. 141. 1881.
43. — Weitere Mitteilungen über durch Exstirpation circumscripter Hirnrindenregionen bedingte Entwicklungshemmungen des Kaninchengehirns. Arch. f. Psychiatrie u. Nervenkrankh. Bd. 12, S. 535. 1881.
44. — Experimentelle und pathologisch-anatomische Untersuchungen über die Beziehungen der sog. Sehsphäre zu den infracorticalen Opticuszentren und zum Nervus opticus. Arch. f. Psychiatrie u. Nervenkrankh. Bd. 14, S. 699. 1883.
45. — Experimentelle und pathologisch-anatomische Untersuchungen über die Beziehungen der sog. Sehsphäre zu den infracorticalen Opticuszentren und zum Nervus opticus. Arch. f. Psychiatrie u. Nervenkrankh. Bd. 16, S. 151 u. 319. 1885.
46. — Experimentelle und pathologisch-anatomische Untersuchungen über die optischen Zentren und Bahnen. Arch. f. Psychiatrie u. Nervenkrankh. Bd. 20, S. 714. 1889.
47. — Experimentelle und pathologisch-anatomische Untersuchungen über die optischen Zentren und Bahnen nebst klinischen Beiträgen zur corticalen Hemianopsie und Alexie. Arch. f. Psychiatrie u. Nervenkrankh. Bd. 23, S. 609. 1891.
48. — Experimentelle und pathologisch-anatomische Untersuchungen über die optischen Zentren und Bahnen nebst klinischen Beiträgen zur corticalen Hemianopsie und Alexie. Arch. f. Psychiatrie u. Nervenkrankh. Bd. 24, S. 229. 1892.
49. — Zur Anatomie und Physiologie des unteren Scheitelläppchens. Arch. f. Psychiatrie u. Nervenkrankh. Bd. 31. 1899.
50. — Über den gegenwärtigen Stand der Frage nach der Lokalisation im Großhirn. Ergebn. d. Physiol. Bd. 2. S. 534. 1902.
51. — Gehirnpathologie. Wien 1905.
52. — Die Lokalisation im Großhirn und der Abbau der Funktion durch corticale Herde. Wiesbaden 1914.
53. Nießl v. Mayendorf, E.: Zur Theorie des corticalen Sehens. Arch. f. Psychiatrie u. Nervenkrankh. Bd. 39.
54. — Seelenblindheit und Alexie, zwei subcorticale Störungen des zentralen Sehens. Verhandl. d. 21. Kongr. f. inn. Med. S. 510.

55. Nießl v. Mayendorf, E.: Über den Ursprung und Verlauf der basalen Züge des unteren Längsbündels. Arch. f. Psychiatrie u. Nervenheilk. Bd. 61.
56. — Über den Eintritt der Sehbahn in die Hirnrinde des Menschen. Neurol. Zentralbl. 1907. Nr. 17.
57. — Zur Kenntnis der gestörten Tiefenwahrnehmung. Dtsch. Zeitschr. f. Nervenheilk. Bd. 34. S. 322. 1908.
58. — Die Diagnose auf Erkrankung des linken Gyrus angularis. Monatsschr. f. Psychiatrie u. Neurol. Bd. 22, S. 145.
59. — Die sog. Radiatio optica. (Das Stratum sagittale internum des Scheitel- und Hinterhauptlappens.) v. Graefes Arch. f. Ophth. Bd. 104. S. 293. 1921.
60. — Hirnrinde und Hirnstamm. Zeitschr. f. allg. Physiol. Bd. 19, S. 244.
61. — Die aphasischen Symptome und ihre corticale Lokalisation. Leipzig: Wilh. Engelmann. 1911.
62. Pfeifer, R. A.: Myelogenetisch-anatomische Untersuchungen über das corticale Ende der Hörleitung. Abhandl. d. mathem.-physikal. Klasse d. sächs. Akad. d. Wissenschaften. Bd. 37. 1920.
63. — Die Lokalisation der Tonskala innerhalb der corticalen Hörsphäre des Menschen. Monatsschr. f. Psychiatrie u. Neurol. Bd. 50. 1921.
64. — Versuch einer anatomischen Darstellung des corticalen Endes der Sehstrahlung. Vortrag gehalten i. d. Med. Ges. zu Leipzig am 24. 7. 23.
65. — Der Faserverlauf im Cuneus. Vortrag gehalten auf der Versammlung Mitteldeutscher Psychiater in Leipzig im Oktober 1923.
66. — Über die plastisch gestaltende Einwirkung des Venenverlaufs auf die Oberfläche des Hinterhaupthirns. Vortrag gehalten i. d. Med. Ges. zu Leipzig am 5. 2. 24.
67. — Die anatomische Darstellung des zentralen Abschnittes der Sehleitung. Vortrag gehalten auf Einladung des Vorstandes der Deutschen Ophthalmologischen Gesellschaft in Heidelberg am 13. 7. 24.
68. Poppelreuter, W.: Die psychischen Schädigungen durch Kopfschuß. Leipzig. Bd. 1, S. 70. 1917.
69. v. Stauffenberg, W.: Über Seelenblindheit. Arb. a. d. hirnanat. Inst. in Zürich. Heft 8. Wiesbaden 1913.
70. Traquair, H. M.: The course of the geniculo-calcarine visual Path in Relation to the temporal lobe. Brit. journ. of ophth. Vol. 6, p. 251, 1922.
71. Vicq d'Azyr, M.: Traité d'anatomie et de physiologie. Paris 1786.
72. — Planches anatomiques avec des explications très détaillées. Paris 1786. Tafel 4, Abb. 1.
73. Wehrli, E.: Über die anatomisch-histologische Grundlage der sog. Rindenblindheit und über die Lokalisation der corticalen Sehsphäre, der Macula lutea und die Projektion der Retina auf die Rinde des Occipitallappens. v. Graefes Arch. f. Ophth. Bd. 62, S. 286. 1905.
74. Wilbrand und Sänger: Die Neurologie des Auges. Wiesbaden. Bd. 3. 1904.
75. — — Die homonyme Hemianopsie nebst ihren Beziehungen zu den anderen cerebralen Herderscheinungen. Wiesbaden 1917. (Bd. 7 der Neurologie des Auges.)

Die Neurologie des Auges. Ein Handbuch für Nerven- und Augenärzte. Von Prof. Dr. **H. Wilbrand** in Hamburg-Eppendorf und Prof. Dr. **A. Saenger** in Hamburg.

I. Band: Die Beziehungen des Nervensystems zu den Lidern. Mit 151 Textabbildungen. 1899. 14 Goldmark

II. Band: Die Beziehungen des Nervensystems zu den Tränenorganen, zur Bindehaut und zur Hornhaut. Zweite unveränderte Auflage. Mit 49 Textabbildungen. 1922. 18 Goldmark

III. Band, 1. Hälfte: Anatomie und Physiologie der optischen Bahnen und Zentren. Mit zahlreichen Abbildungen im Text und auf 26 Tafeln. 1904. 18.60 Goldmark

III. Band, 2. Hälfte: Allgemeine Diagnostik und Symptomatologie der Sehstörungen. Mit zahlreichen Abbildungen und 6 Tafeln. 1906. 22.40 Goldmark

IV. Band, 1. Hälfte: Die Pathologie der Netzhaut. Mit zahlreichen Abbildungen. 1909. 16 Goldmark

IV. Band, 2. Hälfte: Die Erkrankungen des Sehnervenkopfes. Mit besonderer Berücksichtigung der Stauungspapille. Mit zahlreichen Abbildungen. 1912. 16 Goldmark

V. Band: Die Erkrankungen des Opticusstammes. Mit zahlreichen Textabbildungen und 10 Tafeln. 1913. 25 Goldmark

VI. Band: Die Erkrankungen des Chiasmas. Mit zahlreichen Textabbildungen und 16 Tafeln. 1915. 17 Goldmark

VII. Band: Die homonyme Hemianopsie nebst ihren Beziehungen zu den anderen cerebralen Herderscheinungen. Mit zahlreichen Abbildungen. 1917. 32 Goldmark

VIII. Band: Die Pathologie der Bahnen und Zentren der Augenmuskeln. Mit zahlreichen Textabbildungen und 6 Tafeln. 1921. 20 Goldmark

IX. Band: Die Störungen der Akkommodation und der Pupillen. Mit zahlreichen Textabbildungen und 2 Tafeln. 1922. 12 Goldmark

X. Band: Ergänzungsband zu den Bänden I—IX. Befindet sich in Vorbereitung.

Gesamtregister zu den Bänden I—IX. 1922. 6 Goldmark

Die Theorie des Sehens. Zwei Vorträge gehalten während der akademischen Ferienkurse in Hamburg. Von Prof. Dr. **H. Wilbrand** in Hamburg-Eppendorf. Mit 10 Abbildungen im Text und 2 Tafeln. 1913. 1.60 Goldmark

---

Gehirn und Auge. Kurzgefaßte Darstellung der physio-pathologischen Zusammenhänge zwischen beiden Organen sowie der Augensymptome bei Gehirnkrankheiten. Von Prof. Dr. **Robert Bing** in Basel. Zweite, vermehrte und neubearbeitete Auflage. Mit 59 zum Teil farbigen Abbildungen. 1923. 5 Goldmark

Körperstellung. Experimentell-physiologische Untersuchungen über die einzelnen bei der Körperstellung in Tätigkeit tretenden Reflexe, über ihr Zusammenwirken und ihre Störungen. Von **R. Magnus**, Professor an der Reichsuniversität Utrecht. Mit 263 Abbildungen. (753 S.) (Monographien aus dem Gesamtgebiet der Physiologie der Pflanzen und der Tiere. 6. Band.) 1924. 27 Goldmark; gebunden 28.50 Goldmark

Der vestibuläre Nystagmus und seine Bedeutung für die neurologische und psychiatrische Diagnostik. Von Prof. Dr. **M. Rosenfeld**, Oberarzt der Psychiatrischen und Nervenklinik zu Straßburg i. E. (60 S.) 1911. 2.40 Goldmark

Das Augenzittern der Bergleute und Verwandtes. Bericht, vorgelegt der von der preußischen Regierung zur Erforschung des Augenzitterns der Bergleute eingesetzten Kommission. Von Dr. **Joh. Ohm**, Augenarzt in Bottrop (Westf.). Mit Unterstützung der preußischen Regierung und der rheinischen Gesellschaft für wissenschaftliche Forschung in Bonn. Mit 118 Figuren im Text. (Erweiterter und verbesserter Sonderdruck aus v. Graefes Archiv für Ophthalmologie 1915—1916.) (304 S.) 1916. 15 Goldmark

Die Lebensnerven. Ihr Aufbau. Ihre Leistungen. Ihre Erkrankungen. Zweite, wesentlich erweiterte Auflage des „Vegetativen Nervensystems". In Gemeinschaft mit zahlreichen Fachgelehrten. Dargestellt von Dr. **L. R. Müller**, Professor der Inneren Medizin, Vorstand der Inneren Klinik in Erlangen. Mit 352 zum Teil farbigen Abbildungen und 4 farbigen Tafeln. (625 S.) 1924. 35 Goldmark; gebunden 36.50 Goldmark

Das autonome Nervensystem von **J. N. Langley**, Professor der Physiologie an der Universität Cambridge. 1. Teil. Autorisierte Übersetzung nach dem bisher fertiggestellten 1. Teil des Werkes „The autonomical nervous system" von Dr. **Erich Schilf**, Privatdozent für Physiologie, Assistent am Physiologischen Institut zu Berlin. (73 S.) 1922. 2.10 Goldmark

Technik der mikroskopischen Untersuchung des Nervensystems. Von Dr. **W. Spielmeyer**, Professor an der Universität München. Dritte, vermehrte Auflage. (167 S.) 1924. 8.70 Goldmark

Histopathologie des Nervensystems. Von Dr. **W. Spielmeyer**, Professor an der Universität München. Erster Band: Allgemeiner Teil. Mit 316 zum großen Teil farbigen Abbildungen. (502 S.) 1922. 43.50 Goldmark; gebunden 46.50 Goldmark

Monographien aus dem Gesamtgebiete der Neurologie und Psychiatrie

Herausgegeben von O. Foerster-Breslau und K. Wilmanns-Heidelberg.

Die Bezieher der „Zeitschrift für die gesamte Neurologie und Psychiatrie" sowie die des „Zentralblattes für die gesamte Neurologie und Psychiatrie" erhalten die Monographien zu einem dem Ladenpreise gegenüber um etwa 10% ermäßigten **Vorzugspreis.**

Bd. 1: **Über nervöse Entartung.** Von Prof. Dr. med. **Oswald Bumke**, Freiburg i. B. 1912. Vergriffen.

Bd. 2: **Die Migräne.** Von **Edward Flatau**, Warschau. Mit 1 Textfigur und 1 farbigen Tafel. 1912. 12 Goldmark.

Bd. 3: **Hysterische Lähmungen.** Studien über ihre Pathophysiologie und Klinik. Von Dr. **H. di Gaspero**, Graz. Mit 38 Figuren im Text und auf einer Tafel. 1912. 8.50 Goldmark

Bd. 4: **Affektstörungen.** Studien über ihre Ätiologie und Therapie. Von Dr. med. **Ludwig Frank**, Zürich. 1913. Vergriffen

Bd. 5: **Über das Sinnesleben des Neugeborenen.** (Nach physiologischen Experimenten.) Von Dr. **Silvio Canestrini**, Graz. Mit 60 Figuren im Text und auf 1 Tafel. 1913. 6 Goldmark

Bd. 6: **Über Halluzinosen der Syphilitiker.** Von Privatdozent Dr. **Felix Plaut**, München. 1913. 5.60 Goldmark

Bd. 7: **Die agrammatischen Sprachstörungen.** Studien zur psychologischen Grundlegung der Aphasielehre. Von Prof. Dr. **Arnold Pick**, Prag. 1. Teil. 1913. 14 Goldmark

Bd. 8: **Das Zittern.** Seine Erscheinungsformen, seine Pathogenese und klinische Bedeutung. Von Prof. Dr. **Josef Pelnář**, Prag. Aus dem Tschechischen übersetzt von Dr. **Gustav Mühlstein**, Prag. Mit 125 Textfiguren. 1913. 12 Goldmark

Bd. 9: **Selbstbewußtsein und Persönlichkeitsbewußtsein.** Eine psychopathologische Studie. Von Dr. **Paul Schilder**, Leipzig. 1914. 14 Goldmark

Bd. 10: **Die Gemeingefährlichkeit** in psychiatrischer, juristischer und soziologischer Beziehung. Von Privatdozent Dr. jur. et med. **M. H. Göring**, Gießen. 1915. 7 Goldmark

Bd. 11: **Postoperative Psychosen.** Von Prof. Dr. **K. Kleist**, Erlangen. 1916. 1.80 Goldmark

Fortsetzung siehe umstehende Seite!